數位時代的人權思辨

回溯歷史關鍵，探尋人類與未來科技發展之道

Future Histories

What Ada Lovelace, Tom Paine, and the Paris Commune Can Teach Us About Digital Technology

莉姿・歐樹（Lizzie O'Shea）著

韓翔中　譯

要讓這張圖跳脫現實，可下載 Moving Marvels app

給 Janet Elizabeth O’Shea

目錄

※本書譯者註採隨頁註，原書註則置於書末，特此說明。

推薦序　為科技的開放與民主化努力

數位科技在過去數十年來大幅改變了人類社會，但在數位科技爲大多數現代社會的人們帶來前所未有的便利之同時，人們是否知道這些仍在加速進行中的數位轉型（digital transformation）會將人們帶往何處？在轉型的過程中，人們可能會失去哪些過去曾經擁有的美好事物？

對於這些大哉問，身爲科技研究與教育工作者的我，實際上是非常戒愼恐懼的。雖然有不少人說科技不過是工具，而工具是中性的，可以爲善爲惡，端看其使用者，但我還是很難如此冷眼坐視旁觀。尤其是在科技文明發展到一個「量變產生質變」的節骨眼上，從小齒輪到身居樞紐角色的科技社群，對於人類的未來若是有多一分的思考和關切，或許就更能扮演好科技人之外的數位公民的角色，爲數位民主及數位人權做出一些貢獻。

本書所提到的多項議題，都是科技社群理當關心的，例如：蒐集與運用數據時應該保護的個資隱私，發展應用人工智慧技術時應該深思的倫理議題，政府是否正視數位人權、不讓掌握數位科技的大公司霸凌世人？在數位科技的洪流衝擊下，一般大衆乃至於科技社群，該如何自處和發聲呢？

科技社群的角色和心境往往是複雜的。以我所接觸過的科技社群來說，絕大多數都是善良之輩，不願助紂爲虐，但分辨善惡的困難，正如書中所列舉的實例，經常超乎我們的想像。例如 Facebook 在印度打著「讓窮人也能上網」的旗號推出 Free Basics 零費率的上網服務，立意貌似良善，但其幕後的圖謀算計並不單純。透過作者鋒銳的剖析，讀者得以理解爲何印度政府會禁止此一服務。對於想深入探討數位人權議題的讀者，本書作者嘗試貫通連結歷史人文、政治經濟與科技文明各個觀點所提出的綜觀全局及論述思辨方法，頗值得參考借鏡。

然而思辨之後，又該如何？本書作者身爲律師，長期關注數位人權及原住民議題，著書立言的重點在於突顯當今事態的嚴重性，以及呼籲世人展開行動，而人們在此關鍵時刻的關注與行動，將對人類未來的歷史文化有深遠的影響，這也是本書原文名爲 Future Histories 的意涵。本人對此深有同感，也經常呼籲科技產學界的友人們正視科技的開放與民主化，爲本土與人類的未來盡一己之力。

在各界探討如何有效規範和監督大型科技公司的同時，科技專業人員也可扮演要角。正如世界最大的電腦科學家、工程師組織ＡＣＭ曾給予其會員的警語「要避免科技的濫用，科技專業人員會是第一道、也是最後一道防線」所陳述的，理解和關注數位人權的科技專業人員，在數位科技時代有極多的機會扮演吹哨者與守護者的關鍵角色。例如受雇於 Microsoft、Google等大公司的工程師，更有能力檢視公司的所作所爲，拒絕讓自己成爲濫用科技的共犯，以及提倡自由（free）與開源（open source）軟硬體，讓世人共享科技發展的果實，避免科技被寡頭壟斷。當然，很多社會上新的典範轉移，都需要各界的合作和法律規範的配合才行。

反觀國內，臺灣這個在實體世界的戰略要地與文化熔爐，在數位科技時代中應何以自處？在全球零距離的數位世界中，又該如何發展出自身的特色？我想這也是需要國人跨領域集思廣益的大哉問。希望藉由本書的流傳，讓國內更多專業人士來關注此議題，使臺灣在全球數位轉型的過程中更加地有爲有守。

臺灣大學資訊工程學系教授　洪士灝

推薦序　誰需要關心數位人權？

光鮮亮麗的資訊科技新產品廣告（與業配）之下，暗藏著什麼樣的洶湧波濤？在帶著讀者觀察數位監控與演算法偏見的同時，作者也不吝以強大的火力批判（西方）科技巨頭及資本主義制度，更以史爲鑑，逐步勾勒描繪出她對符合公義的資訊社會的願景。

認爲「沒做壞事，何必擔心被監控」的人們，必須讀這本書。比沃爾瑪百貨更晚知道女兒已懷孕的爸爸，被演算法誤判爲恐怖主義者的記者，較常看見垃圾食物廣告的低收入戶，由電腦精心挑出、可能比別人樂於掏出更多錢買相同產品的冤大頭……大數據對廠商的商業價值可能與你我有利益衝突，但這些「大數據」，恰恰來自於 apps 對你我滑手機（甚或只是帶著它四處走動）的分分秒秒貼身觀察紀錄。

曾經自省：「我在做正確的事嗎？」的程式設計師們，這本書也很値得你讀。我是不是監視資本主義的幫兇？我正在重蹈 OkCupid 拿用戶做心理實驗的覆轍嗎？或是把完美的迷幻藥索麻餵給用戶服用？如果本公司被併購，我所寫的生物辨識（biometrics）或預測警務（predictive policing）程式作品會不會被納入西方或東方的天網，淪爲五眼聯盟或中共社會信用監控機制的一部分呢？對技術人來說，本書發人深省之處並不在於它對各項資訊技術物夠不夠深入（及精準）的分析，而是從歷史／社會／人文的觀點去解說技術物的政治性。

關心資訊科技的社會學者們更應該讀這本書。今日社會把程式碼僅僅視爲商品的觀點，大大地侷限了人們的視野、侷限了思考範圍。如創用CC發明人及《自由文化》（*Free Culture*）一書作者雷席格（Lawrence Lessig）教授在《程式碼：2.0版》（*Code: Version 2.0*）一書當中所闡述的，程式碼製定了虛擬世界活動當中一般用戶無法挑戰的法則。但如果民衆連宰制他生活行動的法則究竟如何運作都不被允許了解，更遑論置喙，那會是什麼樣的可怕世界？（答：就是我們現在所處的眞實世界。）自由軟體／開放原始碼軟體在減少監控／偏見／法庭誤判、實現公義社會等面向當中，是否還可以扮演更多重要的角色？作者對這些問題起草回答；而我更期盼的是：有更多社會學者們因爲有較佳的機會跳脫「商品」狹隘觀點，進而從透明化／參與式民主／專家證人等角度去發掘並深入論述自由軟體的種種社會意義。

比較可惜的是，本書對數位科技誤用的批判，以西方資本主義爲主要對象；至於中共政權更加明目張膽的全境及越境數位監控，本書則著墨極爲有限。對於地理位置——更重要的是語言文化——緊鄰共黨中國的臺灣讀者而言，這只能說開了一隻眼睛的眼界。尤其正値中共政權強推港版國安法及數據安全法的今天，欠缺要求開放原始碼文化的臺灣民衆們，面對手機上一個又一個誕生於「流氓軟體」文化的中國app，這本書並沒有提供警覺防護的效果。吾人更不可將書中所推崇的烏托邦式馬克思社會與極致數位集權的中共政權混爲一談。

數位人權就像資訊安全或媒體素養一樣，是所有現代公民必備的常識，而不是哪一個專業才需要鑽研的高深知識。這本書爲愛好歷史故事的讀者們提供了一個很好的入口。

「資訊人權貴」、朝陽科技大學資訊管理系副教授　洪朝貴

推薦序　數位時代的欠缺與不平

沉浸在資訊的生活，已成爲衆人的日常。普及的電信網路以及詳盡的 Google 地圖服務，讓我們幾乎不再迷路。無論是規劃路徑或尋找餐廳，隨身的手機都能提供建議與評比。透過 Facebook 可隨時聯繫遠親好友，上面更有各種活動邀約。工作上，不免要維持幾個電子郵件帳號跟 LINE 的 ID。Google、Facebook、LINE，以及諸多的網路服務，媒介調節你我的人際網絡與日常節奏。這些服務似乎不可或缺，但似乎又少了些什麼。

《數位時代的人權思辨》是場難得的導覽，細說數位時代的欠缺與不平。作者莉姿．歐樹（Lizzie O'Shea）以歷史爲鏡，帶領讀者回顧近代關於資源共有、知識共享乃至於勞動團結的思路與實踐，對照現今網路樣態的不足與限制。

網路的歷史其實不長。「網際網路」（Internet）起源於二次戰後美國的研究計畫，以分散式的電腦網路架構與資料傳輸協定，實作「去中心化」（de-centralized）的資訊傳播與處理。「美國科學基金會網路」（NSFNET）原本僅限於學術用途，但在一九九〇年代初期開始允許商業網路與其骨幹互接，從此來自政府、學界、民間的資料得以互爲傳送，互通電子信件是最好的例子。大約同時新成立的 InterNIC 也開始接受網域名稱（domain names）註冊，並分配網址號碼（IP numbers）。這是網路商業化的濫觴。

提姆·伯納斯—李（Tim Berners-Lee）在「歐洲高能組織」（CERN）所發展的「全球資訊網」（World Wide Web）技術架構與相關軟體，在一九九三年四月貢獻到「公眾領域」（Public Domain），供任何人自由使用，不限目的。這些科研機構所協力發展的資訊技術，搭配自由開放的使用政策，開啟了新興網路服務的契機。但是，現今「再中心化」（re-centralized）的網路環境，跟以往分散自主的樣態已大不相同，而這只不過三十年的光景。

然而，計算機及自動化的歷史相對久遠，遠超過近半世紀來的數位化進程。若要申論數位時代的欠缺與不足，不能不檢視科技與勞動之間自工業革命時期以來恆有的緊張關係。本書作者回顧「八小時日工時運動」以及經由團結提升勞動條件的諸多歷程，對照在數位科技發展之下，勞動市場每況愈下的現況。對於所謂「分享經濟」實爲「零工經濟」，作者亦提出中肯的批評。對於開放源碼軟體的協同開發方式，以及其授權公眾得以自由使用的背景，書中的介紹也非常清楚，尤其難得提及「工人合作社」（或稱「勞動合作社」）的可能與實踐。新近「平台合作社」（platform cooperatives）的發展，也值得讀者留意。

資訊服務的「再中心化」現狀，讓巨型網路業者得以集結分析眾多使用者的線上行爲，用以精細投送分眾廣告，成爲主要營收的來源，這種「監控資本主義」（surveillance capitalism）對個人資訊自主的侵害，以及對眾人網路行爲的負面影響已獲得重視。經濟學家暨諾貝爾獎得主伊莉諾・歐斯壯（Elinor Ostrom）對「共用自然資源」（common-pool resource）的考察與研究，常被引申爲集體自主管理「資訊共用資源」（information commons）的借鏡，維基百科（Wikipedia）以及開放街圖（OpenStreetMap）也常被引爲例證。本書在這些方面皆多有闡述。

作者以人權律師的全面視野，對數位時代的關鍵議題及資訊社會未必樂觀的將來，提出了敏銳的觀察與批評。在思索人類可能的數位未來之際，本書是很好的指引。

中央研究院資訊科學研究所副研究員　莊庭瑞

中文版作者序

就在我撰寫這篇序言的期間，這個世界正進入一個受新冠肺炎（COVID-19）大流行衝擊造成的全新常態。雖然這場危機的終結依然遙遙無期，但掌權者們已在這個例外狀態裡，試圖在各個層面將永久性編入體制當中。此刻重要的是去記住，這場流行病的原因與影響是有其社會及政治基礎的。阿蘭達蒂．羅伊（Arundhati Roy）曾說，我們應當將此流行病視爲通往新世界的門戶。我們應該積極思考要帶上什麼，以及我們想要拋棄什麼，沒有時間可以拖延。倘若我們等到危機結束，我們的選擇可能已經被他人所決定了。

在這場危機中，科技扮演、且會繼續扮演著它的角色，所以吾人有必要謹慎思考是誰在做這些決策，以及爲什麼做這些決策。若採取羅伊的觀點，我想拋棄以下這個觀念：爲了公衆的健康與安全，我們得承擔社會責任，必須容忍隱私與其它人權遭受侵犯。

我們可以看到，此觀念圍繞著與新冠肺炎相關的事情上展現：全世界的政府都以阻止病毒擴散的名義，實驗著各式各樣的監控科技。臉部辨識越來越在公共空間普遍使用，有時我們並未同意甚至毫不知情；公民們則被政府哄騙，下載接觸者追蹤（contact tracing）的app應用程式。十分常見的情況是，這些作爲被沒有好奇心跟批判力的媒體、產業界「啦啦隊」，以及社會民主代表予以支持鼓勵，那些人多半是處在一種自願的無知及懦弱之間。理論上這種科技有其助益，但有太多的政治投機主義（opportunism）案例顯示，政治決策者是在灌輸一種監控文化，同時犧牲掉良好的設計，而忽略對原本的公共衛生目標造成的影響。

爲了有效使用科技來阻止病毒擴散，就必然得妥協、損害某些追求共善的權利。假設大眾可以信賴負責執行的人，這樣的妥協或許是合理的；出自一些很好的理由，實際上這樣的信任是缺乏的，從而限制了這些規畫的有效性。問題並不是出在人們拒絕接受這些具有侵害性的措施；問題在於，掌權者一次又一次地顯示出他們並不尊重我們的權利與尊嚴。而他們的失敗所造成的影響，卻總是要由我們來承擔。

這就是運作的模式，而這個模式已有長遠的歷史，也就是投機地將大型監控塑造成某種必要的共善。多年來，政治人物一直以公共安全作爲掩護來佈署科技，重新將權力的天秤倒向政府這邊，遠離民眾。這是我在下文主張的論點之一，也就是在第一批現代警力與當代數位監控國家之間劃下一條界線。當資本主義在十八世紀的英格蘭建立之際，專業警力組織的創建，是爲了讓泰晤士河上的碼頭工人們乖乖工作。要做到這件事情，監控是一項便宜又有效的珍貴技術。預防犯罪被視爲公共安全的同義詞，但在諸多層面上，它操控並強化了社會分裂，對反對現狀的力量予以鎮壓，其作爲之性質實屬一種剝削與不平等。

經過兩百多年的歲月，監控型國家依然在負責預防犯罪，並爲此打造了一套侵入性的數位設備。被用來合理化這些設備擴張的犯罪行爲，通常是最糟糕的那種，例如恐怖主義、間諜活動、戀童狂等等。由於這些侵害極度不道德，讓人們用來辯論、防範這些侵入行爲所採取的策略幾乎無效；同理，在全球流行病肆虐之時，對抗病毒的科技就被冠上崇高的道德性。要針對使用此等大規模爲公民貼標籤、問責性極度不足的科技，去辯論其推行上的困難與道理上的顧慮，也成爲一件極爲困難的事情。

以安全之名合理化監控行爲，是全球政治界一致的顯著課題。雖然許多美國政治人物喜歡談論自由，尤其愛談政府管太多，但他們依然堅定支持並資助國家安全與執法部門。私人企業也紛紛加入這些計畫，在本質上建立一個強健的人口社會圖譜（social graph）。就像吹哨者爲我們所揭露的那樣，監控型國家的目標就是利用它那令人髮指的不義作爲，來預知異議、處理衝突，並維護現狀。

同時，來到太平洋的彼端，中共政府繼續精煉、完善它那惡劣的社會信用制度，以及相應的監控科技網絡。讓自我膨脹的民選總統們掌握強大的科技，是件令人擔心的事，但讓獨裁者們掌握強大的科技，就是件令人恐懼的事。我們可以從中國的窮人及邊緣人的日常經驗看見這件事，那些人越來越被鎖在社會之外。這件事情會變成一項威脅，縈繞在每位可能有異議的人們頭上。我們也可能瞥見，香港的抗議者們無畏地走上街頭要求更好的未來，欲維持政治霸權的統治菁英們正面臨著挑戰。這些抗議者們蒙起臉來，有時蒙面方式還頗有創意；他們要對抗的是使用複雜追蹤科技的警方，而警方保護的是上頭的大老闆們。

重點在於，北京當局與華盛頓當局經常表現在它們在外交上的差異，但它們其實是用類似的方式，去抓住數位革命所提供的機會。無論是社會自由民主國家如美國，或者是專制政權如中共，統治菁英們都在追求監控。美國強烈依賴私人企業來做這件事，而在中國則是國營；但若檢視這些監控計畫的社會與政治基礎，雙方的差異便開始消弭。

所以在許多方面來看，這兩個國家的主政者都應該要被狠狠罵一頓才對。全世界的勞動人民有一個共同的利益所在，就是要確保數位革命的潛力，不會被揮霍在那些掌權者實施社會控制的計畫上。如布萊恩．邱（Brian Hioe）所指出的：「左派面臨的問題在本質上是國際性的，所以無法單純以國對國的基礎來處置。」像在東南亞等地，政治人物或評論家可能會裝作事情不是這樣，但具有帝國思想的全球強權無論表現得多麼圓滑，這件事情都無法被彌補。這個世界上的每一個人都要拒絕那些國家的話術，並團結追求超越國界的共同目標。

數位科技可以成爲政治解放的工具，尤其是讓網際網路成爲一個無國界的資訊網絡，然要達成此事依然需要有人組織並採取行動。在許多有階級差異的社會中，那些菁英們將權力結構鞏固得非常成功，因此我們必須找出足以改變現存權力結構的方法。從我的觀點來看，解答在於發起運動，強迫政治決策者感受到自己對選民負有責任，並促使他們了解，他們若採取自身立場而不管公眾利益，這將是一個危機；而那些公司對於自己這般出賣用戶，也應當要戒慎恐懼。考慮到有這麼多國家在爲同樣的問題——也就是如何在數位時代讓政府與企業負起責任——掙扎，這類的組織活動自然可以形成某種數位國際主義（digital internationalism）。

我們所處的這個時刻是令人振奮的。人們已經開始抗拒從前政治人物兜售的那套說詞，也就是要人民爲了公共安全而放棄隱私與自主性。新冠肺炎疫情的經驗顯示了，隱私與公共健康可以共存，也就是說，政府們必須獲得社會許可（social licence），才能夠以特殊方式利用科技，而政府的舉止必須不再像是個祕密獨裁者。政治決策者不能再先制定科技措施，之後才考慮人權；政治決策者不能再把那些擔憂隱私問題的人們視爲陰謀論者。這將是一股嶄新的政治動能：它很難爭取，但它必須加以捍衛。

吾人擁有一個機會，那就是將某些可貴的遺緒帶入本次疫情的門戶，進入我們在另一端的新世界。我們可以建立大眾意識，去爭取科技設計要去中心化，並接受開放原始碼原則。我們可以強調在設計科技的過程中，透明性、可靠性及問責制十分重要，而不是事後再加以修補，使得增進大衆信任度的機會又被浪費。我們也需要學習說「不」，若實際上沒有辦法提供此等保護的話。或許，我們需要暫時停止讓政府及企業推行臉部辨識科技，這是諸多有頭有臉的大公司們已經達成的結論。假使科技發展僅是在鞏固現存的權力結構，那麼科技發展就不能與進步劃上等號。

善用歷史作爲自己的指引，我們可以將現在的狀況變成一個追求不同未來的理由。在本書的篇章中我將呈現，過去的社會運動及思想家們可以幫助我們探索數位時代所呈現的問題。我們今日面臨的科技問題其實根本不是新問題，它們通常有著更長久的淵源與歷史。我希望這本書可以讓你——慷慨而願意思考的讀者們——鼓起勇氣，拾起這個挑戰，利用數位科技做爲改變事情的工具，讓權力遠離少數人，讓權力歸於衆人。

莉姿・歐樹
二〇二〇年七月

1

我們需要可用的歷史
面對民主化的未來

西班牙王子的自動人偶與美國作家的續存歷史

西元一五六二年四月，唐·卡洛斯（Don Carlos）摔下樓梯撞到了頭；那年他十七歲。他是西班牙的王位繼承人，在埃納雷斯堡（Alcalá de Henares）大學城讀書。你問他是怎樣的人？他要麼是個貪杯的色狼，要麼是個近親婚姻下的怪胎。一位觀察家寫道，此人「本性暴戾、言語放縱、暴飲暴食」；[1]但同時，又有紀錄顯示他受到西班牙人民的愛戴，至少在青年時期是如此。他的一生就像是部現代哥德幻想電視影集的劇情：離經叛道的行徑、被自己的父親給親手監禁、貪食豪飲與肅清異己的戲碼、以及最終的死亡——可能是被下毒。他的一生後來成為威爾第（Giuseppe Verdi）的偉大歌劇主題：《唐·卡洛斯》。

不過，這些後來的戲碼還沒上演，這時的唐·卡洛斯還是個年輕人，他在從事某種——某位學者禮貌性的說法——「可能不容於社會的那檔事」時，[2]滾下一座廢棄的樓梯，撞到一扇緊閉的門後就暈了過去。

在唐·卡洛斯還年輕時，他與大家長的關係尚稱良好；國王因長子的悲慘經歷而心力憔悴。唐·卡洛斯因頭傷臥床不起，好幾位醫生都前來看診，他也因此遭遇了各式各樣野蠻的手術，其中包括企圖在他頭顱上鑽個洞的誤診行為。[3]最後他陷入昏迷，並被預期不久於人世。

當地人民因為王子的疾病苦惱不已。為了幫上忙，人們將一座當地古代方濟會修士的遺骸抬到了唐·卡洛斯身邊。當地人希望這位修士能封聖，因此把它帶來給王子，期望能出現奇蹟。這座乾屍被運到王子床邊，[4]他無法睜開雙眼，但伸手碰了碰遺骸，然後再用手摸自己發燒的臉龐。

突然之間，唐・卡洛斯迅速痊癒了。一個月後，他完全恢復正常。醫生們都嚇傻了。如果想到他下半輩子的殘暴，我們不知道他此時活下來究竟是祝福還是詛咒；不管怎麼樣，這座已成乾屍的修士被封爲了聖徒。

王子對自己的痊癒所提出的解釋是，有一個「穿著方濟會裝束並帶著小木質十字架」的人來到他的病房裡，向他保證此傷一定可以復原。[5]學者認爲，這個事件啟發了世界上最迷人的物事之一——一件早期的修士自動人偶——的製作。

今天，這個自動人偶收藏在史密森尼（Smithsonian）博物館。這段歷史讀起來比較像是個偵探故事而非學術文章，伊莉莎白金恩（Elizabeth King）教授如此描述這個工程學上的小奇蹟：[6]

> 以木與鐵所製作，高度十五英吋。由鑰匙上緊發條驅動，修士人偶行走路徑為方形，它會用右手捶擊胸口，左手拿著一個木質小十字架及念珠上下擺動。它的頭會擺動，眼睛會轉動，嘴巴說著無聲的葬禮辭。每過一段時間，人偶會將十字架拿到唇邊親吻。經過了四百年以上的時光，人偶仍然運轉如常。

修士人偶的作工隱藏在它的衣袍之下，以木頭打造，但內部有製作精美的槓桿和齒輪，不過當初設計的用意是不讓人看到這些裝置，除了製作者本人之外。外部軀殼讓人偶充滿了鬼魅般的神祕感，任何觀者看到它在不借助外力的狀況下行走，都會引發恐懼與敬畏，這簡直就是魔法。

沒有人知道這座修士人偶究竟是怎麼出現的。金恩認爲，其製作者是特里亞諾（Juanelo Turriano），一位曾經服侍菲利普二世（King Philip II）的工程師。特里亞諾出身寒微，[7]但他是個奇才，是製作天文鐘等相關儀器的傑出工匠，他甚至在托雷多城（Toledo）設計了一套水鐘系統。在王子驚人地痊癒之後，菲利普國王可能委託特里亞諾打造這件新奇玩意，以紀念這位「施展奇蹟」的方濟會修士。

金恩教授用「雄心壯志」（ambitious impulse）一詞形容這座修士自動人偶的創作，這是自古以來人類不變的渴望：透過模仿來學習理解。金恩主張這件事還可以連結到笛卡兒（Descartes）對於「心」與「物」關聯性的思考——探討我們（人類）到底是由內在還是外在力量所驅動。金恩寫道，「自動人偶的製作是哲學與生理學歷史上重要的一章，也在現代電腦科學及人工智慧（artificial intelligence）的歷史上占有重要地位。」[8]

諸如鐘錶和自動機器人，它們在許多方面都是現代數位科技的前輩。要打造這樣的機械，你必須同時是工程師和藝術家——科技經常充滿樂趣、啟發性及實用性，但同時也是嚇人的。就此而論，在通往現代網路電腦的這條道路上，充滿了嘔心瀝血的投入，以及一些古怪的念頭；這是一段由各種實用或裝飾性物件的實驗歷程所構築的旅程，而今日那些使用先進科技的研發者，則繼續承接這個傳統。

用二十一世紀的眼光檢視這個機械修士，我們發現其中有許多關於歷史及未來的課題，以及當前人類與科技之間既興奮又令人憂慮的關係。機械修士的例子顯示了，過往的故事如何塑造了我們的命運；歷史讓我們鑑往知今，而今日也只是前人所宣稱關於未來的種種可能性之一。在此脈絡中，科技的創造及運用顯現了某種權力關係。金恩與史密森尼文物管理員大衛陶德談過這個人偶之後，做出以下總結：[9]

> 衡量這個修士力量的標準，是來自於下令製作人偶的國王嗎？陶德和我都同意，力量歸屬於另一個方向：當這個小人偶開始自己活動時，製作者的地位瞬間躍升，「他／它」成為了某種神明。這是一種權力與魔法的雙向轉換。陶德有點開玩笑地表示，擁有這個機械修士，就如同在數年前擁有奔騰（Pentium）晶片一樣。誰能控制最尖端的科技，誰就擁有至高的權力。

如果我們接受金恩的假設，那麼這個機械修士就是皇家敕令和宗教熱誠的產物，以非常人能爲、高度技術的方式製作，目的是向神意的介入致上虔敬之意。[1]而在今日，最領先的科技發展，是由那一批大同小異、強而有力的個人所掌握：他們使用科技來震懾人們，讓其加以效忠。近代科技的「魔法」反映了，數位科技的發展是客觀且無懈可擊的；那些能驅使科技進展之人，乃是歷史上有頭有臉的人物。科技產物（卽便是以消遣逗趣爲用）的設計，背後都蘊含某種心思、某種目的——而它們可以對人類造成非常深遠的影響。

唐・卡洛斯的自動人偶還給了我們一些啟示，亦卽當代社會是如何創造科技的。這個人偶是工匠技藝下的產物，已有四百多年歷史；然而今日，類似的產品可能產自中國的工廠，工作環境極糟，還都等著計劃性報廢。這樣的對比顯示了，科技——尤其是早期創新階段——是個充滿創意與技巧的領域；但是當它規模擴大之後，卻可能成爲一種剝削性產業。科技的潛力與前景，始終是依賴像特里亞諾這樣投入而嚴謹的人；但現在我們每天看見的、使用的漂亮產品，背後竟然隱藏著像深圳那樣的血汗工廠，這證明前述商品化（commodification）過程的力量。隨著手工製作的自動人偶被大量生產的機器玩偶所取代，我們也越來越用看待機器的方式看待他人，自我感覺也越來越像機器。我們當今的社會崇尚某些工作，歧視其餘的工作；用來改善世界和人類生活的科技力量，也沒有被平均分配。

過去會繼續存在於記憶與故事裡，以及我們使用、製造的物件中。網路電腦的出現振奮人心，讓我們有機會重新塑造這個世界，打造永續繁榮、共享集體財富、民主化知識與人人互重的社會關係。但要讓這樣的世界出現，我們必須積極下定決心建造它，方有可能。而這個任務的核心在於，如何讓普通人們擁有足夠力量，來控制數位革命所帶來的事物。

前來照看唐・卡洛斯的擁擠人群喧鬧嘈雜地看待奇蹟。其中的確有一位醫生，宣稱王子的痊癒是來自於客觀因素，而不是神意的干預，他勇敢地表示「治癒是源於自然因素」：[10]

> 唯有那（治癒的）力量超越所有的自然療法，才可以稱作奇蹟……人們如果是靠醫生的治療而痊癒，就不能說那是靠奇蹟治癒的，因為病人健康的改善，可以追溯至醫生的療法。

這番精巧的評論，是一位醫生留給未來的訊息，給那些會追隨他腳步的後人的訊息。他似乎是在說：找尋證據，說出實話，並設法正直地在你目睹的事件中揭露真相。因果關係存在於現實世界中，人類既可以從旁觀察過程，也可同時展現自身的能動性去影響這個過程。因此，別被所

---

1 在西方，神意的「介入」特別是指神蹟、奇蹟，因為上帝本就無所不在，宇宙萬事都是神意使然。

謂的宗教熱忱或皇家尊榮給蒙蔽了。

即便經過四百年，我們仍可瞥見這番話的智慧之光。特里亞諾爲了紀念王子痊癒，製作了這件神奇又美麗的作品，爲人類集體科技知識做出貢獻，其遺緒仍存在於今日的電腦運作當中。但是，特里亞諾的創作目的是爲了向上帝表示虔誠，而不是將作品當作人類原創力與科學的證明。我們不難想像，這項強大的技術與創意可以用來處理人類遇到的問題——只要我們能從國王手中奪取這項權力。

這本書不談科技本身，也不談歷史或理論；反之，本書採取新穎具啟發性的觀點，嘗試將三者並觀。本書的目的不是要徹底或絕對地定義我們在數位社會遭遇的問題本質，也不是要爲這些問題提供規範性的解決方法，而是提供觀念，並辨認衝突點所在。本書不是要明確或冗長地提供某些事件或思想學派的歷史，而是要開啟一場對話，探討哪些特定歷史對我們設想未來具有關鍵性價值。本書是爲那些擁有科技知識，卻對基進（radical）[2]和民主政治傳統了解不多的讀者所寫；也是爲那些熟悉政治實況及理論，卻對數位科技缺乏經驗或有所警惕的讀者所寫。我的目標，是找出互通性語言，深入探討政治與科技二大課題的未來，而這樣的預測必須建立在理解歷史的共識上。我的意思，是奠基於這個明確目標，將當下紮根於過往，並主張對數位科技的民主性控制——建立讓人們對數位科技之製造發展擁有更多主導性及控制權的體制——是讓我們克服當前問題的最佳做法，也就是爲數位科技創造「可用歷史」（usable past），這個概念有其自身的一段小歷史。

范威克．布魯克斯（Van Wyck Brooks）是二十世紀初期美國文學進入成熟期間的作家兼評論家。做爲一個浸淫於文學創作與文化之人，[11] 他「勸戒作家們要帶著勇氣、尊嚴和自豪感面對自己的責任」，這導致他在西元一九一八年呼籲創造所謂的「可用歷史」。他爲當代人寫了一篇睿智而活潑的短文，概述了歷史的必要性，讓具創造性的心靈能加以倚賴。他寫道，「『現在』是虛空的，美國的作家們漂浮在這虛空之中，因爲殘存於現代人心靈中的歷史，是一種沒有續存價值（living value）的歷史。」[12]

可以想見，年輕的一代渴求向前看。歷史像磨坊石般沉重，古代的特質及做法會拖累我們的自由與能動性。但是，遠離歷史亦是個危險的陷阱：這意味著殘存的歷史只是既定的系譜學，歷史僅僅是現狀（status quo）的反射，固定不變且缺乏連結性。這樣的話，歷史會失去續存價值，失去幫助當代人積極塑造集體自我意識（sense of self）的能力，使我們陷入孤立，缺乏共同目的

---

2 在思想領域，「基進」一詞的意思是徹底、根本的主張，不是偏激、偏執的意思。

感，以及討論這些課題的園地。布魯克斯評論道，「灰暗的固執心靈將自己的陰影籠罩過往，但爲何創造性的心靈不驅散這陰影而迎來光明呢？」對布魯克斯而言，十九世紀的美國文學值得加以記錄，因爲這時期的文學展現美國藝術家的美感、勇敢及獨特性。布魯克斯爲這個使命投入大量光陰：[13]他爲了撰寫文學史著作《新英格蘭的盛世》（*The Flowering of New England*, 1936），整整閱讀八百二十五本書。這道里程碑之作是他文化集中（cultural centralization）抱負的一部分[14]——如何創造社群性的語言，並爲共同的文化及認同感灌注活力。

可用歷史的目的不僅僅是留下歷史紀錄，而是一種方法，用來打造人們對集體歷史片刻及傳統的共有理解，並創造一個我們想要的世界。用布魯克斯的話來說，此方法就像是剪裁歷史的布料，並適用在特定議題上。這麼做是要探討未來可以是什麼樣子：而這取決於哪些傳統值得評價、哪些歷史時刻值得記憶。

布魯克斯對美國文學社群提出的挑戰，在一百年後的數位科技時代仍然值得借鏡。數位革命正在創造各種經驗：稍稍振奮、時常讓人恐懼，且總能一再帶來驚奇。但是，當前我們對數位未來的討論，似乎還漂浮在虛空之中。對於過去歷史是靜止、乾枯的所有認定，占據了我們的認知；彷彿數位科技是無中生有，像一輛大卡車般撞進我們的私人領域及公共生活。我們環繞著螢幕規劃生活的做法很少受到質疑，而身上攜帶的裝置隨時追蹤我們的行動，有時還眞的是字面上的「進入我們的皮膚裡」。[3]公衆在辯論科技議題時，充斥著唯才主義（meritocracy）的承諾，而所謂的自由，只能在原子化（atomized）、商品化的條件下被理解。人們都默認政府和企業會決定數位科技的發展，也廣爲接受一個說法：想像世界末日，比想像資本主義末日來得容易——在這個科技發展最急遽變革的時期，這樣的假設竟然還存在。

數位科技被視爲一種自然的力量，它沒有既定程序、無可避免、勢不可擋，殘存於當代人心中的歷史，反映的是過去曾經發生了什麼，而不是可能發生什麼。社會經常被視爲一個物件，由數位科技負責塑造，而不是由一群具備行動力、有集體願望的人們塑造未來。卡爾·馬克思（Karl Marx）宣稱，「我們的一切發明和進步，似乎都是在讓物質力量具有智識生命，而人類生命則淪爲駑鈍的物質力量。」[15]在當前社會，與馬克思的評論最相關者，莫過於我們在個人及政治上牽涉的數位科技問題。

對布魯克斯來說，發問的起始點是：「對我們而言什麼是重要的？」他關注的是在美國文學社群中塑造認同感，並找出美國觀點的獨到之處及價值。這個起始點至今仍有其意義。在數位時代的發展中，「對我們而言什麼是重要的？」數位科技的獨到之處與價值何在？如何運用數位科

[3] 'get under sb's skin'，引申有令人難受或激怒某人的意思。

技幫助人類蓬勃發展？

要讓世界變得不一樣是可能的。在那樣的世界裡，社會具有共同性，而人類具有能動性，掌握自己的數位未來。但要走到那一步，我們必須創造一個具有續存價值的歷史。

這本書的創作動力，一部分源自於我觀察到，關於科技的討論總是非歷史性的。這樣的討論說好聽點，不過是造就了和善但缺乏深思的科技樂觀主義（technological optimism）。在Facebook草創時期，馬克・祖克柏（Mark Zuckerberg）曾說，「當你給予所有人發聲的空間、給予所有人權力，這套系統到最後通常會變得很好」，[16]這種混合了天眞與虛僞的說法令人瞠目結舌。最糟糕且令人沮喪的是，這將革命性時刻的重鑄視爲是領導者的突發奇想，所造成的文化轉換：歷史被理解成偉大企業執行長們邁出的步伐。[17]這種想法認爲未來是由普遍性的進步觀念——而非各種利益、力量之間混亂而緊張的衝突過程——所定義；驅動未來的力量永遠不會來自於底層人們的靈感。這將人類的能動性價值減損成企業至上主義與空洞的消費主義。

歷史有個角色是告訴我們，「現在」是什麼？但如果我們使用了評價當權者的那個框架，這件事便無法達成。我們必須把歷史當作指引，重新取回「現在」以造就一個不同的未來。

將歷史上的觀念與事件交織起來，並運用到當代問題上，這樣就能創造「可用歷史」，爲數位未來提供不同的選擇可能。在過去的歲月裡，早期採用者[4]、能工巧匠、烏托邦主義者曾經希望（甚至預期）有一個比我們所處的今天更加光明大膽的未來，而我亟欲重申這樣的可能性。本書嘗試在科技人員、行動派人士、創作者、批評家之間搭建溝通橋樑，在「對我們而言什麼是重要的」這個問題中，勾勒出何謂「我們」。

本書所談及的歷史是關於行動的各種故事，包括革命性的思想，以及實際的革命性力量。其中也有警世的故事、失敗的故事，從中學習可使我們常懷希望。布魯克斯認爲，「當我們了解到，別人渴望的事物跟我們相同，[18]遇到的障礙也跟我們相同時，難道不會讓這個國家的創造性力量減少一些狂熱的個人主義嗎？這樣的個人主義，會讓國人無法團結對抗共同敵人」。這樣的志向，應當也能影響本書的讀者。要做到這點，我們就要共同組織並追求數位民主化，並運用歷史做爲指引。在這個基礎上，我們可以開始建構與以往不同的政治、法律、科技方面之前景。

數位革命（digital revolution）一詞捕捉到了我們這個時代的過渡性特質，同時也隱含著我們從歷史中獲得的共同性。因此，這個詞彙值得稍作解釋。科技正在改革我們製造、再生產、消費

---

[4] 原文‘early adopters’又稱燈塔消費者（lighthouse customer），所指的是敢於在某個企業、發明、科技、產品草創期間光顧的消費者。

層面的組織方式，而這個改變同時包含了革命性的政治潛能——固然這些潛能目前多數尚未實踐，或還在資本主義體制下努力成形中。所以，我使用這個詞彙時，一方面是去準確指涉數位科技帶來的改變，但另外，我又對於此發展所造就的可能性是否已得到充分探索抱持懷疑的態度。

我們活在一個極端悲觀的時代。各種現象如氣候變遷威脅了數十億人的生活，不平等差距擴大而且無制衡力量，右翼民粹主義（right-wing populism）四處散布恐懼及執念。對此，人們往往缺乏徹底社會改革的企圖心，但還是有明顯的例外。左翼思想仍然很受歡迎，關於資本主義的替代方案漸具可行性、發展性及必要性。世界政府計畫及財富重新分配的基進主張，對許多社會民主主義國家來說確有其吸引力。數位科技的發展讓我們得以瞥見上述計畫成眞的可能性，以及人類的原創性及團結合作如何具備克服艱鉅挑戰的潛力。

馬克思認爲，革命就是歷史的火車頭。革命會改變我們的生活及工作方式，革命會讓人摒棄僵化的做法，走向更光明的未來。在一個有錢人、特權人士怠惰地保持現狀的世界裡，革命會創造一股改變的能量，驅使我們共同前進。可是，在當前這個科技快速轉型的時代，資本主義看來會持續存在，將自私的重要性置於貪婪造就的人力損耗之上，把數位時代的潛能加以揮霍浪費。

華特．班雅明（Walter Benjamin）提出了一個與馬克思相反的版本：革命可能是指火車上的人們踩了緊急煞車。我們需要社會運動團結衆人——包括工作場所、學校、社群園地、街道等處，要求科技發展的決定權更加民主化，而不是掌握在國家或企業手中。當這個星球越來越可能在未來遇到氣候變遷災難，當社會美化億萬富翁卻同時有數十億人處在貧窮中；這時，數位科技可以做爲遏止資本主義毀滅性動力[5]的工具，並徹底改變人類的前景。但是，這需要我們在政治上組織起來，並提出不同訴求。

若要探索數位科技的各種可能性，我們就需要更多歷史學者、未來主義者（futurist）、科技人士、理論家、行動家及創意家的參與及合作；將這些領域集思廣益，就可以讓我們獲得絕佳機會，追求一個公平的未來。這是一個雄心萬丈的計畫，特別是當前資方勢力與國家權力都對此加以抵制。然而，就像梵谷（Vincent van Gogh）曾提醒自己的話：「如果我們沒有勇氣追求任何事物，人生會變成什麼樣子呢？」[19]

---

[5] 毀滅性動力（death drive）一詞來自佛洛伊德心理學，用以解釋人心的自毀、侵犯、毀滅、攻擊等現象。

2

環繞消費而生的網路世界是不適合生活的糟糕所在

佛洛伊德和珍・雅各所想像的都市風貌

西格蒙德・佛洛伊德（Sigmund Freud）曾被形容成「一個挫敗的考古學家」，[1] 因爲城市、遺跡及其所蘊含的歷史層次，是他作品中反覆提及的隱喻和象徵（他個人還蒐集了數千件古物，或許這也是某種精神分析的展演吧）。佛洛伊德在其晚期作品《文明及其不滿》（*Civilization and Its Discontents*）之中，開頭便討論了一座城市在歷史中不斷地建造又重造的過程，以此象徵人類的心靈。

舉例來說，羅馬成爲今日的世界之都，是經過數千年演變的結果。人們在這塊區域生活了千年，帕拉提諾丘（Palatine Hill）逐漸聚合成牧羊人的定居地。[1] 村落在山丘周遭的坡面上發展，並組成某種聯盟，直至西元前八〇〇年王政體制出現，後來羅馬變爲共和體制，逐漸茁壯與擴張，最終成爲橫跨地中海沿岸的帝國。

現代的羅馬城跟最初的羅馬城自然差別極大，但來訪羅馬的遊客至今仍隨處可見古代歷史的痕跡：現代建物與數百年的老建築彼此錯落，而這些建物與設施下方有著歷代層層堆積的瓦礫及碎石。最壯觀的是，羅馬廣場的遺跡向眾人展示了，一道豐富的歷史縫合處[2] 就這樣穿過城市中央，爲羅馬帝國的強大與悠久提供了確切證據——雖然我們確實需要運用一些想像力，喚回那盛世榮景。

像羅馬這樣的城市，其發展必然受到某些自然力量的影響，例如水道或懸崖。城市可能需要運用挖掘工具和炸藥，將這些地形影響加以轉化。對居民來說，此種對自然的改造有時是必須的，像是鑿穿山脈做隧道，或將排水系統埋入地下。然而，在多數的情況，人類是屈服於大地的。

佛洛伊德推想，上述情形其實與人類心靈類似。歷史經驗會隨著時光累積加諸於我們頭上，也會持續地對「現在」造成影響。某些能創造出心理地形的力量匿居在我們的無意識內，[3]就像自然地貌一般充滿精力，時而難以控制；至於其他的影響，則是由我們生存且應對的社會背景所造就，例如建築物會倒塌後再重建，由此決定了城市的結構與佈局。要呈現人類心靈的綜合性圖像，就需要適當地分析所有因素，並了解如何適當地組合它們。

佛洛伊德自己很快便指出此隱喻的限制；在其他場合，他並沒有繼續闡揚這項隱喻，因此使此隱喻的意義不能完整或重要性不明。他主張，要給予人類心靈更精確的類比，那就像是一位羅馬城的訪客，能夠一眼看盡羅馬的古與今，同時看盡各個時空中的建築。城市的地產數量始終是不充足的，但是人類心靈卻沒有這種物質上的限制，所以將兩者加以比較的結果，只能帶領我們

---

1 帕拉提尼丘為羅馬七丘之中央者，是羅馬最初建城所在，後被稱作「羅馬帝國之核」。

2 歷史縫合處（seam of history）是指某種人事物具有古、今的連結性，藉此將不同時空「縫合」在一起。

3 佛洛伊德主要使用的術語是無意識（unconscious），而非一般流行的潛意識（subconscious）說法。

走到這裡爲止。然而，一個城市的社會複雜性（social complexity）與歷史具象（historical physicality）之中確實有些東西，可以生成一個具有持久吸引力的隱喩。佛洛伊德的觀念——包括他主張我們的心靈同時有「意識」與「無意識」在運作，以及我們的心靈是過往與當前狀態的產物——與決定城市如何建造的各種影響要素竟能夠恰好吻合。

如今，佛洛伊德有許多觀念都已被視爲理所當然。但在他進行寫作的二十世紀初期，那可是攸關如何了解心靈的一場革命。他用前所未有的方式開啟了關於心靈的媒介、影響、病理學及可塑性所交織出的問題，這些問題可以幫助我們思考數位科技是怎樣影響人們的思想與行爲。當我們的世界逐漸變成一個生活與工作中圍繞著各種裝置的世界時，就更得帶著批判去思考：數位科技的進化、設計及規範，如何影響了我們建立一種既充實、喜悅又有社會性功能的理性心靈。城市規劃是以某種方式進行，可以保護遺產、建築持久又能維持舒適，使我們得以根據自身的需求來體驗各種空間。而城市設計也能以社會控制爲目標，並限制某些特定的交流。「誰」可以施展「設計的力量」是一個重大的課題。思及數位科技對我們心靈運作造成的巨大影響，我們必須找到方法來確認數位科技的運作可以持續符合維持健康、有效率的心靈所必須——就像一座規劃良好的城市。

數位科技將我們綁在一塊。這讓我們有很好的理由去質疑，個人投入數位科技的程度會如何影響我們的行爲；然而，我們又缺乏有意義的方法來挑戰這些影響。或者，就像華特．科恩（Walter Kirn）所言：「倘若你不焦慮，那你一定是瘋了。」[2]公司正在利用數位科技蒐集我們的個資，規模之龐大前所未見，其作法能夠大肆暴露我們的內心世界；就像是占據一個每天都在改變地貌的城市，公園和花園愈來愈少，購物中心愈來愈多，遠山和地平線愈來愈少，閃亮的告示牌愈來愈多。數位科技正在創造一種歷史，其中我們的自我意識被緊緊地與市場綁在一起：我們的心靈空間愈加被我們的消費所決定，且愈加以更多消費爲目的。數位科技進展步伐之快令人目眩神迷，它在自我整合後深入我們的個人空間、政治社群與工作場所，所有新的突破都被用來進一步學習關於我們的事，而且程度上更加私密；同時，它也更加複雜地描繪出我們的心理輪廓，而這經常是在我們一無所知的情形下進行。

於此，框定（framing）是很重要的。公司蒐集個資，但這不是我們自願提供的——雖然他們總如此宣稱。兩種解釋就技術上來說都是對的，因爲要蒐集我們的資料當然不可能沒取得我們形式上的同意，但用這樣的方式看待此一現象，是極其狹隘的。在這裡，「同意權」一點意義都沒有；用戶對於自身資料會被如何處置及運用，極少擁有主動的選擇權，因爲網路線上空間就是基於這樣的期望而設計的。似乎「獲得同意」只是形式問題，是附屬於另外一個目的。

企業監測正在創造一種關於我們自身的完整社交圖譜（social graph）。若只將此視作一種私人、個別責任的問題，就會忽略更廣大、系統性的背景脈絡。基於此，將這些討論框定在隱私範疇——將它理解成一種固有的個人權利——有其缺失。隱私觀念常被直接拿來當作其他概念的替代品，[3]譬如能動性、精神滋養、免於控制的自由等等。被普遍理解及運用的隱私觀念，其實不能幫助我們知道要如何避免人們的無意識和意識（或佛洛伊德所謂的「超我」〔super-ego〕）遭到擺布與操控；基於對空間的渴望而打造一個功能性的自我，在能理性地追尋自我方向之際，也能在社會做出各種妥協——像這種描述是不恰當的。

網際網路不只是一些管線或開關，網頁也不只是超文件（hypertext）而已，網路空間是讓我們參與、接觸這個世界的場所，能塑造出這個場所的力量也影響著我們。我們個人線上經驗的環境結構，是眾多商業利益與投資的聚焦所在，這些利益及投資是如此巨大，若我們希望有意義地爭取一個屬於「內在自我」的空間——也就是能自我抉擇之意——就必須開始分析內在自我之外的事物。沒有人會指望在時代廣場或澀谷路口尋得安寧的片刻來沉思，然而，如果那些可以眞正讓我們沉思的美麗空間——公園、花園、紀念碑、藝廊等地——被改造成購物勝地或大型商場，所有人都會受到牽連。我們如何以個人層級來和世界接觸，此事與我們所處的環境背景，及此背景所代表的社會力量有深切之關聯。

數據商（data miner）與行銷商（marketer）時刻監控著我們，以便預期或控制我們的行爲，藉此獲利賺錢，人們如今已逐漸意識到這種令人憤慨的侵入行爲。劍橋分析公司（Cambridge Analytica）是很好的例證：這間公司藉由一項性格測驗從 Facebook 獲取資料，有數千萬人做了這個測驗，此公司還暗中竊取用戶好友的資訊；用戶群、公民社會團體與立法者激憤不已，Facebook 竟然可以如此粗心地對待我們的資訊，而這些資訊成爲餵養強大營利企業的飼料。

當我們終於學習到自己是被用什麼方式辨認、分類、操控之時，科技又隨即超前，變得比從前更加複雜而隱蔽。儘管某些數位科技的侵犯性運用看似排山倒海而來，但我們的命運保衛戰尙未輸給數據爆炸的時代，我們仍有機會在它們進一步控制我們之前，反過來掌控這些程序。透過學習最終領悟，我們就能在數位時代爲「眞我」覓得一方空間。

「你的電話正在監聽你，或你的電腦正在監視你。」這種想法已經逐漸成爲被接受的生活現實。對我們許多人而言，個資實在無聊得要命，又或者是令人尷尬困窘；不過我們亦逐漸認知到，這些資訊對於無形幽暗的勢力——諸如數據商和行銷商——而言有其價值；這股勢力驅動著矽谷的經濟動能，這也解釋了爲什麼一間提供我們「免費」服務的公司，竟然可以價值數億美金。在過去，數據蒐集與校費者分析可能是透過訂閱服務或忠誠會員卡計畫（loyalty card schemes）來獲取，[4]有時這是消費者自願的選項。然而，現今我們花費大量的時間上網使用電腦或智慧型手機，蒐集資訊的機會急速叢生。對大數據（big data）的追求已經創造了一批網路吸血烏賊（cyber vampire squid）軍團，[4]它們隨時都在將漏斗血口往有錢賺的地方伸展。[5]

最諷刺的是，此現象之所以受到大衆關注，是因爲目標百貨（Target Corporation）居然預測一位少女懷孕，[5]而當事人的父母毫不知情。安德魯·鮑爾（Andrew Pole）自二〇〇二年開始擔任該公司的數據統計師，他做了各種實驗，看看公司握有的顧客數據如何能促進更有效的行銷；公司長期以來都在蒐集消費者資訊，並根據顧客過往消費紀錄寄送優惠券給他們。一位目標百貨主管曾於二〇一二年時輕描淡寫地告訴《紐約時報》（*New York Times*）：「在百貨商品方面，我們一直以來都這麼做。」[6]做爲數據統計師，鮑爾其實有更精確的目標：在最佳時機向顧客行銷，改變顧客的購物習慣，並贏得他們對本店的忠誠。鮑爾的工作是「找到顧客人生的特殊時刻；那時他們的購物習慣會非常具有彈性，適當的廣告與優惠訊息可以讓他們開始用新方式消費」。[7]無庸置疑，在此觀點下，最特殊的時刻就是嬰兒的誕生：嬰兒代表著一個改變的時機，人們以往的消費習慣會在照顧新生命的情況下崩解，行銷商因而獲得寶貴機會去開發人們的新行爲。

鮑爾的實驗創造出許多方法來預測人們要生小孩了，那麼行銷資訊就能在當事人分娩前提前鎖定目標，超前其他競爭者（出生紀錄通常是公開的，若目標百貨等到紀錄公開後才開始行銷，就很容易輸給其他同類公司）。鮑爾建立的模型揀選出女性懷孕末期的消費習慣，於是成堆關於孕婦裝、乳液、尿布的廣告被寄給了一位女高中生。她的父親非常憤怒，痛斥當地商店經理，何以如此不當地鼓吹自己的女兒懷孕——這位父親後來道歉了，看來這家公司比爸爸知道的還早！

在二十一世紀的前二十年間，預測、塑造我們行爲的方法論已經發展到極爲複雜的程度。關於群衆的大數據蒐集與分析已成爲一項發展健全的產業，其中包括蒐集數據的公司（數據商）、兜售數據的公司（仲介商），以及利用數據來製作廣告訊息的公司（行銷商），而這三者經常是重疊的。要估量這項產業的實際規模恐怕不容易，[8]因爲它太過複雜，不過二〇一二年的一項研究顯示，這種產業在美國大約市值一千五百六十億，從業者有六十七萬五千人。自二〇一二年以降，這個數字必然繼續增長。就像出租貧民窟破舊公寓的大房東，或是利用法律漏洞來蓋豪華大樓的貪婪開發商，這些買賣個資的公司所代表的，正是數位科技的庸俗面如何衝擊我們腦袋裡的不動產；這類產業利用看似豪華的選項與便利性，慫恿我們交出自己的資訊數據，但它們賣給我們的東西要不騙人，要不就是貴得要命。

4 忠誠計畫又稱酬賓方案，會員提供他們的相關資訊，而商家則給予折價、點數等優惠。

5 吸血烏賊學名意思為「地獄來的吸血鬼」，它的八隻觸手有上有尖刺，彼此有薄膜相連，看起來像漏斗一般。

透過桌上型電腦或筆記型電腦，公司可以利用諸多方式蒐集關於我們的資訊，包括你用滑鼠點擊了什麼，以及滑鼠停留某處的時間；這就牽涉了訊錄（cookies）的使用。它被儲存在瀏覽器中，如此公司便能追蹤你會經瀏覽過哪裡，再將訊息傳送至公司的伺服器，然後這些訊息會拿來跟其他資料集（data set）相比對，[9] 例如財務資訊、購買紀錄與對健康情況的推測。

與個人電腦相比，從智慧型手機擷取個資是件更複雜的工作。使用個人電腦時，我們經常長時間使用同一個瀏覽器，如此可供分析的訊錄便會迅速累積；反之，智慧型手機的數據分別存在不同的應用程式（apps），[10] 而應用程式之間的互動性不高。然而，使用智慧性手機的數據更具有價值：我們幾乎已經到達手機片刻不離手的情況，零售商仰賴信標（beacon）訊號發射器來精確定位你的位置，然後提供分析師所謂「更加個性化的購物方式」。[11] 如果他們可以透過作業系統把你的ＩＰ位置拿到手，當你經過一家商店時，行銷商便可以得知此資訊。有很多熱門的免費應用程式擁有標準化的條件，讓它們可以取得許多個資，其中包括了個人位置資訊；這是在運作系統設定關閉時取得用戶行蹤的另一途徑。[12] 這些應用程式（手電筒程式或許是最惡劣的）的運作就像是數位特洛伊木馬（Trojan horses），[13] 用戶不知道程式裡面有開給數據商的「後門」，就下載了。提升智慧型手機科技的激烈競賽讓用戶行爲變得更加豐富，而這場競賽反映了數據爆炸的重要新關領域，這很可能會成爲未來持續關注的焦點。

此類型的追蹤行為也在其他與網路連結的裝置上出現，包括電視機上盒，乃至於智慧型冰箱。跨裝置的認證方式之一是使用人類肉耳聽不見的超音波頻率：這些在電視或瀏覽器廣告中撥放的聲音可以被智慧型手機所接收，透過連結裝置，可以追蹤一個人看過什麼廣告，[14]以及人們是否因此去搜尋或購買產品。智慧型電視有著使用、蒐集源自你不同裝置的數據，再結合各獨立資料集的潛能；它改變了個人化廣告的概念，此乃廣告業非常熱衷的一件事。[15]

如此先進的發展，使得你要理解（遑論限制）別人獲得了什麼關於你的資訊，實在是極為困難。我們的上網行為與人身地點周圍的科技基礎設施，持續在觀察我們做了什麼事。[16]正如數位民主中心（Center for Digital Democracy）所指出的：「當我們在不同裝置間切換之際，交差參照（cross-referencing）有效地取消了我們過去曾享有的所有隱私保護措施。」[17]換掉瀏覽器系統在從前是一個避免數據商攫取你在電腦上所有活動情形的好方法，但事情已經不一樣了。瀏覽器在我們使用期間會運行一系列工作，例如讀取圖形（graphics）和使用插件（plugins），而電腦還有某些設定（例如時區），以上所述都是專屬於個人的。若將它們綜合觀之，用戶的可辨識率竟超出九九％。[18]

產業界如今已經在採用各種型態的計量生物學側寫（biometric profiling），[19]甚至包括對鍵盤敲擊模式的分析：每個人敲打鍵盤的方式有細微差別，這便可以創造出個人的計量生物側寫，甚至能根據情緒狀態做分類匹配。所以，即便是使用匿名瀏覽器如洋蔥路由器（The Onion Router, Tor），或使用別台電腦，你依然可能被認出來。[20]臉部辨識軟體在零售業已十分普遍，[21]而臉部辨識漸漸用來與其它資料集搭配，並透過信標的使用在智慧型手機上推播廣告。再過一陣子，統合我們各種行爲——在家、逛街、工作——的綜合行銷方式將會變成常態。

綜上可知，資料採勘產業（data mining industry）愈見龐大，也越來越難以迴避。我們雖很容易看見 Facebook 和 Google 如何獲得巨量的個資，但同時還有許多公司暗中在做一樣的事，而且規模可能更大；一般人不會知道這些公司的名字，可是它們的數位帳庫（digital ledgers）中卻擁有無數的個人私密資訊。我們發現自己如今走在一個充滿外人眼光與扒手的城市裡，被已然融入都市生活中的攝影鏡頭持續監視。私人公司對眾人行爲的密集檢視與分析，便是肖莎娜・祖博夫（Shoshana Zuboff）所稱的「監控資本主義」（surveillance capitalism），[22]公司爲了銷售產品而窺視著我們。監控資本主義位於科技發展的最前端，將資源吸進自身的計劃項目，包括隱匿公司與主流平台皆牽涉其中。總體而論，這項產業擁有數十億民眾的數十億筆資訊。請願組織「別挖我數據」（StopDataMining）表示：「若說鐵礦是讓鋼鐵大亨安德魯・卡內基（Andrew Carnegie）致富的原料，那麼個資就是網路世代大亨的大補帖。」[23]

以上討論引發的一個問題是換喻（metonymy）[6]：將「隱私」這個詞用來描述各種卑鄙的資訊管理行徑。公司經常以技術性、交易性的方式使用隱私一詞，卻忽略此作法具有的概念性及物質性暗示。隱密性（secrecy）、安全性（security）、匿名性（anonymity）都可以用來形容隱私一詞指涉的內容，但各自有著些微差異。隱密性包含通訊的機密，也就是說，僅有發訊者與收訊者才能知道訊息的內容；安全性乃是通訊頻道或某些空間（無論是網路還是實體空間）的完好與公正，確認它們不受外來者入侵。而對我們當前討論的目標來說，最重要的是，隱私一詞經常會等同匿名性：於此蒐集的資訊會與當事人的姓名分開。許多公司在提及隱私時，其實只會提供以上保證中的一至兩種；像這樣的承諾根本是一派胡言。或者，就像是數位民主中心所言：「這只是種『別太靠近看』的表示，目的就是要規避其作法需要受到的審查。」[24]

此種對匿名性或非私人性數據的承諾實在值得質疑，理由有二。首先，以實際層面而論，匿名性是非常脆弱易損的，要辨別一個人的身分其實僅需要少數的資料點（data point）。在二〇〇〇年時，拉坦雅．斯薇尼（Latanya Sweeney）教授便發現，只需郵遞區號、性別和生日，便可辨識出八七%的美國人。[25]所以，信不信由你：即便在形式上不知道我們的姓名，但公司掌握

---

6 又稱借喻或轉喻，是用與被修飾對象相關的事物來指代被修飾對象。

的訊息越多，它們就越容易透過數據反向工程（reverse-engineer）找到我們。即使我們的數據是不具名或無害的，但在這個洩密與駭客橫行的時代，若想讓自己不受到傷害，就必須依靠會保護我們數據的公司。

其次，從抽象層面來說，匿名性能提供的隱私保護其實微乎其微。公司根據數據爲我們建立了身分，但我們沒有責任也沒有能力改變它。我們的抽象身分（abstract identities）因而出現——此身分代表的意義是，我們的社會、政治、經濟性偏好是由從我們那蒐集來的數據所決定——它會經歷重複的修訂，並用來決定傳送給我們的廣告類型。資料點會形成行銷相關的假設，這些假設又會聯繫至其它的資料點，最終形成你的抽象身分。它創造了一種路徑依賴（path dependency）：一旦那個龐大難懂、由數據驅動的廣告機器開始運作，它會遵循特定的路徑，然它爲你提供的選項乃是根據先前的選擇而定。[26]即便沒有與我們的眞實姓名相連，但這些抽象身分會在我們上網時像殭屍一樣緊緊跟隨，[27]不受我們掌握。由此觀來，就算抽象身分缺少人名，也根本無法爲我們提供任何有意義的保護效果。資料數據的蒐集與庋用（curation）就算是在匿名的作法下進行，依然會限制我們的集體自由和個人自由。

抽象身分辨識的作業歷程會創造出一人格總結，由此削弱你的自主性，舉凡你的思想、需求、欲望，尤其是弱點，全都是從線上數據中汲取來的。利用高度選擇性的資料體，這項作業可以創造一段你的自我意識歷史，進而用來影響你本人。你的主動性被剝奪了，你無法控制「誰」知道了「什麼」關於你的事情，自我決定的能力因而折損。

自主性是隱私的一個重要層面，可是在主流討論中，自主性的整體意義卻少有討論。隱密性、安全性、匿名性都很重要，然而自主性太常受到忽略，以至於讓隱私萎縮爲一種程序性概念（transactional concept），去除隱私的政治性意義，並將其限定於原子化的個人。允許他人撰寫我們自我意識的歷史，將會預先排除我們未來的其餘可能性。吹哨人愛德華・斯諾登（Edward Snowden）曾表示，「隱私是一種自我的權利，隱私賦予你能力，使你可以根據你自己的想法，來與這個世界分享『你是誰』」。[28] 隱私是個人與社會之間的橋樑，是自我與其脈絡之間的紐帶。若要有意義地充實隱私觀念，就需要眾人了解，隱私是一種權力的功能。

眾數據商與行銷商其實不在乎眞實世界的你是誰，不過它們對你的抽象身分——例如你居住的區域、你的車廠牌與型號等——倒是非常有興致，他們不是很介意這些資訊是否能連結到眞實的人。多數情況下，他們對你的興趣是因爲把你當作消費者，是一位有購買行爲且可以被說服的對象；他們把你當成一個可以嵌入集體相似趨勢的資料點，你是某個會在特定刺激下做出可預期行爲的個體。

佛洛伊德的思維在此脈絡下出現了新的關聯性。我們若能理解，心靈是同時由意識與無意識所組成，便能開始體察到我們在數位世代的「存在」並不是一個關於選擇的問題，也不是個人自由意志可以決定之事。佛洛伊德所探索的概念爲，精神運作的過程是由快感原則（pleasure principle）及毀滅性動力兩者所驅使；他認爲人類心靈是由快感的製造給予刺激，[29]這項觀察廣受認同。不過，我們並不全然是快樂主義者（hedonists）；某種程度上，我們需要以活在社會裡的限制來克制自己對快感之渴求，佛洛伊德稱其爲「現實原則」（reality principle）。此外他還說，人類擁有一種自我毀滅的傾向（即毀滅性動力）：此種傾向在遭受苦難或創傷的倖存者身上最爲明顯，當事人會重複出現與痛苦經驗相關的思考或行爲；此現象源自於一種克服過去經歷的欲念：「在心中重複那個力量強大的經驗，使自我能夠駕馭它。」[30]這些對於我們心靈運作造成的影響可能會被操弄或干預，而介入者則可能是缺乏治病動機的分析師等人士。

在數位時代，人們心理（學）上的這些特徵會受到各色方式的操縱，因爲如今我們的社會互動與物資消費都逐漸在網路上進行。隨著行銷預算的增加，公司在製作人們抽象身分方面的花費上漲，看來這像是一場令人絕望、實力懸殊的鬥智大戰。但我們並非全是上當的蠢蛋。[7]當行銷者知道我們渴望哪些欲求，以及我們哪些自毀性習慣在作用時，他們也藉此掌握了巨大權力；因爲人們的這種行爲經常在網路上展現。

佛洛伊德學說及精神分析的相關理論提供了深刻的洞見，甚至點出希望所在。精神分析學說鼓勵我們進一步了解個人的力量，去知道我們所不知者，去發掘那些可能被精心隱匿的操控行徑。心理分析者主張人們擁有自覺的能力，喚出那被隱藏或壓抑在無意識內的事物——創傷、被禁止的慾望，或其他經驗。哲學家恩拉登．杜勒（Mladen Dolar）論道，無意識的存在「非屬個人亦非屬集體」，而是「正好處於兩者之間，[31]就在個人（成爲一主體）與其所歸屬之群體間的連結上。」換言之，塑造吾人的社會力量與我們的人格之間，有一個辯證的過程。雖然資料探勘產業可能會對此加以利用，以服膺其商業目的，但我們的反抗並非絕無可能。

城市，它是人類集體而有自覺地對自然的宰制；它建築在自然世界上，以保護市民免受自然力量威脅。雖然如此，我們還另有一種在都市環境中保護自然綠空間的本能，努力讓城市能夠永續，且提醒人們那存在於大地、水、天空中巨大複雜的生命系統。我們將會永遠需要調整自己性格以符合在社會中的生活，可是人的心靈需要空間呼吸，還需要能讓人探索獨立與合作可能性的空間，而不受集體性議題的制約。要如何在人類建構出的環境與自然環境之間取得適當平衡呢？這是一項挑戰，而這對於我們的心理／心靈而言也是同等性質的挑戰。

---

7 作者的意思是，並不是我們太蠢，而是行銷者掌握了人的弱點。

價值最高的消費者平台需同時具備兩種能力：能夠蒐集寶貴的個資，以及善用此數據在消費者日常生活中最有利可圖的時刻向他推銷。這就是掌握在「看不見的手」之中的空間，我稱此爲科技資本主義（technology capitalism）的運作：其運行在數據商與廣告商之間，用戶的個資則被當作交易商品。

以我們當前的目標而論，我會將科技資本主義定義爲科技業的尖端，[32]有一群階級人士正在將數位科技導向以市場爲基礎的營利模式。我的目標是要利用這個詞彙來特指此項現代產業的積極活動部分，[33]而不是將此詞用來整體描述受到科技轉化的資本主義。

這些平台乃是數位時代裡個人資訊集中的所在，[34]它們會再將人們分成不同類的閱聽型消費者。Amazon 擁有你所有的購買紀錄與商品瀏覽紀錄，[35]它們利用這些資料製成特別的廣告，還會根據你的居住地區等個資來做差別定價（differential pricing）。Google 握有你大量的搜尋歷史、電子郵件、YouTube 觀看紀錄、Nest 數據、以及你利用地圖所獲得的位置資訊，[36]它會利用這些資料生成個人化廣告。你所有「看過」的Facebook按「like」、按「讚」、「分享」都會被追蹤，不管你是否已登出Facebook，不管你否眞的按下了按鈕（這些按鈕其實是一個小密碼片段，[37]瀏覽器會在你進行點擊之後聯繫 Facebook 的伺服器）；同理，嵌有 YouTube 影片的網站也會將數據回傳給 Google，[38]以上都會成爲你個人興趣習慣數據庫的材料。有時候，公司還會去另外購買數據來擴大自身庫存，它們擁有高度複雜、運作極佳的平台，能夠藉此創造出你抽象身分的輪廓。

散布在網際網路的訊息監測（observational intelligence）系統使用我們個人的自我意識——亦即真實世界的我們對自己人格的理解。安東尼奧·賈西亞·馬丁涅茲（Antonio García Martínez）從前是 Facebook 廣告團隊的產品經理，他曾表示：「相對於一般的數據上傳業者，[8] Facebook 和 Google 的優勢在於它們擁有你大量個人資料，能一直看見你的上線情況。」也就是說，它們有能力蒐集豐富而多樣的數據，並將其用於強制性的推銷訊息。馬丁涅茲繼續論道：「Facebook、Google 等公司已經取得了行銷界的聖杯，[9] 就是讓每一個線上消費者都有精確度高、持續不變的假名（pseudonym）。」[39] 行銷者對你的了解愈多，廣告就做得愈好；你在特定平台上花的時間愈多，數位不動產的價值就愈高。

令人印象深刻的是精準度。ProPublica 的調查發現，[10] Facebook 向廣告商提供了一千三百種

---

[8] 數據上傳（data onboarding）是指將離線時的消費者數據上傳至網際網路，與線上的用戶進行比對後契合身分，此舉通常是為了行銷目的。

[9] 聖杯（holy grail）為基督教典故，是耶穌最後晚餐時裝酒的杯子，相傳具有神力，後來成為傳說中的聖物，比喻為最大的獎品。

[10] ProPublica是一家獨立的非營利機構，為公眾利益進行調查報導。

用戶類型，讓對方能夠仔細地發送訊息，用戶類型「從地產小於〇・二六英畝的人到擁有七張信用卡的家庭，應有盡有。」[40]你個人的自我意識歷史會記錄在這些平台裡，它們的運作將會定義你的未來；這便是科技資本主義宰制個人數位生活經驗的做法。我們可能自以爲身處於公共廣場或社區花園，但實際上我們和他人並不是居住在同一個城市內。

基於這等理由，任二人的網路經驗不可能一模一樣，[41]網站網址是根據我們的抽象身分被聚集呈現。約瑟夫・圖羅（Joseph Turow）將古老的街頭兜售與購物中心的經驗相比，並連結到上述所言：購物中心是每個人都能獲得相同商品的管道，而古老的兜售買賣則是挨家挨戶，根據你家的樣子、你上次買過什麼來估量。圖羅說：「小販會根據跟你的關係來衡量你，他們會依照對你負擔能力的估算來升降商品的價格。就是這樣一來一往的講價過程。」[42]在數位革命的時代，我們又回到了兜售模式，呈現給你的產品是根據你的喜好、地位、弱點而定，而商品價格也越來越是根據特定消費者而設。「信譽網」（Reputation.com）發起人麥可・福爾提克（Michael Fertik）直白地說：「有錢人看見的網際網路跟窮人是不一樣的。」[43]從購物中心或市場這類公共空間轉移到個人客製化的交易型式，圖羅主張我們正在經歷「公共領域中買賣意義的大轉變」，此事嚴重挑戰了網路做爲公共空間的觀念。

抽象身分與隔離處理的合理化，經常被框定在消費者選擇的模糊論點之內。據說Amazon執行長傑佛瑞・貝佐斯（Jeff Bezos）會在會議室保留一個稱爲「空椅子」的座位；[44]在會議期間，貝佐斯會提醒與會者，這個空位代表「房間裡最重要的那個人」，意即消費者。藉由社群媒體等方式所蒐集來的數據，經常被說成是爲了給與消費者相關的廣告，以及爲了提供消費者感興趣的事物。事實上，全世界最大的數據商之一「安客誠」（Acxiom）鼓勵人們去查閱該公司握有的個人資料，而且可以糾正錯誤；[45]換句話說，安客誠讓人們可以更積極參與抽象身分的製作過程——對公司而言還眞是個高價值、低成本的做法。

於是，資料探勘被定位成一種平等的權力關係，消費者被邀請來指導大企業，自己想要過怎樣的線上生活；我們被告知的是，抽象身分對個人及大眾都是有益的，這甚至是一種賦權（empowering）。此等描繪非常有效，但實爲誤導：這股運作的動力無異於一座城市的政權允許將歷史區域與綠空間改建爲停車場或奢侈品店家，我們只能經過這些昂貴的建築並向裡頭瞧一瞧——在理論上，眾人皆有自由可以使用——但這些建物占據了從前與所有居民相關的空間，如今僅有少數人能受惠。這些改建計畫讓我們的期望只能限縮在「成功」與「享樂」的價值範疇內；這對地產開發商及富有客戶是很好的結果，但對其餘多數人而言則否。

監控資本主義將我們困在某種自我意識的歷史內，而且它還會持續更新並導向人們未來的願景。我們每日都在社群中集體練習做爲一個消費者，此外我們還熟練於讓公司蒐集個人資訊，彷佛這是件稀鬆平常的事。明明應當有空間能讓我們免受這股勢力影響，但這種觀點也被人們放棄了。衆人已日漸習慣，我們的心理不動產已不再是社會或個人的空間，而是成爲資本主義的燃料資源；這是柴契爾夫人（Margaret Thatcher）鍾愛的口號「TINA」——意爲「別無選擇」（There Is No Alternative）——的二十一世紀翻版，導引我們逐漸遠離對自身數位生活的想像建構。在佛洛伊德的精神分析作品中，他首先指出，自我知識（self-knowledge）可以幫助我們度過在社會生活遇到的難關。目前的網路生活不只是有礙於我們進行想像，它還將私人訊息傳送給無心幫助我們克服問題、發展心靈的公司。公司並不需要我們來做消費者；反之，這個世界的狀況是，社會化的我們需要這些公司。

獲利於數據爆炸的公司並沒有在建立連結，遑論建立讓衆人能溝通的公共空間，或能進行買賣的市場，正好相反；公司正在破壞這類空間。數據被加以集中，同時，人們被用戶資料統計結果加以分隔，伯納・哈考特（Bernard E. Harcourt）教授論道：「目標其實是分散而非集中人們，[46]避免將消費者集中在同一個場景，而是讓人們在各種不同的迷你消費園地中徘徊。」正如圖羅所見，我們所收到的行銷廣告類型是在警醒人們自己的社會地位，「若你一直收到廉價車、區域旅遊、素食餐廳等廣告，就反映了較低的社會階級，你獲知世上各種機會的範圍會因而變得褊狹，少於那些收到國內外旅遊與奢侈品廣告的人。」[47]圖羅稱此爲「名聲孤立倉」（reputation silos），[48] 也就是讓人們對彼此的距離感加深；[11] 換句話說，共享的公共空間逐漸消失，而網際網路逐漸欠缺單一性的集體線上經驗。[49]「消費者至上」時代的實情是，我們被提供的選項愈來愈狹窄。我們被賦予了一個身分，此身分反映（且持續重製）科技資本主義對吾人網路經驗之塑造；此乃社會學者所謂「象徵互動論」（symbolic interactionism）的類型之一，此觀念是用來形容個人與社會如何透過社會互動產生並再生身分與規範；而以本案例來說，其透過的不是社會互動，而是網路互動。

若我們將網際網路視作一個空間而非服務，便知道抽象身分的建構並不是一種賦權，它反而造成人際之間的分裂與距離。人們在它創造的世界裡需要歸屬於不同的框架效果下，造成越來越難克服的政治及社會分歧，導致諸多世界雖在名義上共同存在於同一空間，實際上卻彼此相隔，有門禁的社區遂變得與獨立社會公共住宅計畫相隔絕，此情強調我們抽象身分間的差異性而非共同性，人們的歸屬感因此減損。圖羅寫道：「打造小環境（niche-making）的新力量將對個人的強調推展至極端，鼓吹會減低歸屬感的價值觀，而歸屬感實爲健康公民人生的必備要素。」[50]

著名行動分子兼都市研究者珍・雅各（Jane Jacobs）認爲，了解「何種因素造就了市中心的

---

11 'silos' 是塔狀穀倉，引申義為一孤立的單位，不與其它單位溝通、整合。

吸引力，[51]是什麼爲城市注入興高采烈、驚喜喧鬧，讓人們願意來此逗留」，乃是很重要的課題。珍．雅各在一九五〇、六〇年代嶄露頭角，她曾捍衛紐約市華盛頓廣場公園，反對拆掉這座公園來蓋高速公路。她最有名、最具影響力的著作爲一九六一年《美國偉大城市的生與死》（*The Death and Life of Great American Cities*）一書，其主張：城市所以成功的根本關鍵原則之一，便是要有「複雜、精細、緊密的多元歧異性，可提供人們持續且互相的支持」。[52]珍．雅各反對當時正統都市研究的現代主義式（modernist）及理性主義式（rationalist）主流設計；這種正統設計的都市更新，自然會趨向都市計畫與高樓大廈，而鮮少融入周遭環境。她則決定擁抱可容納來自不同背景、抱持不同目標人們的地貌，讓眾人能相互混合；城市建築應該環繞著這個目的而打造。

至於我們心理狀態的「城市」，科技資本主義已經採納了正統都市研究愛好者的咒語，隔離程度的加劇，以及各種世界觀無交集的庋用狀況，塑造了被剝奪多元性的心理地貌（psychological landscape）。珍．雅各顯然對這種單調與孤立的前景感到不寒而慄。

線上公共空間的破碎化，以及我們的自我意識變得如此容易被外來影響滲透，此種現象或會造成腐蝕作用。然而，這並不意味這是一令人不悅的過程，正好相反：整個過程設計是要讓人覺得享受，有時還讓人的成就感大增。監控資本主義將人們對便利與連結性的欲望做爲誘餌，吸引我們加入、使用它的平台；接著它又利用我們的同意來合理化對我們的侵犯行爲，將責任轉嫁給我們。這近似於整座城市環繞著汽車來進行組織——廢除社區跟公園以使車流順暢。停車場與義大利麵條橋（spaghetti bridges）[12]對身居鐵皮和玻璃內的汽車駕駛而言是方便的，但同時，我們做爲行人所能經歷的驚喜或美麗卻被剝奪。

有個常被用來理解監控資本主義的隱喻，那便是喬治・歐威爾（George Orwell）的小說《一九八四》，書中那位無所不知、無所不見的老大哥（Big Brother）透過隱藏式相機、攝影機、收音器監視著我們的一舉一動。此外，十九世紀傑瑞米・邊沁（Jeremy Bentham）的「開明」監獄模型——即「環形監獄」（panopticon）——也被用來比擬成監控資本主義，監獄守衛能在中央的有利位置隨時看到所有囚犯。[53]不過，這兩種比喻都沒能把握住我們目前麻煩的某些重要特色。

老大哥和環形監獄的運作基礎是教導人們自我監督，但監控資本主義通常是要設計地讓人不會察覺。許多公司的既得利益在於挖掘我們的數據，並將其用以影響我們，這件事最好讓人們知道得越少越好，如同伯納・哈考特所解釋的：「最佳的監視作業不是發生在它被內部化的時候，[54]而是在它被人心不在焉地遺忘之際。」舉例而言，當那位懷孕的少女以及她毫無起疑的父

---

12 「義大利麵橋」或「麵條橋」是土木工程研究者在建立橋樑模型時，會使用義大利一類麵條來打造，藉此了解橋樑的承重和堅固性。

親登上頭條新聞，目標百貨確實學會了這一課。然而，這種行銷手法具有侵略性又讓人緊張兮兮，絕非讓人印象深刻。

請注意，有很多網站其實是數據商僞裝的，約會網站就是很好的範例。[55] OkCupid 的銷售宣傳是它採用科學方法來幫人們配對，配對根據是對你進行的各領域價值觀及偏好調查；可是，這個網站沒有清楚告知，或你很容易忘記，你所打進去的相關訊息已是屬於他們的了。這家公司已經承認，搜集用戶相關資訊與打造更好配對法的目標其實沒什麼關係，他們的說法是編造的；與此同時，他們還利用用戶做實驗。此公司的共同創辦人會輕鬆地談到：「各位，你猜怎麼著，若你在使用網際網路，你隨時都是數百個實驗進行的對象，這就是網站的運作方式。」[56] 利潤就存在於他們加以蒐集並售予第三方的數據中。[57] 爲達此目的，OkCupid 的母公司 Match Group 旗下還有好幾個約會網站，[58] 從 Tinder 到「天主教徒約會網」（CatholicPeopleMeet）都是它們的，諸多交友網站可以迎合不同種族、宗教、年齡、政治取向的人們。這明明是抽象身分的一種形式，但卻被當作浪漫故事的成功機會，來加以推銷。

行銷訊息愈來愈難以偵測，我們許多人甚至沒有意識到那是廣告。瑪拉・愛因斯坦（Mara

Einstein）在《黑色廣告行動》（*Black Ops Advertising*）中談到，[13]「紅牛」（Red Bull）是如何在此領域中成爲市場佼佼者。紅牛企業拍攝許多驚人的特技、娛樂影片，內容看似與能量飲料無甚干係，但影片畫面華麗、令觀看者血脈賁張，只有少量的線索——例如商標的置入——可以察覺這是部廣告，行銷的微妙之處支撐了它的吸引力。瑪拉．愛因斯坦寫道，「經過遙控器、數位錄影機（DVR）的時代，還有現在的『忽視橫幅廣告』、[14]廣告攔截器，這些經歷教了廣告商一課，那就是消費者對規避廣告已然駕輕就熟」，「廣告商的回應之道則是開發新創的隱密行銷模式」，[59]目的是使我們記得商標，並在沒有察覺廣告的情況下進行購物想像。最後，這些企業要我們複製整個過程，分享這些內容與隱匿的商標。如此一來，我們整座社交網絡就會變成恆久的市場；如此一來，我們的社會空間就被轉化爲商品和金錢。

這便是佛洛伊德「快感原則」的放大版。這種社會經驗以無限的甜蜜沉溺爲中心，同時力圖逃避現實，佛洛伊德認知的心理運作過程被重新定位，以符合資本主義在線上空間的目標。佛洛伊德寫道，「以快感原則制定而加諸於我們的變快樂計畫，並不能眞正達成目的；然而，我們不

---

13 黑色行動（black op or black operation）是政府、機關暗中從事的隱密軍事行動暱稱。

14 忽視橫幅廣告（banner blindness）是指用戶有意或無意間對橫幅廣告的忽略或視而不見，大約是指人們幾乎不會在意任何類似廣告的內容。

應（事實上也無法）放棄接近此目的之企圖。」此事也可能以其他型態出現，例如獲得快感或避免不快。可是，不管我們做了什麼，佛洛伊德說：「此等途徑皆不可能讓我們滿足一切欲求。」[60]快感原則會驅使我們的行爲，除非我們能夠找到方式駕馭這項貪得無厭的原則，否則快感原則將會居於上風、甚至成爲主宰。監控資本主義建構了人們的線上生活，企圖限制快感原則一事因此變得困難且令人挫折。

此種情況與博弈機台（electronic gambling machine, EGM）產業有諸多令人困擾的相似之處。[61]該產業建立在設計者利用科技複雜地創造出一種人與機器之間的癮頭上。早在數據商和行銷商出現的幾十年前，博弈業中的科技人士就是蒐集大量個資的先鋒，他們會培養消費者的忠誠度，在痛點（pain points）[15]及適當時機出現時，傳送有效的行銷訊息。[62]文化人類學者娜塔莎・蕭爾（Natasha Schüll）曾論及，投入博弈機台是種「陷阱，最終具有毀滅性」。[63]賭場營運商經常使用即時監視系統[64]——把博弈機台變成監視設備——觀察個別消費者的遊戲，精心安排介入手段，讓人們繼續玩下去。賭徒若神入他們所謂的領域（the zone）之中，就會變得迷失，無止境的遊戲會產生刺激與平靜交織的精準平衡感，迷住賭博者，讓他們繼續屈從於快感原則。

與資料探勘及暗黑行銷行動類似，博弈機台設計背後的那個產業是隱匿的，幾乎無法發覺。博弈業付出偌大心血，[65]就是要培養出足以讓賭徒自我毀滅的癮頭。娜塔莎・蕭爾曾記錄，此產業「投入極大努力，要使賭博遊樂能產生暫時性、肌肉知覺（kinaesthetic）的效果。」企業如此投入能夠證明，將上癮的責任歸咎於個人能力及意志乃是錯誤的；反之，上癮的起因並不是個人或科技，而是兩者間的動態交流。[66]

同樣的觀察心得亦可適用於監控資本主義：數位科技被仔細設計來培養人們持續性的參與，以服膺數據商及暗黑行銷者的目標。安東尼奧・賈西亞・馬丁涅茲曾提及，負責增加用戶數的Facebook發展團隊，使用的正是博弈機台設計者的策略。發展團隊：[67]

> 利用一切的心理花招、視覺伎倆，來讓人們的目光望向Facebook的用戶帳號……他們將點擊率、轉化率（conversion rates）精算至小數點後第三位，並建構了完整的用戶數據庫。無論是運用史金納心理學還是帕夫洛夫心理學，[16] 他們會計算出寄送Facebook事件通知（例如提

---

15 在非正式的商業用語中，大約就是指顧客、用戶感到「痛」（出現問題而有負面情緒）的地方或時刻，意思大概等於「出問題」。

16 伊凡・帕夫洛夫（Ivan Pavlov）是十九、二十世紀俄國生理學家，提出古典制約理論（classical conditioning），也就是條件反射，最著名的實驗便是「帕夫洛夫的狗」。伯爾赫斯・斐德列克・史金納（B. F. Skinner）為二十世紀美國心理學家、行為主義者，他認為人的行為抉擇乃依據先前行為的結果而斷定，其著名理論是操作制約（operant conditioning），以獎勵或懲罰作法讓個體出現自願性的反應。

醒或朋友新貼文）的最佳速率，以期獲得最佳的回應。

會使用這種策略的並不僅限於社交媒體平台。亞當・格林菲爾德（Adam Greenfield）曾經論及我們如何活在一個網絡環境之中，如智慧型手機等功能強大的裝置設備鼓勵我們不斷把時間花在滑動、捲動，他如此寫道：「我們變得益發依賴網際網路的取用，來達成非常普通的目標。」[68]因此，我們使自己受裝置擺布，而裝置則持續吸取並利用數據來裁製行銷內容，並藉此操弄我們。

對許多人而言，這就是我們日常的電腦使用與上網經驗。如今，線上生活是一種無可避免的強大經驗，現在有愈來愈多人公開討論，留意「設計」是如何導致人們對數位科技的上癮行爲。例如來自人道科技中心（Center for Humane Technology）的崔斯坦・哈里斯（Tristan Harris）等人，曾批判擁有以下特質的設計：提供間歇性獎勵（intermittent rewards）、[69]創造無數訊息饋送（newsfeeds）、操弄我們對錯失機會的恐懼及社會肯定的渴求。哈里斯傾向以個人主義思維來定位這個議題，有時反而讓更廣大的背景因素未受質疑。哈里斯其實是個前「圈內人」，曾在Google工作，這意味著他的言論內容是不可否認的知識，但這並不必然意味他有能力對科技資本主義作出必需的批判。[70]不過，我們應該聽聽這些證詞，證明爲了讓我們上線或收聽或退出，有多少龐大資源投入其中；這對我們理解自己每日遊歷的數位空間極有裨益。

伯納・哈考特教授將 Facebook 用戶經驗形容爲「完美迷幻藥索麻（soma）的數位版本」。[71] 索麻乃是借用自阿道司・赫胥黎（Aldous Huxley）《美麗新世界》（*Brave New World*）中的一種魔幻物質，沒有副作用、沒有殘留，讓人全然心滿意足；索麻令人如此滿足，乃至於失去它的結果是痛苦與悲慘。馬丁涅茲講得更直接，這能反映他何以決定加入這間公司：「Facebook 是網際網路規模的合法快克（crack）[17]。」[72] 如此一來，以喬治・歐威爾《一九八四》爲類比來理解抽象身分及數據歧視的做法就失效了。時間拉回一九八五年，尼爾・波茲曼（Neil Postman）主張，[73] 拉斯維加斯（Las Vegas）的老虎機娛樂事業才是電視時代裡人們集體性格與集體志向的最佳隱喻；而我想要說的是，這項隱喻也適用於數位科技時代。我們所要面對的並不是歐威爾描繪反烏托邦（dystopia）中那令人恐懼厭惡的暴君；我們面對的是能表演娛樂、面帶笑容的統治性力量。波茲曼結論道：「結果，歐威爾的預言並沒有成真多少，但赫胥黎所言正在實現。」[74]

佛洛伊德的認知是，活在社會裡始終是欲求快感與現實——我們做爲集體一員的現實——之

---

[17] 快克是一種強力古柯鹼（cocaine）。

間的一種妥協，「分析」能夠幫助我們探索那些加諸己身的創傷及痛苦，也可避免我們的過去主宰了自己的當下或未來。我們也試圖在社會脈絡（social context）下存活，並且找到方法應對必然影響吾人行爲的社會脈絡。社會脈絡不只是種組織性的負擔，同時也是做爲人類的重要部分。恩拉登・杜勒寫道：「個人必須要做爲社會聯繫的結點（knot）才有其意義。」若離開社會脈絡，我們就變得意義貧乏，即便社會脈絡依然會是壓在我們欲望上的一種負擔。

人們在打造自己的空間時，方法無論是物質性還是數位化的，都會影響我們控制自身欲望、探索必要妥協的能力，這些方法應該要能平衡便利性和參與性，還要能締結連結性，而不是造就破碎與隔離。這便是激勵珍・雅各在一九五〇年代後期投入捍衛紐約市華盛頓廣場公園運動的動因，她反對都市設計者將此地改建爲高速公路；這座計畫中的高速公路確實便利了汽車駕駛，但這會毀掉當地人們用心善用的一項資源。然而，眼界「遠大」、現代主義的都市設計者卻極少慮及此事。珍・雅各寫信給紐約市長：「我們盡全力讓這個城市變得更適宜居住，後來卻得知這座城市在構思著更不宜居的計畫，這實在令人非常沮喪。」[75]十年之後，經歷無數次會議與成千上萬居民的抗議，高速公路的建設計畫最後終止。這些被資深都市計畫者批評爲「一群媽媽」的人，實際上拯救了那塊對城市居民依然極爲重要的區域。

我們未來的網上自主權之戰仍是一場輸贏皆在的硬仗。下個世代的網路科技可以提升我們所有數位活動的整合性，更加讓機器組織我們的生活，別人會更加比我們自己更了解我們。在此脈絡下，若將注意力放在我們身爲消費者的權力，那就錯了；因爲，那股施加於人們的力量正是根基於我們成爲消費者的社會化過程。這種過程會讓我們接受一座所有公園都鋪平成高速公路，運動場及溜冰場被改建爲購物中心的城市。這種城市的生活運轉是不會順利的，更遑論令人高興，但這卻是讓數據商、零售商可以大賺一筆的所在。

把此一過程說成是在我們的同意或理解之下進行，會貶抑衆多爲促進我們參與程度而付出的努力；該說法把問題放在個人而非整套系統上，它忽視了許多人眞正關心的問題——亦卽監控資本主義對人們生活的負面影響，也忽視了人們對事情有所不同的渴望。傑弗瑞．漢默巴赫（Jeffrey Hammerbacher）是最早開始研究 Facebook 的科學家之一，其人以把握住上述問題而聞名：「我這時代的天才都在想著要怎麼讓人們點擊廣告」，[76]他如此說著，「這太爛了吧！」

當優步（Uber）在二〇一〇年首度推出之際，有很多呼聲在吹嘘「共乘」（ride sharing）是如何正向的發展，它可以讓人們自己制訂生活行程；在計程車服務不足的區域，它可以提升交通運輸的水準；它可以減少自有車比例，促進環境友善。Uber 原本的目標在於充實交通的選擇，而不是要取而代之。二〇一五年，當時的 Uber 首席執行長特拉維斯．卡蘭尼克（Travis Kalanick）宣布，該公司的「唯一」目標是「讓紐約市的街道減少一百萬輛汽車，一勞永逸地解決城市交通阻塞問題。」[77]這就是一個矽谷樂觀精神的典型時刻，根據科技資本主義而來的數位革命承諾。

這番宣言固然大膽，但後續發展卻極爲可疑。Uber 的崛起並未減少路上的車輛，卻與交通阻塞的加劇密切相關。曼哈頓市區的平均車速自二〇一〇年以來降低了十五%，[78]此現象發生的確切原因不明，但專家認爲 Uber 以及其他共乘公司的出現乃是部分理由；雖然人口在增加，但搭乘地鐵的人數卻下降了。城市稅收降低，[79]黃色計程車增收了五角的附加稅，用來改善地鐵與巴士。換句話說，Uber 的盛行意謂著其他公共交通選項的競爭力萎縮。倫敦的境遇也沒好到哪去：[80]路上的 Uber 駕駛數量已經超過黑色計程車，[18]大大扭轉了引入「塞車稅」（congestion charge）後造成的環境改善與現實效益。[81]

相較於巴士，搭乘 Uber 可能更方便、更舒適，甚至可能相對上更便宜。但是大眾交通的私有化會讓我們城市的情況更加惡劣。Uber 的長期策略似乎是要取消駕駛人，營運一批無駕駛車隊來讓交通成本更低廉；若此事成真，那結果很容易想像：我們的城市會處在持續的阻塞僵局，公共交通設施年久失修，更多公共空間被大馬路取代，被接送的我們會穿梭在煙霧瀰漫中，深陷 Uber 總部的追蹤與記錄之下。從城市規畫的角度來看，這是一個 Uber 得利而非眾人受益的世界。這幅景象其實無異於目前在我們心理地貌上發生的事，此都是資料採勘產業造成的：我們心靈的城市中塞滿了企業，它們對城市基礎建設與符合人們需求的建築天際線興趣缺缺，而是將企業的盈虧結算線（bottom line）列爲優先事項。

珍・雅各的洞見精彩處之一，在於她認知「行人」的重要是造就城市偉大的因素；她認爲，若要了解一座城市，最好多在市內走走，生氣盎然的街道是創造多元性與活潑社區的重大要素。[82]從此觀點出發，我們可以窺見一種不同的未來，此未來可以創造出歡迎「城市漫遊者」（flâneur）的心理地貌，城市漫遊者是一個象徵形象，代表都市探索者、漫步街道之人，此形象在文學、哲學作品中頻繁出現。法國文人查理・波特萊爾（Charles Baudelaire）將此關鍵人物描述成一位充滿好奇心的天才，他的天賦在於觀看的能力；波特萊爾如此解釋城市漫遊者的精神與獨立性，及其所帶來的樂趣：「此人能遠離家園，但又隨時隨地像在家裡悠游自在；他能觀察世界，他能待在世界的中心，而同時大隱隱於世。」[83]重申此事的後人——最有名的便是華特・班雅明（Walter Benjamin）——從城市漫遊者觀點出發，陳述人們如何被消費型資本主義（consumer capitalism）造就的「感知超載」掏空了自己的經驗。

此項觀點或許可以幫助人成功擺脫被數據驅使的生活苦難。城市漫遊者若要占據，或被慫恿去探索一座城市，就暗示這是美麗、複雜、充滿驚奇之地，這裡有出人意表的事物、可能出現有

---

18 紐約的計程車是黃色的；倫敦的計程車是黑色的。

趣的相遇，而不是有門禁的社區或被緊密監視、缺乏靈魂的高樓；這一空間之開發是以人們的需求爲主，而不是環繞利益而生。我們能不能立志在心靈內重新打造這樣的城市，抵抗資料探勘產業的設計成果呢？珍．雅各的觀察是：「所有的市中心都可以善加利用其過去與當下的獨特融合，善用其氣候、地貌或某些發展。」總結來說，她對此一道路的前景是頗感興奮的：[84]

這是個多棒的挑戰呀！此前很少市民有這種機會可以重塑城市，成為自己及別人都會喜歡的地方。若這意味著要為俗氣的人、奇怪的人、不搭配的人們留下空間，這是挑戰的一部分，但不是問題。要設計一座夢想中的城市是容易的，要重建一座活生生的城市則需要人們的想像力。

我們需要保衛自己的心靈空間，留一些給俗人、怪人，留一些給脫離商業氣息影響而難以預測的經驗。我們應當像個城市漫遊者或「城市漫遊女」（flâneuse）一般，以培養好奇心爲目標，同時提升以自由眼光觀察市民同胞的能力。正如某位作家所寫的，城市漫遊者是「透過觀察來進行全面參與」。[85]如果我們能夠擁抱此種生活模式，便能開始發覺自己是如何被監控資本主義結構所窺視，也可以堅定地朝向瓦解此結構的目標邁開步伐。

3

數位監控不能保證我們的安全

倫敦碼頭和警察單位

西元一七九〇年代的倫敦是個繁忙、骯髒的帝國大都市。泰晤士河與海洋之間的水路交通有驚人的進展，從殖民地掠奪來的財富便是從這條城市的中央幹道運送至市場。爲了加快貨物的裝卸速度，西印度（West Indies）貿易商挹注資金在倫敦東邊的狗島（Isle of Dogs）上建造一座濕碼頭（wet dock），❶免受潮汐的影響。[1] 這項物資運輸方面的進步也暴露出工業化的另一項特色。歷史學者彼得・萊恩堡（Peter Linebaugh）曾論及，製造業及工坊工人經常「偷拿」雇主的一些貨物來補貼自己的薪水——若他們夠幸運能領到薪水的話。這其實是某種慣例，尤其是當時的工人們還在試探領薪勞工／雇傭勞動（wage labor）制的範圍何在：相較於從前的工匠及農民生活，雇傭勞動制是個截然不同的改變。萊恩堡記載，社會乃至於司法上其實是認可這種作爲的：倉庫工人拿庫裡的蘭姆酒來喝，印刷工人保留一本裝訂好的印書，或造船匠把剩餘木料據爲己有；這種現象其實無異於當代零售業工人輪班時可能有的購衣優惠，或像咖啡廳服務生在每日結束營業時拿取剩餘糕點，又或者類似新創公司員工可以獲得股份做爲部分薪資。萊恩堡主張，在那個時代的倫敦，此文化現象代表「某種對產品物資的集體議價（collective bargaining）」。[2]

然而，商人越來越將此行徑視爲偷竊，興建濕碼頭讓河上工人的作業受到仔細檢查，蔗糖等貨物從裝船至出售的過程可以被追蹤與計算。商人想要消滅工人的「自助」習俗，工人僅是以工時給薪的領薪勞工，如此而已；然而欲達此目的，若想靠遲緩而笨拙的法律力量來推動，恐怕會困難重重。

一直到當時爲止，倫敦並沒有警察。雖然許多地方有巡官（constables）或守夜人，但這些人是分散的、難以管束的、非專業的，薪資低廉（若有給薪的話）且常有腐敗情事。當時並沒有在國家層級控制之下授權使用武力的專業官方機構。

約翰・哈里歐特（John Harriott）是一個農戶、商人兼地方官員，爲了保護財產並要求碼頭工人遵守新的雇傭勞動制，他首先想出了專業警力的計畫，哈里歐特雖不是第一個有此想法的人，但是他的構想確實是前所未見的。哈里歐特與派翠克・卡洪（Patrick Colquhoun）合作，[3]後者是位商人，也是有名的統計學家；另外一位合作對象則是著名的功利主義哲學家傑瑞米・邊沁（Jeremy Bentham）。卡洪及邊沁以其聲望與政治見解幫助哈里歐特實現這大膽的理念，他們希望能設計出足以面對工業時代挑戰的政府機構；他們希望弄清楚，資產階級的合作如何才能將創新且進步的資本主義系統所造就之機會最大化。

具體而言，這造就了一項由商業協會資助的實驗計畫提案。計畫順利通過，一七九八年啟動

---

1 「濕碼頭」指建造在受潮汐影響地區的碼頭或船塢，在退潮、低水位期間，濕碼頭具有蓄水功能，仍足以讓船隻浮在水上。

的水上警察局（Marine Police Office）是最初的試驗之一，警官支薪且配有制服，他們的工作是巡視濕碼頭、監督工人、注意船隻與貨物。警官負責實施工時制，[4]甚至還管發薪水；當他們碰見工人失序行爲時，便得負責將當事人交給治安法官。

這項計畫成效卓著，商人的損失大爲降低。哈里歐特自我稱頌道，「長期以來這些人都將侵占當作特權」，此舉得以「讓數千人遵守合理的次序」。[5]哈里歐特、卡洪及邊沁施展了魔法，連最固執的政治說客都對他們印象深刻，他們試圖讓西敏市（Westminster）支持這項計畫，水上警察局遂在兩年之後由官方管轄；商界不只擁有了警察勢力，如今還得到公家財政的資助。

卡洪寫就許多關於此項泰晤士河計畫的文章，熱衷於將自己建立的模型推廣到全世界；他對於警務的見解與經濟學有密切關係，隨著工業革命改變了物質性的關係，他認爲此模型之提倡刻不容緩。[6]幾年後，卡洪在一篇論文上提到，「本國的警察是一門……足以預防、偵查犯罪的新科學」，「目前，在人們的財產甚至生命安全有虞之情況下，這道課題必須引發衆人的注意。」[7]

十八世紀時，公共生活與政府權力正在成形，其成果延續至今已有數百年。那麼要怎麼做，才是讓人們願意服從這種嶄新辦事「文化」的最佳方式呢？卡洪寫道：「讓人覺得犯錯會立即被發現，被發現後絕對會受懲罰，讓人產生對這股權力的畏懼，才能讓道德低落的人願意自我克制、避免犯罪。」[8]卡洪持論，監控（surveillance）配上強大武力是既有效又節省的維持秩序之道，能夠預防犯罪的不是牆、不是鎖、不是監牢，「只有強勢且令人生畏的權力才能造就良好的約束效果。」卡洪所描述的，正是吾輩當代強者採用的策略：以監控做為社會控制手段。

卡洪決心要讓河畔工人轉變為有紀律、有規律的受薪勞工階級，其途徑必須仰仗精神上的轉型，包括將懶散閒晃入罪化（criminalization），並且矯正工人的不公平感受，因為他們原本覺得自己有權合理分享自己勞力的果實。這項精神涵蓋了對秩序的追求，以及保護人民免於失序威脅的信念；私有財產若缺乏組織性的保衛，那麼尚處雛型階段的資本主義系統將陷入混亂。這項轉化需要某種主從關係，資本主義之父亞當・斯密（Adam Smith）在《國富論》（*Wealth of Nations*）提到：「目前為止，公民政府（civil government）體制是為了保護財產而建立，事實上，這就是在保護富人對抗窮人，或說是保護有錢人對抗無產之人。」[9]一直以來，警察之所以存在的原因，便是不平等（inequality）：他們在維護不平等的同時，也保護人們不受此事傷害。警察的角色自相矛盾又追逐私利：他們「創造」犯罪[10]（在實際上定義罪行內容），也在預防犯罪。如此一來，泰晤士河水上警察局的建立，同時是「都市警務及工資模式歷史的里程碑」。[11]在這個時刻，我們可以窺見資本主義的階級分化理論如何付諸實踐：有錢人為了共同利益、對抗窮人而合作起來引導國家權力。

一八二九年，英國內政部長（Home Secretary）羅伯特・皮爾（Robert Peel）建立倫敦都會警察廳（Metropolitan Police），因羅伯特而得名的「巴比」（Bobby）們從此巡邏倫敦街頭，[2]肇始於三十餘年前哈里歐特、卡洪及邊沁的發展至此達到高峰。皮爾本人在殖民愛爾蘭的期間學到維持社會秩序的重要性，[12]由此，他亦深刻理解專業化武力的價值所在。[3]都會警察廳模式在其他都市區也運作良好，包括剛成立不久的美利堅合眾國（United States of America），因為美國的移民與工業化情形也正釀成社會及政治動盪。[13]美國的菁英分子也在面對相似問題，因為美國是一個依賴奴隸制的「移民—殖民」國家，美國的資本主義需要有組織化的政府制度，使其能夠清除土地上的原住民並讓奴隸加以耕作，新成立的警察力量正是執行這項任務的重要角色。學者亞歷克斯·維塔勒（Alex Vitale）簡潔地總結：「警察的源起及功能，與管制種族、階級不平等一事有密切關聯。」[14]

記住這件事有什麼重要性呢？警察的歷史能幫助我們了解數位時代中國家統治方法的某些關鍵層面。現代警察與歷史上的警察相似，他們知道「監視」在推展紀律規範時所具有的力量。維護倫敦碼頭治安被定義成維護社會秩序及消權（disempower）下層階級，而不是減少傷害。而目前我們的政府也用類似方式將人民當作潛在的暴民：人民是其自身慘況的歸咎對象，他們應當被管束，接受市場的法則。現代的執法及情報單位將科技納入它們的武器庫，其施展方式無異於當年碼頭工人受到新成立警隊監視的情形。這些政府機構持續增加預算，額度已經超出了他們所應保護之公共安全（public safety）的風險比例。警察的歷史能幫助我們解釋此一現象。

我們可以由此得悉公共安全的相關概念，以及我們怎麼理解它，是誰在定義它。若同意由執法及情報單位告知人們怎樣算是安全，那我們等於允許它們日漸壓迫性地使用科技；此外，這還意味著我們忽略科技能眞正減少暴力及傷害的潛能。數位科技具有改善公共安全、服務公共利益的能力，但若我們容許國家威權濫用它，這項能力便無從展現。

由於愛德華·斯諾登的關係，我們得以知曉美國的國家監控規模大得驚人。斯諾登在二〇一三年時所洩漏的文件顯示，以數位方式監控本地及外國人口是多麼有效且便宜的方法。以「稜鏡計畫」（PRISM）爲例，該計畫自一系列科技公司處蒐集元資料（metadata），[4]相對而言花費出奇地少，[15]每年總開銷只有兩千萬美金。然而，美國國家安全局（National Security Agency, NSA）的發展已達到不可思議的地步：二〇一二年時，它每日都要處理來自全球各地（包含電話

---

[2] 巴比（Bobby）是羅伯特（Robert）的暱稱。同理，倫敦警察有另一個暱稱「皮爾勒」（peeler）。

[3] 皮爾於西元一八一二至一六年間任愛爾蘭國務大臣（Chief Secretary for Ireland）。時值大不列顛及愛爾蘭聯合王國時期，此處使用「殖民」一詞似有批評英格蘭政權之意味。

[4] 又譯「詮釋資料」、「後設資料」。

與網路）超過兩百億筆的通訊紀錄，[16]我們可以採用其內部報告的某張投影片內容當作這項業務的結論：「全部蒐羅；全部處理；全部利用；全部合作；全部調查；全部了解。」[17]此事激發了全面性的資訊自覺意識。

美國國家安全局規模驚人的雄心與作爲，讓人很難理解它的整體目標何在。該機構企圖分析每日獲得的巨量資訊，光是儲存資訊本身便問題重重。其中一項關鍵挑戰在於，此類型的監控製造了眾多「雜訊」而沒有創造許多「信號」；斯諾登的文件也揭露了，雖然現實上有其障礙，但對於要如何將其整合，其實存在著長期且連貫的認知。有位官員在報告中坦白指出，激勵美國國家安全局其及監控計畫者有三個要素：「國家利益、金錢與自尊。」[18]美國資本主義在網際網路早期發展階段便已建立主導地位，並由此獲得影響力及利益；用記者格倫．格林沃德（Glenn Greenwald）的話來說，整體通訊監控（total surveillance of communication）一類的科技計畫便是美國「維持對世界之控制」的努力之一。[19]這使人想起馬克思所言，現代國家是「管理全體資產階級（bourgeoisie）共同事務的委員會」。[20]

對於斯諾登的披露行爲，美國國家安全局以及它在「五眼聯盟」（Five Eyes）——美國、加拿大、英國、澳洲、紐西蘭組成的情報聯盟——中的情報夥伴們並不訝異；然而公眾對此種能力之存在採取緘默態度，頗有利於執法及情報單位。諸多研究報告證實政府監控一事會嚴重影響我們自己在網路空間中的行爲，[21]讓網際討論更加偏狹，減少爭議性資料的閱讀程度；我們的自由在它們的「施恩」之下受到限制。我們彷彿像在受訓、接納一種新生活方式，於此，任何實驗或突發奇想、任何偏差或錯誤都處在權力的威脅中，舊的工作、通訊或社交方式浮現新的恐懼色彩，此即「普遍性監控」的印記。我們可以想像，這種感覺就像泰晤士河上的工人處於令人窒息的雇傭勞動制中，於水上警察的監視下裝卸貨物。

可是，此等權力濫用並不是某種過度狂熱的偏差行徑。相對而言，美國國家安全局的監控行動成本低廉、效率甚佳，然而這是因爲它只用作特定類型的政治合作。保羅．奧姆（Paul Ohm）曾談到，[22]數位科技在創造「毀滅性資料庫」（database of ruin），❺最終達到的階段是讓所有個人連結至一個以上被嚴格保守的祕密；毀滅性資料庫不是由機構自身所打造，而是由科技資本主義所造就，情報與執法單位則加以利用公司對人們描繪出的抽象身分——上一章已有說明。英國警方付費給數據仲介商，[23]請對方剖析罪犯並評估再犯機率，美國警方則使用來自「祖先網站」（ancestry websites）❻的數據，來辨認犯罪嫌疑人的身分。[24]斯諾登文件揭示了，像「稜鏡」

❺「毀滅性資料庫」是指這些個人祕密一旦暴露，將會造成毀滅性的傷害。

❻「祖先網站」是可以追溯自己家族淵源、祖先來歷的網站，用戶需輸入相關資料，與網站資料庫加以配對。

這類的國家監控計畫是如何使用私人企業的資料流（data flow）來運作，由於科技資本主義已經穿透了人們的隱私防線，故國家得以藉此觸及我們的個人空間：我們參與的各個網路平台、社交媒體上的分享訊息細節、網路上售出的每個物品，全都會生成數據而被國家取用——無論其程序是合法抑或非正規。

這些公司灌輸了一種分享個人資訊（或在未經充分同意的情況下取走資訊）的文化；此外，它們極少設計資料儲存系統，也很少採取刪除數據、加以限制蒐集來的數據、或在儲存數據時通知消費者等做法來保護他們。這意味著公司將資料全數交給政府時幾乎毫無遲疑；人們很難獲悉，[25]究竟公司「終於」何處，而國家的監控又「始於」何處。在維繫資本主義一事上，公司和政府擁有共同利益，此情瀰漫在它們與用戶及消費者的關係中。結果，我們的數位生活模式被建構爲允許國家權力無限擴張，但國家需承擔的責任卻相對低落。

監控資本主義的設計是要人們覺得雙方有共識、便利、有趣且易令人忽略，而國家監控的勢力則日益增長、愈加訓練有素；兩者的結合具有互補的功用，政府與公司密切合作的結果創造了一種多功能、合作型監控的科技生態系統。

「五眼聯盟」的監控規模十分龐大，但並非無人能出其右。事實上，中華人民共和國比美國更能把握監控的社會成分，且中共對於監視人民毫無隱藏的意圖。「警察雲」（Police Cloud）是一項省級資料分享公共計畫，數據會傳入由中共公安部負責的全國資料庫。此資料庫可使用各種連結至個人身分證字號的紀錄，[26]包括人民的就醫歷史、超市會員資格、貨運快遞等訊息，此資料庫還能利用臉部識別軟體來辨認嫌疑犯。研究人員正在研發一種配有車頂攝影機的警車，[27]可進行全方位掃描並搜尋政府追查之人士。恣意穿越馬路的人若被攝影機拍下（直至二〇二〇年全中國的攝像鏡頭將有近五億台），[28]可能立即被認定爲慣犯。這並不是向大衆隱瞞的計畫，正好相反；舉例來說，亂穿越馬路的行人面孔會即時顯示在十字路口的看板上。

這種紀律型的監控模式，與更多同性質的社會措施一同出現。中共政府於二〇一四年宣布，[29]其有意在二〇二〇年前實施強制性的社會信用評分系統。評判已經開始了：目前尚不清楚有哪些數據可用來計算每個人的公民分數（citizen score），但有報告顯示，特定購物[30]（舉例來說，買尿布能加分、買酒則否）、國家線上評鑑、甚至是朋友的評價（批評觀點會導致扣分）都可能影響分數。人民會在諸多層面上受其信用分數影響，包括信貸、旅行，還有許多免費或打折的服務。對中共政府而言，社會信用系統是「全面落實科學發展觀念、建構社會主義和諧社會的重要基礎」；[31]分數低落的人會被孤立，[32]淪爲數位社會底層。

許多外界觀察家對於中共赤裸裸地追求全面「和諧」的社會控制取徑感到驚駭，然而中、美兩國的相似之處卻令人難以忽視。美國國家安全局的行徑或許是隱匿的，中共公安部則是大喇喇地行動，但實際上雙方擁有共同的志向，造就相同的結果。國家監控的設計目標不只是要偵查不法作爲，而是在製造一種更普遍的服從文化，並將反抗行爲加以隔離；這可讓偏差越軌的行爲產生社會性結果，即卡洪所謂「強勢且令人生畏的權力」之翻版，可以有效填補監獄牢房功能的不足之處。正如卡洪的認知，現代國家已意識到數位監控是一種極有效率維持社會秩序的作法；兩百多年前卡洪在狗島上推動了先鋒監視計畫，如今，數位科技可使此類計畫大幅擴張。

中共當局對資料庫的精密整合，代表著一項重大且令人擔憂的科技進展：與美國國安局的巨量數據蒐羅相比，它提升了將「雜訊」轉化爲「信號」的能力。相較之下，美國國家安全局的運作基礎，是人們不需要覺得自己時時被監視，才是有效率的監控；讓人們出現自己「是否」正被監視的焦慮感，才會讓監控行爲的力量大增。這也造就了一種隱性的理解，即任何私密訊息都可以隨時在回顧之下拼湊出關於人們的故事。將各數據點凝聚成一整體依然是國家機構最重要的任務，在此事上中共實爲佼佼者。

相較而言，美國人的作法是把多數工作外包給私人企業，[33]這個市場有很多錢可以賺，衆多營利企業爲執法單位提供數位科技服務，[34]以填補情報與警務方面的缺漏處。美國的資料探勘商已然誇口，他們可以達到與中共社會信用系統同等的能力，例如曾以「所有的數據都是信用數據」爲座右銘的 Zest Finance 公司。[35]大型科技公司如 Google 則爲警政單位及市政府提供資料採勘及分析的科技，[36] Amazon 正在研發將語音啟動技術（如 Alexa）置入英國的警務中心，[37]並提供核對、儲存、傳播數據等服務。

帕蘭蒂爾科技（Palantir Technologies）或許是這類公司之中最惡名昭彰的，[38]但它也絕對是矽谷中最賺錢的公司之一。此公司曾被描述爲「美國執法機構及國家安全部門的甜心寵兒」，[39]帕蘭蒂爾科技對自己在做的事情守口如瓶，但它的產品能幫助機構快速搜尋並找出分散、歧異數據集的模式；它最大的客戶就是政府情報與執法單位，[40]以及有心偵查詐騙的私人組織。除此之外，帕蘭蒂爾科技尚協助美國移民和海關執法局（Immigration and Customs Enforcement, ICE）發展出比以往更精細複雜的移民監管方法：該企業正在研發軟體，讓移民和海關執法局能從政府各部門取得資料，包含外國學生、家族關係、就業情形、移民史、犯罪紀錄、住家及工作地址等訊息。[41]

帕蘭蒂爾科技正在投入的工作其實中共公安部已經達到了，這是某種在科技變革時期從事塑造公家權力的創業途徑，帕蘭蒂爾發展初期曾受到美國中央情報局創業投資（venture capital）部門的資助，另一位著名的投資者則是彼得・提爾（Peter Thiel），此人亦是董事會成員。提爾在其著作《從 0 到 1》（*Zero to One*）中寫道：「未來幾十年間最有價值的行業，會是由那些企圖賦予人們權力——而非使人們被淘汰——的企業家所建立。」[42]這種聽起來撫慰人心、欲蓋彌彰的陳腔濫調在掩飾某些更黑暗的東西，提爾利用科技將權力賦予特定階級，藉此賺大錢，此階級中人相信政府存在的目的就是以威權讓大眾守規矩。在重新詮釋社會控制的技巧時，彼得．提爾越來越像現代版的派翠克．卡洪——現代警察的原創者，正如卡洪將其思想實驗加諸於十八世紀的碼頭工人，提爾則將自己的觀點強加於二十一世紀的網民（netizens）身上。

此種治國策旨，在於以整肅秩序的方式削弱民主的潛能。愛德華．斯諾登說：「美國國家安全局擁有人類史上最強大的監控能力。」他繼續論道：[43]

> 現在他們會爭辯的是：他們不會將此能力化作邪惡的用途來傷害美國公民。某種程度上這是真的，但真正的問題在於他們利用這些能力，使我們在他們面前變得脆弱，然後再說：「好啦，我有把槍對著你的頭，但我是不會扣板機的，相信我！」

運用數位科技的監視能力，造成權力大量集中於政府而非人民，斯諾登言論所指的雖是美國人，但也適用於各國人民。權力集中（concentration of power）使我們更難問責於政府，也讓政府更容易迫害其敵人；權力集中還讓反抗威權主義（authoritarianism）的力量更難以組織。[44]這是一道警鐘，提醒我們網際網路並非原本或必然爲免於政府干涉的民主空間。

格倫．格林沃德反省斯諾登披露的內容，「網際網路吸引人之處，正是在於它得以讓人匿名發言，這對個人之探索至爲重要」，他如此寫道，「我們必須相信沒有人在監視自己，才能感到自由——安全——而願意眞正嘗試，去試探邊際、探索思考與存在的新方式、探問我們之所以爲自己的意義。」[45]在集體的私人空間（collective private spaces）中，我們可以在眞正匿名、保密或兩者兼有的條件下互相溝通合作。如此空間對實驗及創意來說非常重要，空間如斯讓我們得以探索自己的想法，不用擔憂自己會被秋後算帳。「國家監控」的幽魂出沒在網路空間，減損我們對「可能性」——無論是個人或哲學方面——的感受力。[7]

斯諾登洩漏的內容喚起了某些美國立法者發表關於自由或政府越權的崇高言論。固然因此推動了一些溫和改革，但人民與政府根本上的權力不平等狀態依然屹立不搖，美國國家安全局仍然有權使用私人公司蒐集與管理的資料流。斯諾登揭露了令人擔憂的政府濫權行爲，但政府的強力回應便是，監控才使我們得以免受恐怖主義威脅。事實證明，在面對國家監控的權力時，民選代表根本不是可靠的盟友，若我們期望他們去限制這項權力，就必須找到新的政治論點及策略，以

[7] 相對於「個人」方面的可能性，此處的「哲學」應是指思想、思辨、推理的意思。

此要求民選代表負起責任。

這並不表示斯諾登揭發這些計畫的作爲是徒勞無功的。主流科技公司採取了加密（encryption）標準，便顯示斯諾登的行動確實有效（強力加密技術也因而日漸受到威脅）。這種針對斯諾登的技術回應，至少某種程度上讓人們能在許多方面抵制政府的窺視，但是，以個人性、技術性的做法抵抗監控，永遠不是完善的解決之道。如同賽妲·格西斯（Seda Gürses）、亞隆·昆達尼（Arun Kundani）、喬里斯·凡霍伯肯（Joris van Hoboken）所言，斯諾登的揭發固然對科技資本主義的名譽是場災難，但對它們來說，強調監控問題的科技層面或許可以讓狀況更容易控制；用純技術的角度來理解監控問題，可以讓企業重塑問題且掩蓋其共犯身分，其反映的觀念——「社會問題的解決之道來自科技的進步與精進」[46]——非常吻合科技資本主義的理想目標。

現在的我們比以往都更加了解國家對我們的監視是如何運作，此種監控現象同時存在於所謂自由民主國家和威權政體中。[47]支持這股權力的固有想法是：對於隱私有所妥協是必要的，如此才能讓國家保證我們的安全。可是，眞相卻是全然不同。吾人需要仔細檢視，國家與資本如何結夥合作起來規範我們，它們建造的牢籠不是用鋼鐵做的，而是矽做的。8

「任何可以提高警官尊嚴的事物，都是在提升國家的安全，以及每個人生命財產的安全」，卡洪如此寫道。他將此當作自己的使命，記錄泰晤士河先鋒計畫的意義，他也強調專業團隊的重要性，唯有薪資合宜、制服統一的警官隊方能取得執行職責時所需的尊重。但「令人極爲遺憾的是，這些要保衛公衆、合乎體制的好警官們甘冒這些風險、履行職務，居然……評價如此低劣、提拔如此粗心、所獲得的支持與獎勵如此稀少。」[48] 卡洪認爲，對警察的尊敬與尊重必須源於人們對於警察爲維護公共安全而付出之認可。泰晤士河警察負責監督碼頭，但卡洪也試圖在警務與公共安全之間牽起明確的聯繫。

約兩百年後，一九九六年美國社會學家大衛．葛爾蘭（David Garland）點明，「現代社會的基礎神話之一，乃是主權國家有能力在其領土範圍內提供安全、法律及秩序。」[49] 葛爾蘭認爲，我們所受的教育是要人們相信警察是社會運作中必要且不可或缺的因素；即便我們憂慮警察如何行使權力，或冀望有所更張，然而固有想法均認爲若無執法則混亂必生。[50]

此等關於警察重要性的假設，在數位時代獲得了新力量。在監控資本主義之下，人們日常生活已涉及無數和自身相關的演算法（algorithm）判斷，形成我們的抽象身分，這項科技能力也被國家使用，用來規範公共安全與偏差行爲。國家蒐羅與我們有關的數據，並以歧視性的方式加以

---

8 矽是半導體的重要原料。

使用，此情可以反映在警察值勤的做法上。

吾人可見到這股力量發揮作用的案例之一，便是預測警務（predictive policing）演算法之使用日益頻繁。在美國，此項科技的學術實驗已行之有年，[51]通常與產業界相互合作。這種軟體的基本概念是採納一系列的資料集——包括交通乃至天氣——以預測犯罪可能在何處發生，由此建立犯罪模型，諸如闖空門（burglary）、偷竊（theft）與襲擊行徑等等。[9] 在熱點（hot spot）布署警力，理論上犯罪情事應當會減少；在初期階段，此法似乎頗有成效。加州大學研究發現，[52]預測警務確實減少區域內的犯罪。而在此類研究背後，提供相關軟體的產業迅速成長，有許多顧問公司（consultancies）兜售預測警務科技，[53]可以想見其中也包括帕蘭蒂爾科技。若能將此種科技精準地運用至雜亂的警務，這是極有吸引力的，因爲這麼一來不只能減輕警察的工作負擔，還能降低警務的預算壓力。

我們目前對這些模型如何運作尚不清楚，因爲它們擁有專利，亦即屬於機密。但能夠得知的是，這些演算法輸入的主要數據便是犯罪統計；[54]若某間屋內曾發生竊盜案，那便會在統計上影響周遭房舍遭竊的風險；若某人在某地點因販毒被逮捕，那過往數據便可能指出該地點爲販毒的熱點。

問題在於，犯罪統計資料不能反映實際發生的犯罪；反之，它影響了政府對犯罪的反應。依據這些資料，預測軟體傾向鎖定低收入社區及少數族裔社群；[55]但實際上，健康數據和人口模型都顯示，吸毒情形在不同收入或各種族間其實是類似的。令人憂心的情況也出現在攔停與盤查（stop-and-frisk）政策，[56]此項政策會將帶有偏見的紀錄——更精確來說是基於種族的偏見——輸入演算法中。臉部辨識資料庫也有相似的問題，執法機構握有千百萬人的紀錄，[57]而且基本上不受規範，臉部辨識軟體有嚴重的、有案可考的精準度問題，[58]非白人族群尤其如此。少數族裔社區已經被警察過度值勤，從此點可知，它們在這些數據庫中被過度強調，強化了非白人社群被定罪的情況，而這項歧視將被帶入我們的數位未來。

如此帶有偏見的資料集和演算法若在執法情形下使用，將會釀成嚴重的後果。無論是產生由種族主義形塑的回饋迴路（feedback loop），[10]還是將某些對風險的理解加以體制化，這兩種結果都會讓歧視更加穩固並劇烈。[59]對已經受到歧視的人們過度採樣，會產生更具偏見的數據，進而合理化更嚴重的歧視。這些演算法對犯罪行爲的追蹤並不客觀，警方特別注意窮人及少數族裔

---

9 相較而言，burglary是指在受害者不在場的情況下進入室內的犯罪行為，未必為竊盜但經常為偷竊意圖，而theft即是一般的偷竊。

10 又稱反饋迴路。「回饋」是一個系統的輸出（outputs）返回到輸入端（input），形成因果關係（cause-and-effect）的迴路（circuit or loop），其目的是為獲得所需的特質或是精確度。

的歷史趨勢由此被再一次地確認，而大眾對於「誰」會犯罪、什麼「地方」才是安全的看法也被扭曲。

正如詹姆士·布立德（James Bridle）所言，我們訓練出來的科技，其獲得的數據「不加批判地吸收過往的錯誤」，[60]將從前的野蠻行徑編碼至未來，這是一個毫無批判就被向前推進的「歷史」。人們繼續認爲這些演算法既科學又客觀，這點對於政府和產業都有巨大的吸引力：產業界了解提升警務科技的前景有利可圖，政府則樂於讓執法單位遠離歧視罪名之指控。

眾多科技專家及數據科學家愛好用一個淺白的比喻來形容演算法之使用：「垃圾進，垃圾出（garbage in, garbage out）。」[11]歧視性的社會傾向已顯現在日常警務中，而此種傾向將會持續存在於原本理當更客觀、更科學的電腦預測警務方法。雖然時間推進，我們本可期待輸入更多資料集，讓演算法臻於完善，然而考量到演算法在建立及推展時的偏見取向，便會知道要實際造就一個更安全的社會實屬奢望，其結果只是讓警察作業更有效率而已；這與安全社會是兩碼子事。

倘若這些計畫確實意在「安全」，那麼演算法應當有很大不同。舉例而言，它可能會鎖定白領階級（white-collar）犯罪；事實上，這可能是此項科技的適宜用途。固然白領階級犯罪是個難以簡單定義的複雜現象，但學術研究顯示此種犯罪之發生實有清楚且可預測的模式，尤其是犯罪發生的產業類型。[61]雖然此種犯罪具有高度破壞性及影響面廣泛，但它卻不是預測警務的重點。

警察對數位科技的利用，顯示了「偏差」及「安全」概念並非客觀上的定義，而是一種社會性產物。十八世紀水上警察局在其預防犯罪的工作中創造了對犯罪的特定觀念，數位科技的情況亦與其雷同，它正在尋找如何將受壓迫階級加以定罪的新方法。警察如何決定怎樣是「犯罪」，這牽涉了一系列受歧視性社會作法（反映且再生產於科技工具中）影響的決策。

我們也可看見，此現象在美國反恐怖主義政策中的運作尤其強烈。[62] 對多數美國人而言，恐怖主義傷害的風險幾乎消失，但爲此付出的警務程度卻是不符比例地高；換句話說，安全的涵義居然未必是在減少最迫切的危害，反而是在消滅政府所定義的特定威脅。舉例來說，斯諾登披露的文件內容有一個美國國家安全局推動的「天網」（Skynet）計畫，[63] 該程式利用某種演算法來辨識恐怖主義者。這套演算法利用「已知恐怖主義者」的數據，再將其與擷取自手機的廣泛行爲數據相比對；在此演算之下，數值最高的目標是一位名叫阿瑪德·札伊丹（Ahmad Zaidan）的男性。國家安全局信心滿滿地將此人貼上蓋達組織（Al Qa'ida）成員的標籤。

可是，札伊丹並不是恐怖主義分子。[64] 那時他是半島電視台（Al Jazeera）駐伊斯蘭瑪巴德（Islamabad）分社長，札伊丹雖可能與某些恐怖主義嫌犯會面、旅行、分享社交網絡，但他這麼

---

11 意思是，將無用或錯誤的資料輸入電腦，運算之後同樣會獲得無用或錯誤的結果。

做是基於記者的工作。雖然札伊丹在演算法下完全符合恐怖主義者的定義，但只要是人都知道，他根本就不可能是恐怖主義分子。

外部評論者認爲，天網的資料實在荒謬到可笑。札伊丹本人則講出了一段更爲嚴肅的評語：「想一想有多少人因爲這種假資訊而喪失性命；對我的指控，導致我的生命處在立卽而明白的危險中。」[65]這些程式在現實世界造成一些後果：過去二十年來有上千人被美國單位掌控的致命無人機鎖定。頗具爭議的是，其中有一些像札伊丹這樣的人，他們對無辜的老百姓沒有威脅。這種由國家單位連結至我們現實世界身分的資料建模（data modeling），將衆人置於國家專斷暴力的危境中；而在公共安全計畫的掩護下，這項科技可以合法使用攻擊機器（人），不須加以說明。此事未必完全是故意的，美國國家安全局當然不希望天網系統產生這種「假陽性反應」（false positive）；然而應該記得的是，小布希總統（George W. Bush）曾在二〇〇五年討論是否要向半島電視台發動軍事行動，[66]而美國軍方曾遭指控蓄意轟炸半島電視台。可是，竟然會有如此對待人類——以及非人的事物——的能力存在，揭櫫某些外交政策計畫受到非人性（dehumanizing）意識型態影響，而科技的力量可以達成這些目標。演算法將人「物化」（objectification）的問題，會在下一章深入探索。

天網計畫顯示出科技如何加快執法部門獨斷使用暴力的速度，來對付那些沒有力量、被剝奪權利的人。從事警務的國家單位創造出特定的犯罪概念，然後在此概念所釀成的恐懼之上，以數位科技來「保護」我們——這樣的主題一再出現。若僅僅將天網視爲馬虎的數據科學，這會是一大錯誤：這個例子舉體而微地讓我們窺見國家使用暴力規模之龐大與隱匿；以科技做指導，意在社會控制。

我的意思不是要說對人民安全的眞實威脅不存在；威脅確實存在，包括個人行爲、人際暴力、恐怖主義的政治性暴力等等。我的論點是，目前數位科技正被用於特定目的，此即證明國家的自我宣稱：它具有提供安全的強大能力——即便目標並未達成，它依然如此宣稱。此事還受到下列所述的文化所助長，這是一種被亞當．格林菲爾德稱作「頑固邏輯實證論」（unreconstructed logical positivism）[67]的文化：相信這個世界全然可知，只要有正確的輸入和演算，科技系統就可以生成全人類所需的解決方案。[12]此外，此事尚依賴於詹姆士．布立德所說的「自動化偏見」（automation bias）[68]：我們相信機器會產生足以令人信賴的反應，因爲電腦計算過程太過複雜難懂，沒有我們置喙的餘地。政府爲犯罪問題找出科技解決之道，於是，「國家是不可或缺的安

---

[12] 「邏輯實證論」為盛行於一九二〇年代的哲學流派，該派人士認為僅有合乎科學的知識才是真正的知識，傳統的形上學都是無意義的，有效的知識只能建立在直接觀測或者邏輯之上。邏輯實證論後來遭到的批評包括，它不能對於感官經驗習得的知識進行有效解說，再者，邏輯實證論者本身無法建立一套完整的邏輯理論來驗證知識。

全提供者」的這樁神話，遂成為不容質疑、合乎邏輯的真理。政府創造出一群被它分類為罪犯的人，然後訓練、監督我們對其感到畏懼。此等統治策略具有非常廣泛的意涵：它讓我們低估其它危害自身安全的威脅，掩蓋犯罪的社會起因，並阻撓我們思考如何運用數位科技降低真正的威脅。

要怎麼改變這種情況呢？我們必須重新定義何謂「安全」，並且思索警務的替代方案。一個安全的社會不應該消滅社會安全網絡，然後使用大量警力來處理惡劣情況，如同亞歷克斯・維塔勒所說的，我們必須拒絕那種新保守主義式（neoconservative）的觀點，意即「將所有社會問題都視為警務問題」，[69]並指派警察為處理社會、經濟、政治問題的主要機構，使其配備最先進的科技。我們不能讓科技被用來加深現代警務釀成的社會破壞現象。

我們也需要制定法律，要求政府在公共決策中使用演算法時應提升透明度。除非預測警務演算法的邏輯與數據輸入可以公開，否則人們在刑事司法體系的基本權利將受損。[70]透明度可以讓法庭測試這些計畫的可靠性、準確性，並確認此類計畫沒有擅自干涉私人生活。[71]確實，這些系統的複雜度驚人，有太多的數據輸入與變數（variables），導致要察覺系統的偏見及其細微處堪稱是不可能的任務。[72]然而，這並不是一個新的問題，而且這是可駕馭的；或者，可以將法律規定的數據輸入和假設清單，以及法律規定的禁止清單加入這項科技，例如保險業已開始推動這項規範，容許某些因素或禁止某些因素影響產品定價。設計這些規則時，「公眾參與」（public participation）是必要且重要的：若計畫創作者缺乏供大眾檢視的透明度，我們就應該停止使用該計畫。

同時，情報單位也需要有更高的透明度。欲達成此目標，其手段包括設置監察單位、要求上報、加強保護揭發錯誤的吹哨人等等。我們期望在法治社會裡，當局必須有搜查令（warrant）才能進入私人家中，所以這為何不能套用於我們私人的網路空間呢？免於政府干涉的私領域權始終都是一項需要力爭的權利，今日正需要類似的努力。

不過，是否有可能讓科技降低傷害呢？吾人應當更徹底地思考一下。我們需要將描繪有害行為的演算法和執法單位分離開來。舉例來說，我們可以設想，將此類數據分析用來知會政府經費支出和社會計畫。[73]這件事要從何開始呢？這裡有個好例子，此即透過社會干預避免人際間暴力行為的「停火」（Ceasefire）計畫：[74]

> 在停火計畫下，警察會與社區領袖合作辨識哪些年輕人最有可能開槍或被開槍，把人找出來當面談談他們面臨的危險、提供幫助，並保證要對繼續開火的團體予以痛擊。在波士頓實施停火計畫的社區，兩年後的月平均青年殺人案例下降了六三%。

像停火這樣子的計畫不是把重點放在限制購買及擁有槍枝（早已證實效果不彰），或是隨機攔停盤查（這只顯示了警察的偏見），而是利用社會關係和社區權威人士來處置惡劣行爲。數據及審愼的演算法有非常多的方式可以通知社會的介入、提供服務以緩和人際犯罪行爲，在不需要警察干預的情況下解決許多問題。

重要的是，不可以讓這類社區工作成爲提高監控的合理化藉口。舉例而言，在紐奧良落實的停火計畫，其成果便不那麼令人滿意。二〇一三年帕蘭蒂爾科技將紐奧良市當成其警務預測情報產品的實驗場，[75]該計畫幾乎是祕密實施，民選官員幾乎沒有監督。據稱，該計畫的設計是要與停火計畫相配合，確保社區參與（community engagement）會先於執法單位的干預；但是，該計畫重視起訴的程度遠高於社區參與，最終還破壞了干預業務。從事停火計畫的紐奧良當地人羅伯特．古德曼（Robert Goodman）說：「本來應該是由像我們這樣的人來做事，而不是由市府來支配事情應該怎樣；只要它們不願意將資源投入貧困社區（hood），什麼都不會改變。」[76]

若要支持停火計畫，始於正確的地點是首要之務：將重點放在授權給當地行動派人士，提供資源讓他們以同伴而非執法者之姿介入暴力循環。但是，若要產生效果、科技的運用若要有效，那麼這些計畫就不可淪爲警察力量擴張的掩護。良善的政策設計、設計參與、可靠性、對警察權力嚴格限制，如此一來便能讓風險降低至最小程度。根據此脈絡，吾人或許可以重新構想「安全」

的概念，奠基於社區行動之上，以減少社會孤立及風險之目標來應用科技，這樣的社會干預便可降低對專門警力的需求。

數位科技有助於使我們的社會更安全，它可以減少犯罪，保護我們免受侵害；倘若我們將這種數位時代的強大工具交給警方，上述保障便不可能實現。大衛．葛爾蘭早在二十年前便已警告道：「我們正在發展一種官方的犯罪學，套用至我們的社會及文化結構中；在此種犯罪學裡頭，非道德性（amorality）、[13]普遍不安全感、強迫性排除逐漸得勢，凌駕了福利概念與社會公民權（social citizenship）的傳統。」[77]換言之，葛爾蘭觀察到，在二十多年前「恐懼」的文化已漸漸壓倒社會問題的「集體安全」概念。以後見之明看來，葛爾蘭比他自己所期望的還要正確。

現代執法與情報機構的鞏固與複雜早就遠遠超越十八世紀末哈里歐特、卡洪與邊沁的想像。當時要面對「無盡的困難與挫折」，因爲他們努力要建立一支專業警力來鎮壓擾亂社會的「廣大邪惡」，[78]他們說服政府這個方法有效，但其理念之落實產生了現實的「效果」，尤其是在數位時代，負責保護大眾的機構最後其實是將自身利益放在優先。當執法與情報單位的權力膨脹到此

---

[13] 「無道德」（amoral）與「不道德」（immoral）有別。「無道德」是不談道德問題，將課題視為無關乎道德；「不道德」是指違背道德標準，意即「反道德」。

等田地，它們已經凌駕於民主政治組織之上，要求它們負責已幾乎不可得。

在二〇一七年五月的網路攻擊（cyberattacks）導致一百五十多國共二十萬部電腦遭殃，影響十分巨大，各大學和衛生系統都受到波及。攻擊者利用了微軟（Microsoft）軟體裡面的「零日漏洞」（zero-day vulnerability）：所謂的零日漏洞就像是在築牆的花園中尋找一扇密門，若找到了，你就有管道去做那些不該做的事情，前提是這個管道還沒被偵測到。零日漏洞並不是程式設計者故意佈置的，那是代表編碼內有弱點或漏洞，「零日」這個稱呼顯示運行程式方還沒有發現問題，此弱點被人察覺的時間大概是零天。尋找這些漏洞並加以修復是一個大市場，軟體公司花費大量時間搜尋漏洞並上傳更新修正檔；其他的駭客（hackers）則是爲了錢而尋找漏洞，他們可以藉此將電腦和硬碟上鎖，要求用戶支付贖金。

看來，發動這場「想哭」（WannaCry）蠕蟲攻擊的傢伙利用了一個零日漏洞。[14] 微軟在攻擊發生前數週已透過美國安全局得知此漏洞，[79] 而美國國安局似乎在攻擊發生前早已知道此漏洞的存在，大概有五年這麼早——雖然我們對細節所知甚少。國家安全局竟然沒有通知微軟加以修復，而是保有此祕密，把這當作自己數位軍火庫的一部分；只要此漏洞沒有修補，國安局便能將其用於自己的情報工作。可是，問題出在這個漏洞後來被弄丟或被偷走了，才迫使美國國安局把此漏洞的存在通報微軟。

這已經不是第一次了。美國國家安全局在分享常用軟體已知安全問題方面行動緩慢，「心出血」（Heartbleed）是網站使用之加密軟體中的漏洞，攻擊者可以自伺服器或用戶處竊取通訊紀錄與數據，甚至還能加以冒充。當「心出血」在二〇一四年被發覺時，[80]據估計全世界已有三分之二的網站被暴露，在網路上留下大量的私密資訊，攻擊者可以輕易盜用這些資訊而不留痕跡。而此漏洞竟早在兩年前就被美國國安局辨識出了。[81]

在「想哭」攻擊事件後，微軟指出，這件事的嚴重程度可以比擬戰斧巡弋飛彈遭竊，或像俄國、美國僅存的天花病毒儲藏被偷，又或者如同核子彈頭被盜一般。

斯諾登公開討論網路攻擊時講到，這種政策建立於一種觀念，亦即「安全」的代價就是付出我們的隱私。爲了安全，人們必須接受警察和情報人員對我們瞭若指掌；人們必須接受我們的軟體是通向自己私人花園的祕密暗門，以符合安全機構的目的。而此番網路攻擊的出現證明了這場交易是何等荒謬：[82]

---

14 電腦惡意程式有三大類：病毒、特洛伊木馬（Trojan Horse）、蠕蟲。電腦蠕蟲（computer worm）和電腦病毒（computer virus）的約略差別在於，電腦病毒會附加在程式或檔案上，需經使用者人為操作而傳播，蠕蟲則不需附在程式內，且（可能）不須使用者操作也能自我執行或複製。

> 這從來不是一場關於「隱私」對決「安全」的討論，因為隱私和安全是相輔相成的……兩者是綁在一起的，其中之一受到損害，另一者便連帶受損。「監控」與「隱私」才是矛盾的因素。當監控程度增加，隱私便會減損。

美國國安局對安全的概念，和老百姓的理解顯然有別：國安局願意以衆人的個人自由與隱私爲代價，來累積數位武器與監視能力。

更有甚者，有個比個人自由與隱私危機更大的危險降臨。二〇一二年時，布魯斯·施奈爾（Bruce Schneier）曾論道，我們「正處在網路戰軍備競賽的初期階段，網路戰既昂貴又會造成動盪，而且它威脅了我們日常使用網路的根本結構」。[83]對於監控型國家而言，積聚網路軍備的目標經常勝過隱私與安全；網路武器這類科技工具的用途，就是從事間諜駭客等危害數位結構的行徑。施奈爾提及的網路軍國主義（cyber-militarism）在往後數年間只會更加猖獗；當數位科技整合我們個人生活、社會服務、公共基礎建設之程度愈來愈高，權力就會轉移到能控制這些系統的體制手中，不管其手段是合法或惡質。

網路軍國主義及其代表的權力爭奪不能眞正讓我們更安全，反而讓我們暴露於風險中。但對某些仰賴政府供給並保護其利益的社會階層來說，這個風險值得一冒。這群人和他們從前在哈里歐特、卡洪那時候差不多：他們是有錢人。然而這些風險一旦化作現實，承受者卻往往是普通人民。

想像一下這些例子。倘若車輛自動駕駛、武器、公共交通系統節點或供電系統使用的軟體出現一個零日漏洞，而假使美國國安局可藉由隱匿此祕密漏洞以掌握情報優勢，你很難認爲美國國安局會選擇修補漏洞吧。此行徑會讓眾人暴露在風險中，而隨著越來越多軟體整合至日常產品與系統中，這項風險也愈加普遍而複雜。

美國長年以來都是科技發展的前鋒，編列公眾資源投入其中以保持國家優勢，並支持國內私人企業。這些做法也符合美國維持現狀的目標：它鼓勵我們將被監視的感覺內在化（internalize），使人心否定替代方案的可能性。正如警察的歷史所示，公共權力及私人權力經常糾結在一起，根深蒂固、彼此強化。雖然政府在名義上代表人民，但它在許多方面其實是優先服膺資產階級的利益——此情反映工業革命倫敦碼頭的歷史——以及監視人民的警察。

是時候改變這套範型（paradigm）[15]了。我們要開始思考數位科技如何以保障隱私且自由的

---

15 又譯為「典範」，指的是一整套思維、觀念、理論或思考方式，「範型轉移」（paradigm shift）首先由學者湯瑪斯・孔恩（Thomas Kuhn）論《科學革命的結構》（*The Structure of Scientific Revolutions*, 1962）時提出。

方式讓社會更加安全，並將數據及運算用來處置社會傷害與暴力問題。像愛德華・斯諾登這樣的吹哨人，與其所揭露的惡霸一樣，皆是歷史裡恆常的存在。吹哨人乃是人民的監控者，他們是無權力者的密探，這種人絕對還有更多；當他們站出來的時候，我們應該起而保護之，聽聽他們要說什麼，運用我們的所學來要求當權者負責，絕對不要假定這些事會自動成眞。洩密者之存在並非充分的權力制衡要素，因此，我們的任務便是去承接他們肇端的工作。

兩百多年前的倫敦碼頭開啟了一場實驗，國家授權的力量加上保護私人財產爲目的而進行的壓迫，以公共安全的名義被正當化。我們需要重新定義何謂安全，並重新檢視不負責任的政府權力對眾人集體安全之威脅；我們應當搶在自己身陷數位「反烏托邦」之前，打破國家監控所創造的柵欄與枷鎖。

泰晤士河水上警察局成立近百年後，倫敦碼頭經歷了另一場社會變革。西元一八八九年，碼頭工人因爲薪資微薄而宣告罷工，其他工人也加入此行列，最終規模達到十三萬人，癱瘓了城市的重要幹道，此事件便是倫敦碼頭大罷工（Great London Dock Strike）。罷工者雖面臨嚴重阻礙，然而澳洲工人的響應使罷工運動延續壽命，「星星之火可以燎原，延燒至整座大都會」，[84]某家新聞報導如是寫道。隨著全體大罷工的威脅提高，碼頭公司選擇讓步，工人最終得以兌現其要求。此事件代表著薪資勞工階級在歷史中重申了自己的力量，他們以拒絕供給勞力而達成目的。

本次罷工成爲英國勞工史上的轉捩點，工人力量潛能的新景象於此刻十分突顯，其奠定的範型讓之後一百年的勞工組織方式更加大膽而廣泛。

再經過一個多世紀，另一場權力制衡的轉變時機已然成熟。讓權力脫離那些試圖監控、控制我們的人，並傳送給重新點燃社會團結力量的人吧。

科技的偏見與製造科技者的偏見是一樣的

汽車炸彈、種族歧視演算法，以及那些踩在底線上的設計

一九七二年暮春，莉莉．葛雷（Lily Gray）駕著新買的福特「平托」（Pinto）行駛在洛杉磯的高速公路上；旁邊乘客座上是她的鄰居，十三歲的李察．格林蕭（Richard Grimshaw）。車子熄火了，被後車以時速三十英里追撞，當場起火燃燒；葛雷死亡，格林蕭的身體與臉部被嚴重燒傷，還喪失了好幾根手指，需進行多次手術。[1]

六年後，在印第安納州又有輛福特平托被小貨車從後方追撞，導致三位少女死亡。根據報導，平托的車體「像手風琴」一樣塌陷，將乘客困在裡面，燃料箱破裂後讓車子燒成火球。[2]

這兩起事件都是法律訴訟案件，是美國消費史冊上最大的醜聞之一。這些案件——其中以麥克．道伊（Mike Dowie）在一九七七年《瓊斯媽媽》（*Mother Jones*）一書所揭露者尤甚——都顯示了，福特汽車對待其消費者的生命是何等冷酷輕率。平托車型的設計缺陷導致燃料容易外洩而引起火災，而對此福特公司居然是知情的。此問題原本有些可能的解決方案，其中之一是在保險桿與燃料箱之間插入塑膠緩衝器，其成本大約要一美元。然而出於各式各樣的理由，包括成本考量與缺乏嚴格安全法規等等，福特公司居然大量生產未加裝緩衝器的平托車。

最令人憤慨的是，道伊記載了福特內部的備忘錄，指出福特公司曾準備了一份設計程序的成本效益分析，包括燒傷、死亡都有估好的價格[3]（分別是六萬七千美元及二十萬美元），而這些價格被拿來跟各種增進平托車安全性的成本方案作比較。其結果當然是天大的誤算；但暫且擱置不論，眞正抓住大眾目光的，是福特所採作法的道德心態。道伊寫道：「福特公司知道平托車容易起火，但它在法庭外花了幾百萬美金解決傷害訴訟，然後準備再花幾百萬元來進行遊說，反對安全標準規範。」[4]

吾人現在很難想像，在半個世紀前，車禍事故通常全部歸咎於駕駛人，而不是在極少的安全標準規範下製造這些汽車的廠商。[5]駕駛人得承擔所有的責任。汽車業極力進行遊說，限縮自身在交通事故死亡事件上的責任，把「賣車」與「安全」當作截然無關的兩件事。約翰．戈登（John F. Gordon）在一九六一年時曾作出下列警告，「那些自封的專家們提出基準且思慮不周的提案，認爲達成更高安全性的唯一具體做法就是由聯邦當局出面，對車輛設計進行規範」；戈登是通用汽車（General Motors）總裁，他放話的對象是美國國家安全委員會（National Safety Congress）。戈登毫不掩飾他的懷疑主義（skepticism）精神：「有人建議我們放棄期望教導駕駛避免交通事故，並將心力專注在減少撞擊傷害的車輛設計，這種想法簡直就是失敗主義和一廂情願的綜合體。」[6]他這番演說獲得觀眾熱烈鼓掌。強大的美國商業協會支持汽車業，眾多美國資本主義領袖亦採取相同立場。康寶濃湯公司（Campbell Soup Company）總裁威廉．貝佛利．墨菲（W. B. Murphy）還公開表達鄙夷之意，[7]「這根本就是呼拉圈等級的風潮」，❶他指的是對汽車安全

❶ 呼拉圈以其娛樂性與號稱的減肥功能，不時造就一陣暫時的風潮。

的憂慮，「六個月後我們可能又要面臨另一波潮流」。

某種程度上，是寬鬆的管制環境造就了此種態度。當時國家的監管單位資金、人手不足，在尼克森（Richard Nixon）總統任內，監管單位主管職依然出缺未補。[8] 六〇年代晚期，美國國家車輛安全顧問委員會（National Motor Vehicle Safety Advisory Council）主席湯瑪斯．馬龍（Thomas Malone）博士曾寫信給國家公路交通安全管理局（National Highway Traffic Safety Administration）的主管：「聯邦政府的撥款與問題的規模不相稱，通過的預算及撥出的金額有巨大落差，嚴重阻礙計畫的推行。」[9] 然而，政府當局並不樂意向促進美國戰後經濟繁榮的巨大產業施壓。[10] 顯然比較簡單的方式是把道路安全當作個人責任問題，而不是直接處置企業。

基於這些理由，雖然當時已知的科技有可能讓車輛與道路更加安全，但死亡案例仍繼續出現。美國國家科學院（National Academy of Sciences）在一九六六年曾將搭車的危險形容爲「現代社會廣受忽略的流行病」，以及「全國最重要的環境健康問題」。[11] 我們難以確定平托車燃料箱起火事件總共造就多少傷亡，估計數字從數百至數千人不等。[12] 然而，這樁醜聞的作用就像是根避雷針，2 從而促使監督者重新思考產業界宣傳的固有想法，並思考對於製造業的規範是否充分。

這套福特工程師用來衡量死亡、重傷相較於成本、市場的會計系統，實在冷血殘酷，不可原諒。這本是一場可以避免的災難，而這場災難的規模也超出了任何一間公司。在六〇年代，通用汽車的Corvair車型也出現類似的設計問題，影響汽車的操控，隨即引發一百多件法律訴訟。[13]這場悲劇的開端不是在汽車製造之時或汽車測試失敗之際，根據律師兼消費者行動主義者（consumer activist）勞爾夫．納德爾（Ralph Nader）的說法，這場悲劇「始於通用汽車主工程師設計Corvair的概念及其發展」，[14]不考慮設計對用戶的影響乃是一種普及的業界文化，如此遂將道德責任推給消費者。與平托車一樣，Corvair的問題就出在設計。

我不是要責備邪惡的工程師或設計師。製造這些汽車的人是在一種特殊的企業氛圍下工作，其組織領導者是鐵石心腸的主管：福特和通用汽車的主事者忽視安全上的疑慮，以便與其他採取同等行徑的公司相互競爭。甚至，此問題並不只限於汽車業，還有許多類似的醜聞事件，呈現某些企業對其產品的糟糕設計影響人們一事漠不關心。這些醜聞並非特別異常，而是發生於某種背景脈絡之下。若要避免這類情事再度發生，就需要推行政策來對抗造就醜聞的那種思考邏輯。

公司總想將其產品不良影響的責任往外推卸，而立法者往往讓他們得逞。我們不能逕自假定

---

2 避雷針會吸引閃電導入地面，避免建築物受損，其引申義是某事物能夠吸收批評、攻擊，然後再將其導引至其他事物上。這裡意指平托車事件是將福特的成本壓力轉嫁為消費者的危險。

政府會適當地管制科技發展及演算法設計，我們必須加以要求。此類社會運動可能涉及記者及消費行動主義者，類似於管制車輛設計以保護道路使用者的訴求；此類運動也可能涉及業界設計者及工程師組織，讓負責態度與設計倫理成爲工作原則，而不是予以忽略。

法律程序繁瑣且緩慢。李察・格林蕭的人生受到重創，他獲得的賠償永遠不足以彌補其痛苦，然而他的案例啟動了一場轉型運動，這個機會使我們得以共同重新思考如何制定規則來協調設計者與用戶的關係。在我們的社會中，能保護人民遠離危險產品的法律至關重要，此種法律可以規範企業行爲、降低獲利動機，促使政府資助管制方監督企業配合；而且，法律還能提供一種架構，使人了解市場相關社會組織行動之廣泛意涵。此類法律可建立一套嚴格制度，迫使公司爲危險的產品負責。這固然不是萬靈丹，卻是值得追求的目標；其潛力足以促成一場「非改革者的改革」（non-reformist reform），[15] 成功促使資本主義體系讓步，讓產品設計如何改良一事得以公開討論。此事若能妥善處置，並與行動派、記者及工人合作，此性質的司法改革可以轉變企業行爲，同時創造出遏止資本主義惡行的議題，幫助我們設想如何讓事情有所不同。

今日數位科技發展環境所受的管制其實非常少，與一九七〇年代平托車生產的時候類似。「迭代設計」（iterative design）[3] 過程對不知情的用戶進行實驗，極少透露這些設計選擇會對用戶造成什麼影響。然而，設計失誤的責任卻算在用戶頭上。我們可以在帶著偏見的演算法及網路科技發展的廣大趨勢中看出此種情況，亦即漠視糟糕的設計抉擇對人類造成的後果。我們日益認知到此種情況會釀成的問題，但要發覺此情形的存在，卻通常得依賴產業研究者或觀察者的工作成果。我們需要發起一場更廣大的社會運動，要求更嚴格的可信度，確保這些設計程序是在民主監督下進行，並納入道德考量。我們需要在下一輛平托車從裝配線上出廠害人之前把它揪出來。

哈佛大學教授拉坦雅．斯葳尼曾經將自己的名字輸入Google，搜尋過去寫的一篇論文。她驚訝地看見蹦出來的廣告，上頭標題寫著「拉坦雅．斯葳尼——被捕了？」[16]斯葳尼本人沒有犯罪紀錄，她點擊連結導向至該公司網頁，那是間兜售人們公共紀錄的公司；斯葳尼付了點錢來取得資料，資料上確認她沒有犯罪紀錄。斯葳尼的同事亞當．坦納爾（Adam Tanner）進行類似的搜尋動作，該公司的公共紀錄廣告也冒出來，可是卻不像前者一樣有如此煽動的標題。坦納爾是個白人，而斯葳尼是非裔美國人。

斯葳尼於是決定研究這些廣告的置入情況，看看是否有模式可循。她沒有料到會得到確定的結果，其研究清楚呈現了：「暗示逮捕情事的廣告傾向與黑人姓名相關；然而輸入白人姓名時，

---

3 「迭代設計」是一種循環性的設計方法，產品會經歷多次測試、分析、改進的循環，一個循環開發工作長度不久。

則出現中性的廣告，或根本沒有廣告，無論該公司是否握有與該白人姓名相關的逮捕紀錄。」[17]

易言之，與「逮捕」一詞相關廣告出現的頻率，黑人名字的比例高於白人，[18]而眞實的犯罪紀錄並不是一個決定性的變數。

這是怎麼一回事呢？欲解釋此事，就需要解析線上廣告產業。每當你點擊網頁時，不同公司的即時廣告便競相爭取你的注意力。我們已經知道，監控資本主義用各種方式來斷定你對行銷者有多少價值；對於我們的習慣，這些公司甚至比我們自己更淸楚，它們擁有人們抽象身分的詳情——我們自我意識的歷史，由消費來定義、以消費爲目的——而且它們會藉此在最適當的時刻寄送行銷資訊給我們。若對此不加處置，其結果便是讓新科技再生產眞實世界型態的壓迫行爲。

廣告空間的選項有許多制定的方式，Google容許公司設定看見廣告的用戶類型，還能裁製廣告本身的內容。如同斯葳尼所解釋的：[19]

Google了解廣告商未必知道哪種廣告文案的效果最佳，所以刊登廣告者可以為同一個搜尋字串提供數種不同模板，「Google演算法」會隨著時間學習哪種廣告內容能獲得觀者最多的點擊數，其做法是根據各種廣告文案的點擊歷史紀錄來分配權重（或機率）。首先，所有可能的廣告文案都有相同的權重，它們被點擊的機率都是一樣的；隨著時間演進，人們更傾向點

> 擊某種廣告版本時，權重就會改變。最終，獲得最多點擊次數的廣告內容就會更加頻繁出現。這種方法將Google——做為廣告提供者——的經濟利益與廣告商相互連結。

由於演算法的設計方式，機器「學習」將非裔美國人的名字連結至犯罪。即便你個人沒有點擊廣告，你還是會經歷機器學習自其他用戶點擊的結果，該結果因此限制了呈現給後續用戶的選擇性。

吾人可能得到的回應之一是：演算法是中立的，它只是廣告的載體，自動反映了人們運用它的方式。演算法沒有種族主義，人們才是種族主義者。然而，此種演算法的建立方式亦肯定了「隱性偏見」(implicit bias) 存在於眞實世界中，這種偏見一次又一次地出現，例如非裔美國人不如白人值得信任的假設，便是常見的一種。[20]隱性偏見潛藏於眞實世界的各個層面，從求職成功問題到警察舉槍對著人們的瞬間抉擇等等。在斯葳尼的研究中，我們看見這種態度有意或無意地再生產於數位科技的世界。這不是祕密，也不是什麼謎團。Google不能爲種族主義影響自動化廣告負全然的責任，但它也不該推卸責任；就像上百、甚至上千人死傷於平托車事故的火災中，這固然不僅僅是福特公司的責任，但輿論認爲福特若能改變汽車設計，這些事故是可以輕易避免的。

此類廣告變得具有種族主義色彩的部分原因在於，演算法設計及其接收眞實世界資訊的訓練過程基本上毫無透明性可言。數據是被祕密輸入的，而且沒有正式規範可以管制。如斯葳尼這般糟糕的用戶經驗並未呈現在這些公司出售廣告空間的成本效益分析中，甚至缺乏正規管道去抱怨這種糟糕的經驗，也幾乎沒有管道可以得知此種經驗的存在。帶著偏見的演算法對我們生活各個方面具有巨大且遞增的影響：只要這些演算法依然處在隱匿或無法檢視的狀態中，我們便等於容許各種危險和壓迫附加於新科技裡，機器會學習、吸收眞實世界內的隱性偏見。

若我們知道 Google 其實有權力理解這項資訊或採取行動，則主張此事並非 Google 責任的說法就站不住腳了。Google 的決策者知道刊登廣告者——付錢給 Google 的人——計畫內容紊亂，而 Google 最有能力看出潛在問題及其如何浮現，畢竟系統是它們設計的。然而經過 Google 的計算，找出問題並予以修補的成本，高於忽略（由他人產生的）問題的成本。我們必須想辦法來改變此計算法。

Google 的主管應當承擔其科技產生的結果，因爲科技只是在執行它原本的設計而已。在此案例中，Google 是服務的提供者，而此服務只是在執行其原本的設計：讓廣告獲利最佳化。換句話說，數位科技參雜種族偏見，以及在設計過程忽視隱性偏見，這兩件事情不是程式出錯；此乃科技資本主義的特徵。

對此，最值得鄙夷的一種說法，就是此種設計歧視之所以出現，沒有確切理由。網路空間明明可以在結構上將壓迫態度降至最低、加以識別並摧毀之。我們不僅能制訂政策防範種族主義式廣告置入，我們也能打造多元的呈現方式，積極減少偏見；我們可以預測隱性偏見的發生，找出將其效果中立化的方法並預先實施；我們可以防止公司不斷資本主義化；我們能夠設計並打造數位基礎建設，幫助人們「社會化」以對抗歧視性的隱性偏見。這個願景啟發了各種有趣的問題，關於諸事應當如何落實，讓大家共同開始爲了這項任務而奮鬥。

一如消費者權利倡議人士要求聯邦政府實施車輛安全標準規範，我們可以發起社會運動，草擬關於設計及工程程序的法律規章；我們需要制訂原則，使瓦解壓迫一事的優先順位高於網路獲利。這是一個彌足珍貴的機會。但若吾人只是消極等待問題自動浮現，或只在個別問題顯現時加以處置，那就像只抓住冰山一角卻漏了冰山本身。此種態度等於縱容產業自我鞏固，容許它奮力抵抗對透明度與負責的要求，並由消費者扛起責任。目前我們仰仗拉坦雅·斯葳尼這樣的人來發現問題——而她的發現竟然只是場意外。

數據科學家凱西·歐奈爾（Cathy O' Neil）觀察到，草率的邏輯、回饋的缺乏、不合格的數據輸入，綜合起來形成諸多演算法，她稱其爲「數學毀滅武器」。歐奈爾寫道，這些演算法是如何傾向去「無憂無慮地落實其效果」，[21]廣爲人接受的數位程序中立性觀念導致了加諸於人們的分歧及草率作法仍可被掩飾，並可將控制此類有害影響的責任往外推。她還如此寫道：「管理者假設那些指數非常眞實，所以非常好用（或說非常好用所以非常眞實），演算法使艱難的抉擇變得容易多了。他們可以開除員工、降低成本，然後把自己的抉擇歸咎於客觀的數字，無論數字是否眞正準確。」[22]在大數據時代經由電腦運算過程來決定複雜問題的答案，創造了令人振奮而轉變極大的可能性，但推行此法的同時也爲差勁的統籌及管理蓋上一層看似準確與中立的亮麗假象。

這道被斯葳尼打開的小舷窗十足令人憂慮，從窗中我們窺見一片廣大的汪洋。演算法正被各方極盡能事地運用，對人們造成深遠影響。其中一例是依賴自動化程序來過濾求職申請，這可能讓擁有精神病史或以英語爲第二語言的人被歧視。[23]另外一個例子則是大學入學標準考試，入學程序——尤其是不需要標準考試者——可能使用根據申請者特徵所做出的預測分數來代替，[24]但此種代換的精準度卻無法肯定。演算法也被運用在假釋申請的審核，[25]其根據是案例處理工作者（caseworker）[4]所填寫的表格，卻未被明示回應內容會如何影響演算法輸出。另一個非常冒犯人的例子是，Google 的相片應用程式會自動將主題分類，它曾經將一張黑人照片標記爲大猩猩。[26]祕密、專業的演算法容易產生不加掩飾的偏見，卻僞裝成科學邏輯。如同 Corviars 車難以操控與平托車油箱缺少緩衝器一樣，這些問題絕不僅是失誤而已，它們是設計過程缺陷的病徵。

這些程序影響了社會中的人群。如凱西．歐奈爾所指出，機器既便宜又有效率，它們的決策影響到的多半是窮人；她觀察到，「特權人士比較是由人力在處理，大衆比較是由機器在處置。」[27]而且，面對這些機器的人們幾乎不可能質疑或挑戰機器的決定，即使人們知道機器正在下決定。例如，沃爾瑪（Walmart）製作了低收入社群版本的產品目錄，其中垃圾食物的比例過高、健康食品比例偏低；[28]關於被逮捕的數據也可能在其他資料集交叉參照中造成壓迫效果，倘若過去曾有被捕紀錄，那個人很可能會被自動履歷篩選軟體預先排除，[29]包括求職遭拒，或是無法獲得消費金融（consumer finance）服務。「機器學習」（machine learning）經常被測試或應用在窮人身上；而最後得面對後果的，也是這群社會上最弱勢的人們。

不可否認，有個階級正積極地想要影響壓迫性演算法。科技——尤其是在菁英掌管下——反映了促成社會分裂的價值體系。當今我們關於人工智慧危險性的探討，[30]主要就是圍繞在該科技釀成第三次世界大戰的可能性。不管此說聽來多麼言之鑿鑿，這種憂慮的型態其實反映了更深沉的東西。許多推動這些討論的人是富有的白人男性，如凱特·克勞佛（Kate Crawford）的研究所指出：「對那些人來說，最大的威脅恐怕『在於』出現一種頂級掠食者（apex predator）的人工智慧；然而對於那些已被邊緣化或歧視的人而言，威脅早就存在了。」[31]

---

4 從事社會工作中處理個人案例的人。

日益成長、愈加複雜的演算法網絡會造成各種社會、經濟、文化方面的影響。抽象身分識別一貫倚靠與我們抽象身分相關的歧異性，以及根據數據而作的側寫而來，這便是數據歧視（data discrimination）：根據特定或不完整數據所做出的膚淺假設，來將群體與個人按行銷目標而分類，此法會造成高度分化的結果，並加速其衝擊效應。亞當．格林菲爾德論道：「當代科技從來就不是獨立且自主運作的人造物。」[32]網絡會蒐集並彼此交換資訊，這些資訊根據路徑依賴而流向四方，其效果又因市場功能與社會偏見而更加擴大。機器的決策功能會複製、甚至惡化往昔的社會隱憂。

以發薪日預支貸款（payday loans）爲例。5 需要發薪日預支貸款者，多數是生活困頓的人。在美國，有五種人使用發薪日預支借款的機率高於一般人：沒有大學學歷的人、有租約在身的人、非裔美國人、年收入低於四萬美金的人、離婚或分居的人。[33]貸款這門產業具有非常大的掠奪性與毀滅性：超過八〇%的預支貸款在兩個禮拜內會續期或延展期限，[34]而有二二%的借款人在還完貸款前所繳的錢會超過原本的借貸金額。貸款商透過詳細的數據蒐集、參照、庋用程序來尋找顧客，[35]通常這會涉及兜售潛在客戶資訊給諸多公司的第三方。在性質上，發薪日預支借款者被鎖定於某種抽象身分，此導致了侵犯性行銷的轟炸。在遊說者的努力與公共運動的呼聲中，[36]Google 廣告部門同意禁止頗受批評的發薪日預支貸款廣告；這雖然是很棒的一步，但問題絕對沒有完全或適當解決。

另一個令人辛酸的案例發生在營利性教育單位。幾乎全體美國私立學院的收入，絕大部分都來自數十億美元的聯邦財政援助計畫，這些學院遂以「社會流動」（social mobility）做爲允諾誘使學生前來註冊。[37] 它們的收費比州立大學及社區大學還要高出二〇%，結果有超過一半的學生在四個月後退學、沒有畢業，還必須背負一輩子都難以還清的債務。[38] 與發薪日預支貸款產業一樣，這些學院專門以弱勢人士爲目標。二〇一二年美國參議院一場委員會的簡報內容呈現，私立學院招募者要依據哪些訣竅去尋找可能註冊的人：「扶養小孩且接受社會福利的媽媽；孕婦；剛離婚的人；自我評價低落者；低收入戶；近期遭遇死亡事件者；精神或肉體曾遭虐待者；近來曾受監禁者；接受戒毒治療者；工作毫無前景者。」[39]

換言之，這些人是一些打從心裡想要克服當前恥辱困境，極力尋求出路的人們。

凱西．歐奈爾寫道：「當一個潛在學生首次點擊營利性大學的網頁時，其實此事背後的基礎是龐大的作業程序。」[40] 其中的伎倆包括找到「痛點」，也就是人們最願意採取重大改變來改善處境的那個時刻，通常是由 Google 搜尋紀錄與大學問卷調查所透露；此外，某些公司藉由造假

5 一種小額、短期貸款，還款日期是借款人的下一個發薪日。

求職廣告，或是承諾提供用戶醫療補助或食物兌換券的廣告，趁機詢問他們是否對念大學有興趣，然後再出售痛點訊息。基本上，窮人是被跟蹤著去學校註冊，這些學院在行銷上的定期支出甚至比教師費用還高。這眞的很難以想像，心力交瘁的母親或有受虐經驗的人想努力抓住改善生活的機會，而他們可能對抗這種操控的力量嗎？歐奈爾又指出，「營利性大學不用去鎖定有錢的學生，[41] 那種學生跟學生家長都知道得再清楚不過了。」❻ 此等行銷行爲將我們分隔成特定的群體，並企圖抓住我們心理某些最強大的力量——羞恥感、慾望、罪惡感——然後強化並加劇這些情緒狀態，目的就是爲了賺錢。這種電腦化的銷售技巧之所以成爲可能，源自於違反基本道德認知的監控資本主義與操控性演算法（manipulative algorithm）。

數據科學家從持續的抽象身分識別作業中獲得特權，這些人在我們不知情的情況下蒐集我們的個資，並使用我們所不知悉的分析方法。[42] 此項作業創造出一種爲我們做決定的數位存有體，我們的價值是被獨斷且不負責的方法所衡量。它造就了現代版的「劃紅線」（redlining），❼ 意即根據人口素質的假設來歧視人們。[43] 事實上曾有段時間，Facebook 明白地容許某種數位版的劃紅線，提供行銷商選擇權，使其可以基於種族相近性（ethnic affinities）來排除某些人看見廣告，[44] 此外 Facebook 亦承認它們允許刊登特定廣告者排除某些年齡層的觀衆。[45] 這兩項作法或許都是非法的，然而得再強調一次，若非企業端提供資訊，吾人幾乎不可能偵查到這些問題；此問題需要某些記者和學者付出偌大的努力才能挖掘出來。同時，我們應該試圖在「程式寄出」前（code is shipped）抓出問題與錯誤。8

一九七八年，在監管單位及抗議者的壓力下，福特公司同意自主召回所有一九七一至七六年間製造的平托車。[46] 幾個月前，陪審團裁定福特要賠償李察・格林蕭一・二六億美金（法官降低了金額，但數目依然很大），此項決定在上訴後維持原議。法院指出「福特管理階層的行爲應當受到嚴厲譴責」。[47] 它還發現管理層「有自覺且冷酷地無視公共安全，以便將企業利潤最大化……危及數千位平托車買家的生命」。幾個月後，福特公司因爲印第安納兩位少女的死亡事故而遭到刑事起訴，在這起案件中福特被判無罪。最後，福特處置了後來針對平托車的相關訴求，一九八〇年該型號停產。

平托車醜聞不應該被視爲背德工程師在設計過程中對生命價值衡量失當的反常作爲。固然，

---

6 此話暗示有錢人家對於子女為何要來就讀該學校的緣由非常清楚。

7 「劃紅線」一詞大約出現自一九三〇年代的美國，其所指的是體系性地對某一群人——通常是種族因素——加以排斥或拒絕，此排斥的項目包括購屋、保險、銀行業務等等。

8 'ship code' 指程式、軟體開發完畢後將產品「寄出」，下一步可能是要產品測試、可能是要發佈產品。

參與設計過程的衆人對自己的工作應有充分思慮與自覺，但同等重要的是，吾人必須承認這些工程師和設計師是在企業的驅使下工作。福特公司的管理者負責作重大決策，卻忽視呈遞上來的重要資訊。同時，公司處在競爭激烈的市場中，監督方卻疏於注意、或（更糟糕地）淪爲整個產業的囊中物。若想扭轉這股趨勢，就需要記者、律師、行動主義者的奔走，吾人也需要訂定新規範俾能防止危險設計的風險，創造出工程師既能合乎工作倫理又不致危及其職位的條件。在資本主義下，守護人類生命尊嚴以對抗盈虧結算線的拉力，是一場永無止境的戰鬥。

電腦程式碼具有某種法則型式的功能。[48]它由人類所編寫，而且它可以規範人的行爲，一如其他權力分配的系統；程式碼的形成並非客觀過程或自然力量，它展現編碼者（coder）與用戶間的權力關係，也反映編碼者的作業系統。勞倫斯．萊錫格（Lawrence Lessig）提醒我們：「程式碼從來就不是被發現的，[49]它是被製作的，且從來都是由我們所製作的。」若任由自由市場來決定這些事，便意味著數位科技在表面高深莫測的程序中複製了歧視的風險。「演算法正義聯盟」（Algorithmic Justice League）創建人之一的喬伊．布歐拉姆維尼（Joy Buolamwini）志在迎戰帶著偏見的演算法並宣傳此議題，她持論道：「不需要將過往的不平等結構帶到我們所創造的未來。」[50]在喬伊看來，我們必須目標明確、團結一心，方能達成此一目的。

目前已經有一些禁止歧視的法律，可以遏止某些具偏見性程式碼的案例，然而這樣的取締仍然不足。若要更強力執法，還需要監督方權力的整頓；若要辨識問題，也需要向科技公司徵收更高的稅。我們需要在民主權威下要求立法者與公共機關干預這些市場，宣揚並實施產業界的設計規範。勞爾夫．納德爾在一九六五年論及汽車製造業時曾寫道：「相較於以最高獲利爲一切目標的業界，在解決利益競爭問題方面，一個民主政府會擁有更好的能力，去決定提升交通安全所需的條件。」[51]此情對當今的科技公司及政府而言依然適用。

尤要者在於，打造這項科技的工作人員同時扮演著改變設計文化的角色，[52]合乎倫理的設計思維可以成爲產業或政治的組織性工具，防範企業的掠奪作爲。電腦機械協會（Association for Computing Machinery, ACM）——全世界最大的電腦科學家、工程師組織——會長潔芮．潘格克（Cherri M. Pancake）如此寫道：「要避免科技的濫用，科技專業人員會是第一道、也是最後一道防線。」二〇一八年時，該組織發布並更新了倫理原則，要求開發者辨別其工作可能造成的副作用傷害或潛在濫用情形、考量各式各樣用戶群的需求，尤其措意於避免剝奪人們的權利。電腦機械協會收到一位年輕程式設計師的回饋意見，上頭說：「現在我知道，如果老闆又要我做那樣的事，我該告訴他什麼了。」[53]要處理設計所涉及的倫理問題絕非容易，但也並非不可能的任務；爲科技人士創造出思考空間並使其考量選項後充分據此行事，將是此任務的重要部分。

我們可以開始看看狀況會是如何。大型科技公司的工作人員已帶著他們的老闆走在倫理的道路上，微軟雇員組織起來要求公司取消與美國移民和海關執法局的合約，甚至還與其他直接幫助執法局的客戶取消合作。微軟員工是這麼寫的：「我們所打造的科技是微軟的獲利來源，我們拒絕當共犯。這是一場持續茁壯的運動，而我們是其中一份子，業界中人認識到自己打造強大科技所伴隨而來的責任，必須確保自己做出來的東西是造就良善，而非造成傷害。」[54] 拒絕製作害人科技的這項倫理——最終具有政治性——抉擇不只是個人行動，而是集體、業界等級的規模。類似的「造反」行動也在 Google 內爆發：約四千名雇員簽屬請願書反對一項由軍方委託的計畫，高階工程師也拒絕從事特定計畫來爲公司爭取軍方的敏感合約。[55] 這類集體組織的活動有其深厚潛能，自我組織（self-organization）足以改變科技生產文化；相較於任何由上而下的規範或服從形式，它更有效地開啟了倫理議題。

二十一世紀的科技具備了足夠能力，可以擺脫偏見、讓人們有尊嚴地被對待，而不是將傳統特權觀念強加於人。然而，此種未來願景需要我們加以揭露或處置數位科技的結構，將那些利用網路賺錢、將用戶商品化而複製歧視壓迫的科技惡行揪出來。我們必須想辦法將不歧視原則灌注到數位科技結構之中，確保使用者在同等條件下操作，而不是被機器程式矇騙了。實現此目標的重要步驟是塑造一種文化，使數位科技製造者對自身行爲造成的影響具備自覺意識、或可以被有自覺的他人所提醒。

數位時代的設計程序應該讓工程師更易於將用戶利益納入考量。然而我們要如何得知用戶的利益和興趣，這是一個複雜的議題，需要投注時間與精力，方能將用戶利益融入設計過程。隨著人們日益發展科技並探索其潛能，若要避免造成傷害，吾人或許會需要抑制我們的科技能力。

我們目睹了物聯網（Internet of Things）的擴張，越來越多日常生活用品都配備網路連結功能，因此前述課題更爲重要。你可以買到連接網路的冰箱或烤爐、或是家居氣候系統（home climate system），數據因此在人與物之間傳遞。目前正在開發的產品範疇（但必須說，這類產品經常太過度或太沒用）亦顯示該類科技的潛在優點，例如爲居家行動不便者提供幫助，幫助各種殘疾問題的科技正日新月異地進步當中。[56]此外還有對便利性的承諾：若你的智慧型行李箱沒有出現，你可以上網追蹤它的所在。

不過智慧型產品依然有其麻煩的一面。我們把越來越多會與外人——以自己無法控制的方式——交流的裝置帶回家中，物聯網儼然變成了巨大的監控設備。對弱勢者而言，這尤其是問題。如同伊莉絲．湯瑪士（Elise Thomas）針對科技與家庭暴力議題所寫的：[57]

> 科技進步對家暴受害者而言是福音也是詛咒，新的「智慧」科技讓他們比較容易求救或記錄虐待情事，但同樣地，科技也可能被濫用來監控他們的行動、竊聽對話、進行即時跟蹤。

在從前，一筆電話號碼就足以讓某人被殺，所以當人們可利用裝置追蹤別人、聽到別人的呼吸聲、在螢幕上看見別人的心跳時，這樣的世界對家暴受害者來說到底代表什麼意義呢？

物聯網對家暴受害者而言意涵深遠。如今越來越多設備連結到網路，而我們沒有能力控制這些資料流，他人愈來愈容易取得關於我們的大量資訊：穿戴式科技可能會被駭客入侵，車輛及手機可能被追蹤，一個恆溫器的數據便能顯示某人是否在家裡。

對於眾多曾遭受虐待的人而言，這種數據的深度及廣度是令人驚恐的事情。在美國，有三分之一以上的女性及四分之一以上的男性，在一生中會經歷親密伴侶的強暴、跟蹤或暴力相向；[58]而目前，科技濫用已經是有意使用暴力者的標準行徑。二〇一四年有項針對曾遭家暴者之服務提供商（service provider）所做的調查，有九七%的人表示自己曾遭受到施虐者濫用科技的騷擾、監視和威脅，[59]其中多數是透過電話騷擾與虐待，例如傳訊息或在社群媒體上發文。有六〇%的服務提供商也報告了，施虐者會利用科技來偵查或竊聽孩童和受虐者，以贈送兒童禮物的方式或在兒童所有物中植入設備來遂行其意；有一一%的報告案例是將「間諜」科技藏在玩具裏頭。該報告還發現，四五%的案例裡曾出現施虐者企圖透過科技找到受虐者的所在位置。以上結論還得到另一項研究的支持：庇護所中受虐者調查工作顯示，在八五%的案例裡施虐者曾使用GPS定位，在七五%的案例裡施虐者會利用智慧型手機的隱藏應用程式，以遠端方式竊聽受虐者的談話；而接受調查的庇護所當中有近半數的人禁止使用Facebook，[60]以免有人將位置資訊洩漏給跟蹤者。

對諸如此類的社會問題，科技公司並不是具有補救的責任，但這確實是科技公司不能否認的一項社會特徵；這些問題應當在初期開發階段就被考量，並在開發過程中加以處理。我們經常被告知的是，將更多更多的個人裝置連結到網路是如何地方便而具未來性，但並非所有人都有此等感受；大量個人數據因此產生，而我們卻無法控制數據的蒐集與儲存方式，其結果非常嚴重，對特定群體尤其如此。然而，社會上大部分人們的經驗（弱勢者尤甚）卻經常在設計過程中缺席。

被此情況影響波及的不止於特定弱勢者，而是所有人：科技資本主義採納新方法得知我們的個人生活，我們可以想見，政府祕密偵查單位也會把握這個攫取資訊的大好機會。二〇一六年二月，時任美國國家情報總監詹姆斯·克雷普（James Clapper）在參議院講述的證詞已非常清楚，他說：「在未來，情報單位可能使用物聯網來辨識、監視、監控、定位、追蹤、進行目標招募，或者用以觸及網絡或取得用戶機密。」[61]政府經常利用產業的革新成果，將其重新定位於服膺自身利益。作家耶夫根尼·莫洛佐夫（Evgeny Morozov）的說法簡潔有力：「我解釋一下『智慧』（smart）的意思——就像『智慧城市』或『智慧家園』的『智慧』——免得你覺得奇怪。『智慧』就意味著『以革命性科技名義推銷的監控用玩意兒』。」[62]

企業對用戶體驗的冷漠態度，某種程度源自於它們對「可用性」和「功能性」的特殊理解。在平拖車醜聞爆發當時，汽車製造業也有類似的心態。勞爾夫．納德爾在《什麼速度都不安全》（*Unsafe at Any Speed*）中業已指出，不想在增進安全方面花錢是一種普遍現象。在交通事故中，每一個死者導致的平均研究投注費用約爲一百六十六美元，[63]其中又僅有四分之一的錢來自汽車業；相較之下，航空意外事件中，每個死者讓業界與政府共約投入五萬三千美金的安全研究費。汽車公司樂意投入經費研究如何讓車輛速度更快、更光鮮亮麗，但安全設計卻可能有礙其美感原則，而遭到業界排斥。科技公司堅持要讓所有事物都連上物聯網，它們在設計產品時會考量特定用戶，其採取的範型與上述類似，它們喜歡談的是如何服務消費者，但這個目標其實是被放在特定且狹窄的框架裡頭談的。

最顯著的理由之一在於，我們的數位科技設計者其實是一特定的群體：矽谷的白人男性比例過高已是衆所周知的現象。根據調查報導中心（Center for Investigative Reporting）的「揭發」（Reveal）顯示，二〇一六年矽谷十大科技公司中沒有雇用任何一位黑人女性，其中有三家公司根本沒有雇用黑人，有六家公司沒有女性主管。[64]

某些公司做得比其他人好。好幾家大公司如今會發表多元性報告，這是近年來的變化趨勢。但是，無論是相較於正常人口結構或私人企業，科技業中的白人[65]——尤其是白人男性——比例依然過高，這項趨勢在主管級領導階層尤其明顯。正因如此，我們發現物聯網產品的開發設計對於家暴這類的普遍威脅漠不關心。考慮到「在房間裡」的是特定一群人，這些公司所做的決策必然表現出某種偏見，而想要將其加以矯正的人更是稀少。

此問題內部還有一股階級力量。亞當．格林菲爾德點出，物聯網的設計者是那些將 Uber、Airbnb、Venmo 等服務完全納入生活一部分的人，但他們的經驗並非眾人的普遍經驗，他們是一群擁抱數位化、個人化、最佳化、商品化世界的人。格林菲爾德說：「這些主張對他們而言是正常的，『所以』這對其他人而言也變成是正常的。」[66]在現實中有許多人不會使用過這些服務，甚至未曾聽聞，但他們恐怕不屬於科技發展服務所及的群體。有位記者曾在二〇一八年消費性電子展（Consumer Electronics Show）中觀察到：「少數產品是真正解決需求的突破性革新，多數產品則是要讓那一%的人感到生活改善而期望擁有。」[67]另一位評論者說得更坦率：「舊金山的科技文化專注於解決一個問題：『哪些事情我老媽已經不再幫我做了』？」[68]多數的情況是，參與設計過程的人來自富裕階層或特定性別，此現象對於科技發展具有廣泛的影響，對我們所有人都造成了反效果。

程式設計階層內部的多元性是改變此文化的關鍵要素。這不僅是一個管道問題（pipeline

problem），⑨而是科技公司的內部問題，需要有所更張的事項包括招聘作法、程序可靠度，以及工作條件相關之政策等等。二〇一八年的Google罷工事件中，[69]有兩萬名員工因公司方對於兩性關係不當行爲及強調女性性別意涵的處置方式不滿，而選擇罷工抗議；員工的某些訴求幾乎立刻通過，可是需要做的事依然很多。這是一個振奮人心的案例，它顯示出要耕耘一股多元勞動力量所遇到的複雜障礙，但也顯示了此等障礙可以透過組織運動加以瓦解。忽視此事的科技公司將陷入危機。科技業缺乏多元性的問題已惡名昭彰、[70]亟需變革，且改革方案亦已獲得主流的注意及廣泛重視；這方面的光明未來是個值得反省的有趣課題，其目前已是多方討論與活動的焦點。於此，我想要轉向去談一個更廣的問題。

即便讓製造者階層內部擁有多元化的群體，這樣的改變依然有所不足。我們應當根據倫理性設計來改造文化。那些呼籲程式設計者加快速度、「打破」（break）東西的主管們，顯然是希望讓別人來負責收拾碎片。⑩我們需要如此主張，應該建立的範型是建立一個思量周到的程式，能夠尊重設計所具備的影響力，並對用戶身分進行批判性思考。程式設計師不應將道德難題視爲超乎自己的權責或能力，亦不該將此問題推給其他人，但要做到這步，設計師必須擁有探索問題的能力與技巧，這意謂了現有倫理教育計畫需要擴展，[71]而且需要使其成爲更主流的議題。不過，若要讓此想法付諸實現，科技公司必須爲這些審慎的程序提供容納空間，這也意味著它們必須在決策過程中優先考量人道問題，還要對自動化程序加以調節——即便成本因此增加，而效率因此降低。

創造出更加重視授權民衆、抑制傷害風險的設計文化，乃是解決這些問題的必要（若非充分）步驟。隨著時間推演，這項任務可能拓展爲關乎政治權力的問題，最終孕育出的文化能夠讚頌蘊含和平目的之科技，且能挑戰具暴力及壓迫性的行業，譬如監獄、警務與軍事。

當然了，人們是自願購買並使用現有產品的，我們尊重他們的選擇權；然而不可能其中每個人都充分了解當今科技的性質與意涵。三星（Samsung）公司曾引發一個爭議，它的智慧型電視隱私政策如此警告客戶：「請注意，若你的口語訊息中包括私人等敏感資訊，這些數據會經由你使用的語音辨識功能被蒐集、傳送至第三方。」[72] 連芭比娃娃都不是安全的：美泰兒（Mattel）公司推出了一種娃娃版本，它會使用無線網路將數據傳回公司以供研究與發展，但其亦有缺點。雖然製造商採取重大防護措施以保護顧客隱私，安全性研究者麥特．賈庫柏斯基（Matt

---

9 管道問題是指STEM四種領域——科學（science）、科技（technology）、工程（engineering）、數學（mathematics）——中的女性、少數族群、弱勢種族沒有足夠的升學、工作、升遷管道。

10 作者是在評論馬克．祖克柏的名言：「快速行動，打破常規。要是什麼都沒打破，就表示你行動得不夠快。」（Move fast and break things. Unless you are breaking stuff, you are not moving fast enough.）

Jakubowski）仍宣稱可以「駭」入娃娃，他說：「這只是遲早的問題，我們可以用自己的伺服器來取代她的伺服器，然後讓她說我們想說的話。」[73]

我們目睹了一股貪得無厭的動力，想要把所有事物都拉入網路，在銷售新產品的同時，利用獲得的數據讓公司取得競爭優勢。很多公司都忽略這此種發展的安全性意涵，這不僅是對風險或安全計畫粗心大意的結果而已——固然若能在問題出現前更加用心，終究還是有所幫助；問題位於更根深蒂固之處，那便是，這種科技發展的力量是由資本主義企業所驅使。製作智慧型產品的公司有其商業運作模式：它們想賣東西給我們，然後它們想從我們這裡蒐集更多資訊，再轉賣給其他想要賣東西給我們的公司。它們的動機並不是要開發出我們想像中最棒、最有用或最安全的科技產品，它們要賣的是最能賺錢的東西。

牟利動機與企業精神或許能爲我們帶來很好、很有用的科技發展，但若將強烈的負面影響僅僅解釋爲吾人數位處境所受的痛苦加劇，就會是個謬誤。而更巨大的謬誤，是將科技的進展視爲數位科技潛能的完全實現。令人沮喪的是，現實上這些科技發展並非特別具革命性：它們代表的是引導人類智能朝向賺錢的目的，一如既往地將市場擴張至另一個新領域。科技資本主義與歷史上的新興產業都有著非常相似的貪婪本性，它們具有改善人類生活的驚人潛力；若要此等潛力獲得發揮，便得要求改變，讓它們不再服膺盈虧結算線，而是對其他事物負責。

尊重各式觀點、合乎倫理的設計文化有助於解決某些科技偏見導致的問題，不過我們依然需要對製造者階層進行民主監督。勞爾夫．納德爾於一九六〇年代所作的汽車業分析中主張，[74]「保密」是最不利於改善汽車安全的政策之一。他這麼寫道：「產業保密不只有礙於探索救生知識的探索……它還會使汽車製造商免於爲自己所爲或所不爲者負責。」現在，我們依然看到類似的力量在運作，演算法被用來替代人類的抉擇，卻沒有適當的問責度或透明度。政府所採用的私人企業演算法經常以安全理由而保密，或製造商出於商業理由而保密，這樣商人就能向產品使用者收費，問責度或透明度付之闕如，進而破壞機會平等性、掩飾結果的不平等性。我們必須強迫演算法的黑箱子（black box）打開。

爲刑事案件ＤＮＡ證據分析所設計的演算法，便是個極佳的例子。ＤＮＡ證據逐漸成爲高度複雜的領域，由於ＤＮＡ鑑定能夠在越來越小的樣本上進行，於是樣本幾乎都會顯示ＤＮＡ混雜的情況，可能有多人符合其結果。此種狀況發生在物體於數小時甚至數天內被不同的人所碰觸；[75]每個人涉入此ＤＮＡ混雜情況的程度不等，相關因素包括ＤＮＡ物質剝落的比例，而不是人們觸碰物體的順序。對實驗室的技術人員來說，這種複雜的樣本難以分析，因此亦出現過事後發現鑑定結果有誤的狀況；[76]在此背景下，政府官員越來越依靠電腦程式分析這些樣本，其通常交由私人公司負責處理。

若這些電腦程式的運作缺乏透明性，就可能產生極為不正義的結果。DNA證據對陪審團來說十分具有說服力，而若此結果是經由電腦產生的，其說服力只會更強。在紐約市，某些辯護律師會反對使用這類證據，[77]其立論根據是科學界並不認為此法夠可靠。辯護律師無法取得程式編碼，因此無法確定演算法的輸入邏輯。在科學、數學見習生與鑑識專家的幫助下，法律扶助律師設法對軟體進行逆向工程（reverse-engineer）；[78]這是公設辯護方（public defenders）⑪一項開花結果的里程碑，法官聽取廣泛專家證詞之後，決定此項證據不甚可靠，[79]因此不足採信。然而，這項裁決並沒有中止電腦DNA鑑定的作法，其依然在全美各地司法案件中被當成證據使用。

若公共決策攸關個人——尤其是此決策攸關個人自由——人們應當有權知道此等決策是如何達成的。我們不是在欠缺證據相關法律的祕密法庭裡給人定罪的，這非常不公平。律師會嚴格質詢專家的證詞，並檢視目擊者的資歷是否足夠支持其作出的結論；正義必須在目光之下，方能獲得伸張。在此脈絡下，由演算法黑箱所產生DNA證據有極大的影響力，但它在科學上是可能有缺失的。演算法的建構方式愈透明，就愈能夠防止錯誤的邏輯處理滲透司法系統。電腦程式應該要像專家證人一樣被看待，我們應該用類似的審查程度看待程式假設，而不是將程式看成一個客觀決定真相的消極提供者。

吾人沒有理由認爲這些程式不能使用公共權力及公共經費來開發，或說這些程式不能由公家機關來進行審查。吾人可以建立報告準則，檢視程式是否造成歧視結果的查證程序，或是其他的監察體制。LRMix Studio 提供了另一種方案：[80]這種開放原始碼軟體（open source software）可以解析複雜的鑑識DNA檔案，此外還有類似的開放原始碼工具被開發出來，[81]能夠比對DNA資料庫的樣本，降低假性反應的風險。若要達到科學界能接受——尤其是持續地接受——的可信度標準，此種透明度眞的非常重要。

當然，危險是存在的。讓這些公式透明化，可能會給予他人加以顚覆的機會，例如擅用心思的罪犯或許因此習得如何避免在犯罪現場遺留DNA。這並不是什麼新鮮的問題，而這些問題不足以排除其他蒐集證據的方法，也不能當作支持世界瀰漫歧視的好藉口。「不自證其罪的權力」與「獲得律師辯護權」是刑事司法系統運作的關鍵要素，這兩者確實讓有罪的人比較容易脫身；雖然如此，我們還是接受二者是司法系統適當運作的必要元素。以此類推，我們應當從此觀點去看待刑事司法系統中以電腦程式輔助決定的做法。

正如同我們期望預算決策或公共資源分配具有透明度，用於公共性決策的演算法也應當接受

---

11 由政府指派給無力負擔費用的被告之辯護律師。

審查，確保其邏輯與數據輸入是公平的。目前已經有越來越多人呼籲政府拒用黑箱演算法，並將所有程式碼提供給眾人檢視，[82] 這是很好的開始；長程目標可將此種檢視的適用範圍擴大至公家機關之外。

目前，針對機器學習的複雜演算法之研究重鎮是私人公司，學術界再也無法與那些把數據爆炸、加以集中而坐擁龐大資源的公司如 Google、Facebook、Amazon 匹敵。科技業投資重金於機器學習，將該領域的專家拉進私人企業，並將大眾排除於此類發展的益處之外。微軟研究院（Microsoft Research）副院長李彼得（Peter Lee）表示，二〇一七年時雇用一位頂尖研究者的費用大約等於簽下一個美式足球聯盟（NFL）的四分衛；如同《連線》（*WIRED*）雜誌所觀察：「從那時開始，人才市場變得越來越火熱……大型企業會在初創的人工智慧公司起步之前就收購它們。」[83]

固然隨著時間推演，這項哲學性領域的基礎——明白如何教導機器模仿人類智慧——也會更易於被其他組織所使用，然而此項科技的發展還是被少數企業所把持，因為這類研究需要廣大的電腦力量以及龐大的數據，這兩種條件都是大型科技平台比較容易擁有。

機器學習的輸入邏輯異常複雜，複雜的程度甚至連個別的工程師都難以解釋何以機器會出現某種特定反應；在此情況下，嚴格的檢驗與標準至關重大，方能在結果公諸於世前把問題挑出來。近來雖有實施一些關於企業自律的重要措施，[84] 但這些作為依然有所不足。我們需要公共、民主的專責機構加以干預；我們需要開始思考要怎麼在機器學習的領域內灌注公平公正的原則——如同其他科技發展的領域一般；我們需要使機器學習可供衆人使用，使其益處可以共享；我們需要理解權力的集中是如何阻撓此目標之達成。[85]

在麥克・道伊對於平托車醜聞的記載當中，他探討了福特公司與相關監管機構「國家公路交通安全管理局」（National Highway Traffic Safety, NHTS）協商起草與實施產業新標準的整個過程。道伊概述福特公司是如何對新標準拖延多年，以免重新設計耗資不斐；最終公路交通安全管理局發現平托車確實有安全上的缺陷，由此促使福特將平托車召回。然而，道伊後續對此醜聞事件的分析揭露，公路交通安全管理局之所以發現此安全缺陷，是因爲該局操弄了檢驗標準：它們提高了碰撞測試的速度，[86]更換了與平托車相撞的「子彈車」（bullet car）車型，並將衝撞燃料箱的面積增加至最高，然後更換頭燈的材質以增加點燃的可能性。當局對這些修改的合理化說詞是，如此一來測試才會更接近眞實情況；不過這番修改的結果是測試車必然失敗，平托車陷入一片火海之中。

該局之所以對檢驗標準進行調整，其實是爲了回應被道伊報導與法律訴訟所激起的大衆怒火，結果是福特公司被此修改過的標準所檢驗，其他公司卻能豁免，而福特根本不知曉要符合的標準爲何。福特從來不曾承認自己有做錯事。

此事的教訓如下。隨著吾人對產業及科技可能性的理解日漸增加，我們需要更新對安全性及可靠性的期望；我們要組織行動派人士、律師和記者，宣揚惡劣科技設計對人們的影響，並強迫業界接受重視安全價值、減少歧視的設計文化；我們必須呼籲政府干預業界，樹立由公衆決定的標準及作法，要求公司在違規時擔起責任；隨著我們對問題的理解提升，也進行實驗找出解決之道，這些標準必須隨時更新，並能夠呼應環境變化。就像我們不會讓沒經過碰撞測驗的車輛上路一樣，若演算法或產品沒有符合標準或通過歧視性測試，那就不該強加給民衆。我們需要創造優良設計的「回饋迴路」，讓該領域中學習到的教訓可以促成產品之改善。

科技資本主義對這項潛力的活動非常活躍，矽谷經常標榜自由意志主義（libertarianism）思想，[12] 但這項產業的政治情況事實上更加複雜。對於科技業菁英的調查報告反映出，他們與自由主義式觀點或政策享有一致的特殊價值觀，通常涉及進步觀念；然而，科技菁英與傳統自由主義陣營有項重大的差異，[87] 這也是本書屢次提及的重要概念：管制（regulation）。科技菁英積極肯定市場法則與企業家精神，深知此乃其成功的關鍵；而他們否定自己應當受到管制的觀念，與日漸強大的政府干預呼聲相牴觸。

我們爲什麼不利用人工智慧或機器學習確認的程序來進行車輛碰撞測試呢？我們爲什麼不建立一個獨立於業界之外的專家小組，讓專家提供測試指導，在程式碼推出前處理歧視問題，在產品售出前解決安全風險，在問題溜走之前作調查呢？我們應該要求新科技在beta測試階段擁有更多更具代表性的使用者樣本，確保設計者取得回饋的來源不限於平均用戶群。我們應該納入適宜的回饋迴路與有意義的上報管道，將其提供給受自動化決策所影響的人們，不將錯誤留給用戶自行解決。我們應該找出方法，來防止現存數據凌駕於將來未知者，以避免在可用資料集內加入偏見，減少對吾人知識限度的低估情形。我們需要更多人力來監督自動化決策，而我們不該不加思索地將後者替代前者。我們需要發展出關於演算法最佳用途、設計程序的公眾指導原則，並授權可靠的機構負責監督標準之推行。

勞爾夫·納德爾寫道：「對車輛的規範必須經過三個階段：公共自覺並要求作爲，立法，以及持續管理的階段。」[88] 我們應當將類似作法套用於今日的科技資本主義，藉此我們可以對產業進行檢視，聚集改革的呼聲，並制定可持續的問責制度；即便這些監督程序未必完善，也可能很麻煩，還容易被業界誤導或控制。此情況亦可見於與我們健康攸關的產業，例如食品安全監督、醫藥產品與汽車產業的管制；如果演算法、科技裝置及人工智慧的設計不佳，我們會因此暴露於

---

12 「自由意志主義」與「自由主義」（liberalism）或可視為同義，若要強調兩者的差別，則自由意志主義更強調個人的自治、自願和意志。

危險當中，其風險一如不衛生的食品或有瑕疵的心律調節器。若這些糟糕的設計被政府機關所採用，甚至會危及行政程序，涉及攸關個人安全的社會安全或司法判斷。我們必須把演算法、科技裝置及人工智慧當成可調整的設計產物，不要接受科技菁英那種拒絕為自己造成之影響負責，進而歸咎用戶的論調。

李艾科卡（Lee Iacocca）擔任福特公司總裁的時候，正是該公司在考慮是否投入小型車市場之際。艾科卡說服公司高層將平托車盡快投入生產，平托車也因此被稱為「李先生的車」。艾科卡的企業領導是此車型發展及其災難性決策的關鍵，然而近半個世紀過去了，艾科卡沒有受到此醜聞所牽連；他安然無恙，完全沒有因為平托車造成的恐怖傷害而服刑。艾科卡的業界聲譽依然極高，甚至一度有競選美國總統的念頭；此事證明，製造危險的產品無礙於追逐權力的巔峰。

我們所處的這個時代，有些科技製造者也被視為當總統的料。我們應當要注意平托車醜聞的教訓：公司會利用缺乏管制的情況，生產設計惡劣、不顧後果的產品。除非我們找到要求公司負責的做法，否則此產品只會被視為成功的徽章，而非恥辱的標誌。現在因交通意外死亡的人已遠少於艾科卡的時代，我們可以從此案例中學習，敦促演算法設計往安全性與公平性方面做改進。

5

科技的烏托邦主義非常危險

科技大亨還不如巴黎公社呢

一八八七年五月三十一日，朱利恩．韋斯特（Julian West）在波士頓家中躺下睡覺；他習慣睡在密閉的房間內，那是位於他房子底下的一間隔音地下室，其目的是爲了處理長期失眠問題。爲了幫助自己入眠，韋斯特雇用了一位另類治療師，他如此解釋道：「我請來皮爾斯伯里（Pillsbury）博士，[1]對方自稱是生物磁性學（Animal Magnetism）教授。我認爲他對醫學一無所知，但他確實是個傑出的催眠師。」[1]

皮爾斯伯里確實傑出。就在那晚，韋斯特房子慘遭祝融吞噬，而在一種深沉的生物磁性催眠術下，這位失眠症患者醒來時，已經是西元二〇〇〇年九月十日下午時分，整整一百一十三年的時光。新地主想要造一座地下實驗室，在挖掘後花園時發現了韋斯特。這位新地主向韋斯特道，「現在」已經是遙遠的「未來」。

韋斯特不能置信時間已然流逝，直到地主向他展示當代波士頓的天際線，他才開始了解自己的窘境。韋斯特後來回憶：「每個區域都有樹蔭濃密的大廣場，在午後的陽光照耀下，裡面的雕像與噴泉金光閃閃。巨大的公共建築、壯觀的建築物莊嚴地座落各處，那是我的時代無法望其項背之成就。那時我才知道，他們告知我的那個驚人真相是確實存在的。」[2]韋斯特的餘生都在探索驚奇的未來世界，先進的工業組織與自動化生活讓所有人民都能享有充實的一生，此乃科技發展的成果。

對於一部小說而言，這似乎是過度鋪陳的設定了，不過它可是當年的熱門小說呢。出版於一八八七年，愛德華・貝拉密（Edward Bellamy）的《回顧往昔》（*Looking Backward*）一書可說是「當代讀者群最廣、最具影響力的烏托邦作品」，[3]並由此推動了全美各地「貝拉密俱樂部」的建立。如此烏托邦式的未來吸引了一整代人的夢想，從前的問題奇蹟般地解決了，社會組織既有效率又公平。

想像一個更好的世界，這個念頭上千年來占據人類的心靈。它是一帖萬靈丹，是安穩富足社會的觀念，它可以成爲人們爲更好未來奮鬥的動力來源。烏托邦主義（utopianism）就是將這些想像推展到極致，運用新穎創意之道找出未來完美社會的公式。但問題來了，這些未來的憧憬與當下的問題經常脫離因果關係；烏托邦主義者喜歡用幻想當作通往新世界的捷徑，像是貝拉密書中主人翁睡了一場長覺，卻沒說清楚到底世界是怎麼變成那樣子的。韋斯特醒來看到的那個波士頓感覺上既現代又活潑，是個充滿平等與尊重的社會，能源由未來科技提供。雖然貝拉密本人從

---

1 十八世紀後期日耳曼人法蘭茲・梅斯默（Franz Mesmer）相信所有生物（包含人、動物、植物）都內含一股看不見的自然力量，他認為這股力量可以用於醫療，他的主張稱作「生物磁性學」，此學又因梅斯默之姓氏而稱為mesmerism，在十八世紀後期至十九世紀曾非常流行。如今mesmerism常被翻譯為「催眠術」，其實它是廣義採取此種理論進行醫療等行為的稱呼。

未承認，但眾人普遍將此書視爲烏托邦社會主義作品。我們固然也能想像完美的社會，但會阻礙我們的在於──「這不可能」。若說這種完美社會的概念可以提供我們一種衡量進步的標竿，給予我們一個理想目標，但這對人類的想像而言其實只是一種安慰，而不是解藥。

貝拉密的小說之所以鼓舞人心，是因爲它重構了人類悲慘困境的基本假設。現代波士頓的里特博士（Dr. Leete）回想著韋斯特的年代，若有所思地說：「這很悲慘。有小孩的男性所收穫的遠超過那些身心較爲弱勢的人，這些男性怎會願意支持這樣的體制呢？」[4]貝拉密建構的未來是一個普世共享、勤奮自持、道德高尙的世界，但究竟要如何達到這般的終極境界，這本書從頭到尾都是模糊處理。里特博士多解釋了一些：「整個社會得做的事情就是認知（工業）進化，並與之協力合作。」[5]看來，貝拉密認爲通往烏托邦的光明大道就是科技的完善化，而這種假設已有其悠久的傳承了。

另外還有某些形式的烏托邦主義會服膺更爲混淆的黑暗目標；諷刺的是，認爲想像的未來世界脫離現實，經常也是一種幻覺。若對當前的問題本質缺乏適當認識，這些未來景象所提供的解答，看起來便非常類似他們亟欲逃離的世界結構。烏托邦主義經常對政治問題粉飾太平，跳過統治者與被統治者間複雜混亂的權力關係網絡該如何協調的難題。這麼做很容易掉入陷阱之中，也就是再生產那個造成當前慘況的結構體制；其結果便是讓已有充分權力的人空洞地重複疊加那種貌似合理、開明的思維，使他們獲得塑造那種社會的機會。

舉例而言，在《回顧往昔》中貝拉密描繪了國家自治聯邦體系的未來社會，[6]每個國家都有其「工業大隊」，看來無異於國家主導的壟斷性資本主義（monopolistic capitalism），只不過是比較慈悲的版本。究竟這種社會經濟體系是如何防止上世紀韋斯特所處時代遺留下來的問題呢？書裡始終沒有明說。倘若我們不能轉化造就社會經濟不平等的結構體系，人類在諸領域中的進展成果都會受限於此，而人們所想像出的解決之道亦會受制於此。

挑戰在於，如何在運用吾人想像力的同時，不要陷入目光蒙蔽、威脅蟄伏的烏托邦主義當中。我們能不能建構出一個理想社會，而該社會與當前狀況是具有參照關係呢？與貝拉密大約同時期的奧斯卡·王爾德（Oscar Wilde）曾撰寫一篇強烈批判資本主義的論文〈社會主義下人的靈魂〉（*The Soul of Man under Socialism*），他在其中申論「完全沒有貧窮」的世界是何等重要。他的主張是正確的，「一張沒有烏托邦的世界地圖根本不值一瞥」；[7]可是我們應當銘記，一張包括烏托邦的世界地圖，必須有其現實上的眞實性，地圖上應該要有前往該地的路線。

科技烏托邦主義（technological utopianism）是一種特殊的未來觀點，它認爲科技進步是造就完美社會的辦法。[8]至此，科技可以治療人類的弱點缺陷，[9]讓各類工作的效率提高——前所未有地高；科技能克服自然環境的限制，科技能夠奠定眞正的唯才主義基礎，免除人類社會的混亂。科技烏托邦主義支持者相信當科技臻於極致之時，可以創造一個具有美德的富足社會。

烏托邦主義有其悠久的歷史。貝拉密《回顧往昔》一書這種特殊的思維，[10]於西元一八八〇至一九三〇年代初期的美國大行其道。科技烏托邦盛行的時期，正是勞工運動此起彼落的騷動時代，肇因於工業革命所帶來的骯髒甚至殘酷後果，以及相關的後遺症。科技烏托邦主義者的作品反映那個時代的焦慮，他們具有建設性地去思考要怎麼運用科技處置問題。以後見之明來看，這堪稱一場「運動」，因爲這些人擁有相同的價值觀念與趨向。從理論觀點來看，科技烏托邦主義者把握住他們認知中當今社會最重大的趨勢[11]——科技發展——並試圖預測進展與傳播的結果。

由這些人的文章作品所拼湊出的共同觀點，顯示了幾道相同的線索。這些人對未來有熱切的期望；在他們的樂觀幻想態度之下，有些珍貴的事物存在。

其結果乃是一系列極爲類似的想像世界：高度組織化、脫離工業革命的污穢與混亂、乾淨、有效率、滿足居民的需求。從生產到家務、都市計畫乃至氣候，[12]科技能改善人類生活的各種層面。這一切是怎麼發生的呢？烏托邦主義其實從來沒有完整的解答，不過那大約是種由工程師設計、工人運轉的大規模機械。[13]新穎的發明——例如小型個人電動車[14]或具有金屬強度韌性的玻璃等等[15]——促成龐大而美麗的城市風貌與都市生活空間；公社廚房爲所有人供餐，[16]準時且不造成浪費；教育極爲普及；工作不再有危險性；自私的獨占企業已然絕跡，效率因此更爲提升，昔日缺乏權利的人們都大大提升其生活水準。

然而，科技烏托邦主義的觀念固然充滿想像力與革新意義，其中依然具有一股保守的力量。歷史學者霍華德．保羅．西格爾（Howard P. Segal）談到，科技烏托邦著作經常形成「一場不屬於反叛而是對立的運動，一場企圖轉變美國社會變革速度而非變革方向的運動」，[17]他們不視自己爲新事物的創造者，而是當前進步潮流的擁護者，他們的作品幻想出更棒、更獨特的未來，卻抗拒對當前的缺點進行仔細檢驗。

這個問題無可避免地在首波科技烏托邦主義者的思維裡留下一個黑洞。他們主張，未來的完美社會乃是目前情況的合理演進結果，可以強化當前社會趨勢加以促成；至於該如何實踐，那就不太清楚了。烏托邦的起始點通常都被略過不論，似乎那僅是科技進展的邏輯結果。以他們曾經表示的內容看來，烏托邦主義作家描述的理想社會，是進步加速之下衆多模糊因素的成果展現，例如大衆智能的提升、[18]對工業進化的認識與合作、[19]企業擴張勢不可擋、[20]製造業能力的轉型等等。[21]易言之，科技烏托邦是資本主義發展的自然進步效應。

以說故事的角度來講，掩蓋錯綜複雜的因果關係不論，確實是方便的做法，但此情也透露出該思維方式之中有些更深沉的東西，反映出一種迴避探討當前問題原因的態度，而且也不願提出何以有可能改變問題的明確理論。對於貝拉密這些科技烏托邦主義者而言，這其實是採取了一種善意的避世主義（escapism）作法，弄出一幅富足、誘人的公正世界景象，人類社會十足繁榮；在工業革命後的數十年間，雖然烏托邦社會主義者的論述內容各有不同，但他們都在追尋更光明的未來。然而不知道是蓄意還是無心，許多烏托邦世界其實仍然符合實際社會的不平等特質，這是某種「政治盲目」的發作症狀。

最明顯者在於，這種政治盲目症狀亦可見於搭配烏托邦經濟秩序概念的政治及社會關係。舉例來說，在衆多科技烏托邦主義作品中，熟稔科技者構成了新的菁英階級，爲人所尊敬且遵從。在喬治・莎圖・摩里森（George S. Morison）出版於一九〇三年的《製造動力塑造的新世代》（*The New Epoch as Developed by the Manufacture of Power*）裡，工程師們備受尊崇：[22]

> 〔工程師〕是物質發展領域的神職人員，其工作能使其他人享有自然力量豐碩資源的果實，亦能享受心靈力量凌駕物質的成就。他便是新世代的神職人員，一個沒有迷信的神職人員。

社會上的其他人則須在工程師所創造的機器旁辛苦工作。金・坎普・吉列（King Camp Gillette）[2] 在一九二四年發表的《世界企業》（*World Corporation*）宣言中，人類成爲了機器本身的一部分——「機械中的齒輪，回應企業心靈的意志而行動」。[23]正如資本主義者在工業革命時代宰制工人，工程師亦會在一個視人爲某種機械的社會裡成爲主宰者。

這種對人類的工具性思考中蘊含著對閒暇時間的禁慾觀點。例如約翰·麥卡尼（John Macnie）於一八八三年出版的著作《迪歐莎》（*The Diothas*），書中的人們每天只要工作三小時，但閒散卻會遭到譴責：「若有人無所事事，顯然別人就需要費勁來養活他。所以，光榮的傳統會要求所有孩童都學習一些手工藝，無論男女。」[24]在《回顧往昔》一書中，怠工情事在「工業大隊」中是要被懲罰的，受罰者需受獨居監禁，只提供麵包跟水。[25]類似者還有一八九三年亨利·歐勒里奇（Henry Olerich）《沒有城鄉的世界》（*A Cityless and Countryless World*），書中描述科技大量節省勞力，每人每天只要工作兩小時，但這絕不是悠閒的人生；該書主角是來自火星烏托邦社會的地球拜訪者，他宣稱：「我們所受的教導是，勞力是必須且榮譽的，閒晃則是卑鄙的盜匪行徑。」[26]工人應該運用自由時間來提升自我，在烏托邦裡自由時間看來並不真的自由。這種態度符合十九、二十世紀之交的普遍觀念，勤奮是高貴而可貴的價值（事實上，伯特蘭·羅素

---

2 吉列為美國商人，即「吉列刮鬍刀」的創始人，改良刮鬍刀的可拋棄式刀片並降低其價格。吉列同時是個烏托邦社會主義者。

（Bertrand Russell）[3] 在一九三二年寫了一篇抗議文章〈懶人頌〉（*In Praise of Idleness*）：「這個世界所做的工作已經太多太多了，工作即美德的這份信仰釀成了巨大傷害。」[27]）。

在這些科技烏托邦中，專注於效率及生產力是「自我實現」之道，而在親密關係中務須「自我控制」。社會互動十分疏遠，作愛的唯一目的是爲了繁衍，縱慾被斥爲淫蕩與汙穢。[28]固然烏托邦中的女性享有基本的平等，此種平等甚至超越我們的時代，然其家庭結構與傳統性別關係依然牢固；[29]某些科技烏托邦會設想女性具有完全的政治及社會平等地位，但這種想像通常會伴隨著一股性別歧視的氛圍。《迪歐莎》一書中的導遊論及女性時說道：「漂亮是她們的特權，而從某方面來說，保持漂亮也是她們的社會義務。」在那個烏托邦裡頭，女性的主要工作是家務。[30]對女性的歧視態度屢見於這些想像的社會中；此等現象並不會讓現代女性感到驚訝，畢竟這類作品通常是有優勢的男性所執筆。

科技烏托邦也拋棄了民主；科技專家才是良善社會運作的要角。吉列寫道：「吾人認知的政治，是我們的競爭性工業系統之中必要的統治部門；而這在『世界企業』中，政治毫無地位可言。在此沒有投票選舉，沒有政治運動，社會上與產業中沒有競逐財富之人，只有靠讀書、用功、堅忍、才智、能力，在世界企業體制裡取得地位之人。」[31]若科技與科技人員能把事情更做得更好，投票選舉便只是一種可悲的決策作法。哈羅德・洛布（Harold Loeb）在一九三三年的《我在技術專家政體中的一生》（*Life in a Technocracy*）[4]一書內主張：「專家統治管理得以處理可測量的物質因素，所以大眾投票可以廢除；若有衡量標準可循，以意見或投票來進行決策是一件蠢事。」[32]這些作者認爲，臻於完善的科技可以讓社會不受政治問題困擾，社會民主體制可以被合理一貫的組織原則所超越。

這些烏托邦常常昭示一些可以解決經濟不公平、社會不協調的想像性方案，然而各種方案內容大致雷同：更多的資本主義，在科技上更加完善的資本主義。吉列所提出的烏托邦是建立在社會由一個大型企業所運轉的前提上，他相信工業與政治系統就像是機器的一部分，可以透過科學設計的輔助而改善；吉列寫道，若要「達成工業進化」，便讓單一巨大的產業「擁有和諧納入千百萬人的力量，一切井然有序，不再有混亂。」[33]社會的民主組織會成爲企業結構進化的阻礙，「物質進步最嚴重的障礙，便是我們目前的政府及其政黨與機制……這些政治中人與近百年前搗毀英國紡織廠的暴民正是同類。」[34]

貝拉密的《回顧往昔》描述社會經歷邏輯的進化（logical evolution），與吉列的單一企業概

---

[3] 著名英國哲學家，為分析哲學、語言哲學的先驅，主張邏輯原子論（logical atomism）。

[4] ‘technocracy’一詞造於二十世紀，其內涵是主張以各領域的專家來治國，取代傳統的政治人物領政，或譯為「技術專家治國」或「專家政治」。

念幾乎一模一樣：[35]

國家……組織是一個巨大的企業，所有公司都被納入其中，它取代其他資本家成為唯一的資本方，它是唯一的雇主，從前較小的壟斷企業都被吞併入內，它是最終的獨占者，而所有公民都能共享其利潤與經濟。

《沒有城鄉的世界》書中雖然沒有這種獨占企業，但其中烏托邦的形成過程仍是透過極端的資本主義型態——「擁有健全供給與需求的自由競爭」來達成，而不是非標準化的獨占性法則。[36]

這些科技烏托邦反映出對未來的絢爛想像與洋溢熱情，但令人訝異的是，它們也疑似含有某些守舊且討厭的觀念。在某些案例裡，這種知識性缺陷源自於漠視想像化爲現實的過程中所需要的社會與政治作爲；而在其他例子裡，這類缺陷源自於毫不批判地擁抱資本主義經濟與社會關係，這必然會影響科技發展的取向；多數例子則是上述兩者的混合。隨著資本主義昂揚，特別是伴隨著科技發展，政治、社會、經濟方面的民主必然會隨之減損，這點批評是許多烏托邦主義者不甚關心或不願接受的。結果就是，這些烏托邦或者充滿吸引力卻無法實現，或者可能實現卻不甚吸引人。

到今天，這些文獻已讓人覺得過時而沉重。這場運動所共同揭櫫的未來觀點及其熱門程度已然消散。霍華德．西格爾認爲，第二次世界大戰已經使科技造就烏托邦的概念轉變爲「反烏托邦」；打完越戰後，對於科技的樂觀信心也漸漸消逝；隨著科技造成的環境破壞愈加明顯，經濟動力衰退，保守主義遂於一九七〇、八〇年代再度興盛。以科技修復（techno-fixes）解決政治問題的作法，其實是在掩飾複雜社會分歧的沉痾。[37] 此事被揭發後，大衆對於科技必能爲善的信仰逐漸退卻；質疑專家的想法四起，批評「大政府」靡費的觀念更強化前者的懷疑主義態度（至少在美國是如此）。科技進步一事愈來愈頻繁地與反烏托邦思想相關，科技烏托邦主義顯然是時代的產物，人們已經不願買帳了。

爲何要費心提及一場被人遺忘的運動，並和這些作家們打交道呢？我們尚未實現第一波科技烏托邦思潮的夢想，這點無庸置疑；但若仔細回顧，這些思想家無意間表現出一種諷刺的先見之明，尤其關乎好幾代之後廣泛科技進展造就的社會影響。引人注意的地方在於，科技資本主義再次被視爲改善人類處境的重要貢獻者，它能夠克服人類在二十一世紀遇到的問題。在數位時代，我們正在見證一種意識型態的復興：相信更極端的科技資本主義可以眞正造就烏托邦。此種復興已經威脅了民主與平等的理想。

電視喜劇影集《矽谷》的製作人經常造訪各種科技公司的總部爲節目取材，他們將矽谷描述成舊金山的嬉皮文化「衝進兇猛的資本主義」地盤。[38]蓋文・貝爾森（Gavin Belson）是這部連續劇的主要角色之一，他在 Hooli 公司（一間類似 Google 的公司）擔任總執行長。此人精明而無情，在某次激勵員工的講話中，他說道：「我不了解你們這些傢伙，但我不想活在一個別人改善世界超過我們改善世界程度的世界裡面。」[39]

從九〇年代末期開始，科技資本主義儼然成爲美國資本主義的救贖者。鋼筋磚頭外露的矽谷辦公建築聲名大噪，這個世界似乎已經遠離了八〇年代製造業的衰敗。如今，設計並販售科技的公司已經成爲世界上獲利最豐的企業。科技業重振了經濟，其前景是要將世界各地的市場與社群聚集起來。

更有甚者，科技資本主義是造就我們的個人生活邁向便利與互聯性的先鋒，是一幅資本主義復甦並自我實現的寫照。「無限的數據與無限的電腦能力爲世界上的聰慧創意人士開闢一片驚奇園地，讓他們可以解決重大問題」，[40]艾力克・施密特（Eric Schmidt）和強納森・羅森柏格（Jonathan Rosenberg）爲此歡呼，他們讚頌 Google 智慧隱形眼鏡等科技可以「持續追蹤人們的生命跡象」。伯納德・哈考特（Bernard Harcourt）曾論及 Apple Watch 如何使人們可以衡量、追蹤、改進自我：[41]此裝置能汲取深入的親密訊息，創造出一個特殊的個人生命檔案。這項科技被定位爲客觀的未來主義取向，它能偵測心臟病發的初期徵兆，比一般醫療所能探測的時間還要早幾個小時；這款手錶也能適應穿戴者的設定，「完整呈現」我們的行爲狀態，[42]而我們能據此量身訂製自己的行動與運動目標；這款大量製造的科技產品「能讓使用者的人生更加充實」。由此，監控資本主義僞裝成個人效率的動能所在，成爲了「自我實踐」的同義詞。

理查·巴爾布克（Richard Barbrook）與安迪·卡麥隆（Andy Cameron）於一九九五年發表的論文頗具影響力，[43]〈加州意識型態〉（The Californian Ideology）一文描繪了前述的那種世界。文中提到，「透過科技進步與自由市場的自然法則」來獲致個人自由是一種急速增長的政治哲學觀點，加州意識型態爲「自由意志主義式的政治哲學提供了科技證據……卻由此排除了其他的未來可能性」。蓋文·貝爾森雖然是個諷刺角色，然而他與眞實矽谷裡的人物並沒有太大的落差，這些矽谷中人「把嬉皮的隨心所欲和雅痞的企業熱忱胡亂混合在一起」。[44]巴爾布克和卡麥隆察覺一種烏托邦主義與宿命論（fatalism）的混合體，此思維會把對其他政治性出路的辯論斥爲毫無意義。「未來」已經來了，雖然「未來」還沒平均分散到氣候宜人的矽谷以外區域。

若對這些發展所造成的社會性後果加以解讀，會有種非常詭異的熟悉感。人們以近乎宗教性的敬畏態度看待工程師和科技企業家，這讓我們會馬上聯想到史提夫·賈伯斯（Steve Jobs）的例子，他就像是在 Apple Store 的極簡神殿裡主事的祭司；伊隆·馬斯克（Elon Musk）曾被描述爲

「一個男孩氣甚重的新超級英雄，嚷嚷著他的最終目標是拯救全人類」；[45]或者以《時代》（*Times*）雜誌對馬克．祖克柏的評價為例：「他聰明絕頂，卻不像很多高智能者那樣有神經質的自我意識或自我懷疑。他的心靈和他男孩般的臉龐一樣沒有皺紋……他對自己與自己所為的信心是全然絕對的。」[46]

要繼續說下去太容易了。關於崇拜主導數位科技昌盛的工程師及企業家一事已無庸贅述。在人類所受苦的那些問題上，眾人向他們祈求指引、尋求安慰、請求解答。

烏托邦的願望已經以某種耐人尋味的方式達成了：一如往昔，科技業「古魯」（guru）幾乎清一色為白人男性。[5] 嚴格的性別角色依然普遍存在於數位空間，與第一波科技烏托邦文學的內容相應和。雖然女性解放運動自二十世紀以來已推展數十年，但科技世界有時卻看似不受此解放之影響，彷彿它是封閉孤立於外在世界一樣。社交媒體一直都是踐踏女性的（misogynistic）的汙穢場所；在網路上，女性形象和女性受到的對待方式是相互矛盾牴觸的。此現象高度雷同於十九世紀人們看待性別平等的態度。這或許不讓人吃驚，[47]因為女性在科技業的比例整體偏低，美國科技業界的女性比例只有四分之一，英國則僅有一七％。

在此可舉 Facebook 對裸體貼圖的對應政策做為例證。此項政策導致哺乳的照片屢次被刪除；[48]一位胖女人穿著比基尼宣傳女性主義（feminism）與肥胖觀念的照片被刪除；[49]澳洲原住民女性以傳統身體彩繪裸露上胸進行公開儀式表示抗議的照片被審查；[50]尼克・厄特（Nick Ut）拍攝的普立茲獎（Pulitzer Prize）經典照片[51]——畫面中有越戰期間九歲的潘氏金福（Kim Phúc）裸身逃離燒夷彈攻擊——也被審查。與此同時，被性化（sexualization）與物化（objectification）的女性裸體及半裸照片依然大量存在於網路空間，這些照片屬於名流名媛時尤其如此。不可否認的是，這些所謂「社群守則」（community standards）隱含著關乎女性的政治議題：性化與物化的女性裸體適合Facebook「社群」（不管這些人是誰），但政治化的圖像就不那麼適合了。我們經常被告知，傳統的性別角色及我們在日常生活所做的類道德（moralistic）判斷，[6]在二十一世紀都過時了，可是數位科技的發展似乎又把這些潮流給帶回來了。

類似的狀況是，科技烏托邦的政治觀在近數十年再度復活。在代議民主制度下的社會民主黨派益發認不清自己是權力掮客、某某主義者或代議士；他們認爲自己是技術專家政治管理者。根據固有想法，管制作爲應當是寬鬆的，以避免讓「顛覆者」（disruptors）——以轉型新觀念取代舊思維的人——受到阻礙。艾力克・施密特和強納森・羅森柏格在他們關於矽谷的管理著作

---

5 「古魯」為梵文，是印度宗教裡的導師、大師或某種專家，印度教、耆那教、佛教、錫克教內都有這種稱呼。

6 'moralistic'是指「像道德的」、「似道德的」，意思此非真正的道德，或者實質上無關乎道德卻看似屬於道德層面。

《Google 模式》（*How Google Works*）當中警告道：「管制行爲的出現源自對問題之預期，但若你能打造一個能預見所有事情的系統，那就不再需要革新的空間了。」[52]

近數十年來，新自由主義（neoliberal）民主政府將國家的責任外包給私部門，此類政府常常不把自己視爲權力重新分配的仲介者，而是修補資本主義大機器的專家。大規模的福利計劃如健康與教育項目等，持續以運作效率的名義被合理化且外包給私營部門。歐巴馬（Barack Obama）曾經評價自己的第一次總統任期爲「得了政策權威大頭病」，[53]他形容自己「對政府採取技術專家路線感到非常舒適」。最近，針對川普（Donald Trump）總統的右派民粹主義所出現的反應，則是一種貶低民主價值、強調菁英才是政治社會事務適當管理者的信念。在二〇一六年美國總統大選過程中，安德魯．蘇利文（Andrew Sullivan）寫了一篇影響廣泛的文章〈太民主的時候就沒民主了〉（Democracies End When They Are Too Democratic），此文主張讓菁英擔任政治管理者並賦予其更多控制力，以「保護珍貴的民主，確保其不受過度的民主所破壞」。[54]雖然許多科技烏托邦的計畫並未成眞，但顯著的一點是，與近來數位科技進展同時出現的，是對技術專家管理經濟政策及其他國家功能的執著信念，而民主程序卻被犧牲。

若要說有何區別的話，這種想以科技取代政治的欲望在二十一世紀更加招搖了，甚至會嚇到初期的科技烏托邦主義者。當前科技業的合法、主流人士正認眞地研討、建造一個全新的社會。

巴拉吉・錫林尼瓦桑（Balaji Srinivasan）是個投資者、企業家兼學者，他曾提出一個著名的概念，稱爲「最終離開」（ultimate exit）；乍聽之下像是個登陸海爾博普（Hale-Bopp）彗星的計畫，事實上其激烈程度相去不遠。錫林尼瓦桑引用了「抗議對決叛離」（voice versus exit）的經濟學理論，[7]其觀念是群體中的成員（例如公司員工或市場消費者）若對其處境的惡化感到不滿，可以有兩種選擇：選擇抗議，例如抱怨等；或者叛離，他們可以退出這個團體。錫林尼瓦桑認爲，叛離的時刻已經到了：「最終，在美國之外建立一個志願參加（opt-in）的社會。」[55]

伊隆・馬斯克這位神童出身的科技企業家在二〇〇二年時發起 Space X 計畫，最終目標是殖民火星；他籌畫在未來數年間出動第一次載運任務，並招募志願移民者在十年之內出發。馬斯克在描述這些任務的精神意義時，毫不難爲情地將其比擬於「數百年前跨越大西洋前往新世界的移民者」。[56]維爾納・荷索格（Werner Herzog）在《瞧一瞧：網路世界的遐想》（*Lo and Behold: Reveries of the Connected World*）當中描繪了數位世代及其未來的模樣；他曾與馬斯克對談，討論後者讓人類移民火星的計畫，馬斯克表示這是爲了防止若地球上「事情出錯怎麼辦」。天文學家露

---

[7] 此理論出自政治經濟學家赫緒曼（Albert O. Hirschman）的著作《叛離、抗議與忠誠》（*Exit, Voice and Loyalty*, 1970）。

西安・沃克薇姿（Lucianne Walkowicz）對此回應，「把重點放在怎麼使火星適宜人居，將會轉移人們的注意力，忽視我們正在讓地球變得更不宜人居。」馬斯克有了這間世界知名的太空探索技術公司（即 Space X），他試圖利用科技來實際創造一個新世界，以便「離開」目前的世界，因此他展現了完全接受「移民—殖民」的論調。他的計畫就是用錢找出辦法來離開運作不良的社會，並前往他自己所設計的烏托邦。

彼得・泰爾這位創業投資者則將其主張的重點放在「海上家園」（sea-steading）。他在一篇二〇〇九年的著名論文上表示自己「不再相信自由與民主是共容的」，[57]他嚮往能放棄國籍「逃離所有形式的政治」，定居在海上。耐人尋味的是，泰爾也同時批判科技烏托邦主義，然而他又在呼籲某一種烏托邦主義：

科技的未來並非預先被決定的，我們必須抵抗科技烏托邦主義的誘惑：科技烏托邦主義認為科技有其自己的意志及動能，科技能夠保障一種更自由的未來，由此我們可以忽略世界政治的恐怖情況。

諷刺的是，從那之後泰爾似乎就放棄了該計畫，他在二〇一五年時承認那太不切實際：「我不太確定短期內自己能不能造出自由烏托邦。」[58] 泰爾最好學朱利恩．韋斯特那樣找個催眠師來，好好等待他那完美的自由烏托邦吧；若然，那他得好好準備睡上一場長覺。

前述泰爾所言，用「科技決定論」（technological determinism）稱呼更爲適合，而科技決定論與烏托邦主義是不同的。我們可以當一個期望科技與人類未來的樂觀主義者，但未必要做不切實際的空想家。樂觀想像是重要、甚至是必要的，但當我們開始想像甚至試圖創造完美的世界，而把當前科技發展的趨勢推展至極端時，問題就會浮現。這不是要說我們應該停止想像，或不再爲科技改善生活的潛力感到雀躍；然而這些科技該怎麼發展、改善的程度何在，這些問題最終還是屬於政治課題。我們不應該將「當前科技的進展型態」和「整個社會的科技進展」混爲一談。

也許最重要的一點，在於科技烏托邦主義對人們造成的蒙蔽：這種想法可以利用目前的政治素材來塑造一個新世界。當這個世界開始燃燒之際，我們不需要一場啟示錄（apocalypse）或菁英出走記（exodus）來拯救全人類；我們所需要的是如何革新目前的權力結構，創造一個可持續而繁榮的民主社會。

如同過去兩百年來的創新事物一樣，數位科技提供我們機會去創造一個能夠滿足全人類需求的社會，讓人類探索自我的潛力。但目前，科技發展的權力過度掌握在科技資本主義者與政治菁英手中；這些人擅長於他們所做的事，同時說服我們他們是最佳的做事人選。他們在公共關係宣傳與行銷活動中高談平等主義（egalitarianism）與社會連結，但他們期望從數位科技中獲得的東西其實不然：他們追求的是財富和權力。

如果我們想要取代這種漠然、吸血鬼般的科技資本主義驅動力，歷史上有許多例子值得吾人思量。回顧過去時，我們不應將目光放在菁英身上；歷代這些菁英主宰社會與文化生活的方式，主要是靠預設值（default）而不是靠能力測試（test of merit）。[8] 到目前爲止，關於要如何打造不同的未來，最有趣的想法其實是來自於下層人士。歷史上充滿這樣子的掙扎與衝突，雖然這些事情的記載不若偉人事蹟那般多。歷代以來，人們總想重新設計關於世界如何運作的固有想法；我們可以從這些事蹟中學到很多。

其中一個具代表性的例子來自於喧囂的十九世紀。一八七一年的巴黎公社（Paris Commune），就發生在貝拉密出版《回顧往昔》幾年之後。在當時，法國大革命依然迴盪在人們的記憶中，工業化正在侵蝕傳統生活方式，此情跟今日數位科技改變工業生產與社會關係的處境頗爲類似。如同伯特爾・歐爾曼（Bertell Ollman）所點出的：「部分人爲這些發展而欣喜，多數人感到驚恐，所有人都很訝異。」此等轉型使得歐陸的政治平衡受到衝擊。到了一八七一年，巴黎市民已經厭倦帝國的戰事，其鉅額花費比例不均地多數落在法蘭西的窮人與工人身上。[9]

行動分子提出更基進、更民主的共和國（republic）概念，其在法國首都的政治氣勢大增，因此，新任總統阿道夫·提耶爾（Adolphe Thiers）察覺必須要對巴黎實施中央集權控制。

巴黎成爲舊政權與怨懟工人們相互對峙的所在地。經歷日耳曼軍隊四個月的包圍猛攻後，[10] 受苦的當地國民衛隊（National Guard）焦慮不安，開始自我組織成另一種政府型態。國民衛隊安居於巴黎的基進居民之間，他們拒絕提耶爾下令人民解除武裝的要求。局勢變得非常不穩定，提耶爾決定棄守巴黎，並在凡爾賽設立政府，巴黎城的菁英亦全部隨他離去。而那些自稱「公社成員」（Communards）的人則取得了權力。

後續的數個月內，公社成員將巴黎改造爲一個組織自治的社會，[59] 這個公社進行了一場另類實驗，以協力與合作爲基礎來建立社會及政治生活。

這種卽興組成的自治政府十分大膽且具有改造力，在一百五十年之後依然激起討論和辯論。社會除了奠基於經濟階級和公民代表以外還有什麼選項，巴黎公社爲此一課題提供了寶貴資料，以此探討更進一步實踐民主與平等觀念的可能性，此事值得今日的我們深思。

---

8 也就是根據已設定、既成、默認的背景主宰社會與文化，不是經過真正的能力考察。

9 此處的「帝國」是指拿破崙三世（Napoléon III）的法蘭西第二帝國（1852-1870）。

10 普法戰爭末期，普魯士軍隊於一八七〇年九月至一八七一年一月期間圍攻巴黎。

巴黎公社成員究竟是指誰呢？後來的研究呈現，其中只有很小比例的人屬於專業人士或小商業主；控制巴黎的人們當中，有整整八四%是勞工或領薪階級。[60]提耶爾及其菁英同伴們原本瞧不起這群社會階層在他們之下的烏合之衆，然結果卻讓他們感到吃驚。巴黎公社政府告訴其選民：「你們是自己命運的主人。在你們的強力幫助下，你們所支持的代表們將會修復這些由墮落政權所釀成的災禍。」[61]他們的宣言張貼在巴黎的牆上：[62]

> 共和國是唯一可以與人民權利及社會自由正常發展共容的政府型態，共和國的確立與鞏固……是個人自由、良心自由、勞力自由的絕對保障……軍國主義、獨斷自用、掌握特權的舊政府和宗教世界曾經奴役無產階級，荼毒國家，至此它們已經走到末日。

巴黎公社忠於承諾，發布了某些參與式民主（participatory democracy）的觀念，其基進程度爲世上首見。

巴黎公社廢除了徵兵制與常備軍；它執行政教分離，將所有教會財產充公；它宣布教育自由化、規定司法相關工作者的薪資、釋放政治犯、全數租金免繳半年、當衆焚燒斷頭台、關閉當鋪、廢除麵包師的夜班。[63]而這還只是起頭而已。

工人們開始以反中央集權的地區性方式組織其工作場所，[64]經民主程序選出的管理者負責訂定薪資並限制工時。工人們要求實質上的自治：「工作的公平報酬，公眾集會自由，以及選舉自己的市鎮議會。」[65]巴黎的女人擁抱巴黎公社提出的改變機會，她們組成了女性協會（Union des Femmes），[66]呼籲巴黎工廠的女工應當獲得與男性同等的薪水。此協會尚在公社內被賦予了重要的公共責任，這是巴黎公社最大、最有效率的組織；[67]女性可以在公社裡取得具有實權的行政職位，[68]此爲該時代的先例；相關婚姻的法律有所解放，[69]而行政單位會爲軍人的孩子（無論是否爲婚姻所生）提供經濟支援；女人爲了迎合革命時期而更改服裝款式。此外還有一個新成立的藝術家聯盟（Federation of Artists），[70]其對於巴黎的藝術管理方式推行民主化，鼓勵並資助有才華的年輕藝術家勇於挑戰當前的流行品味。藝術家聯盟會長是畫家古斯塔夫．庫爾貝（Gustave Courbet），庫爾貝對當時的普遍想法是如此總結的：「巴黎是塊眞正的樂土……所有社會團體都建立了自己的組織協會，他們成爲自己命運的主人。」[71]

巴黎公社的核心動能，來自於改善窮人生活的願望。這些人在控制巴黎之前就已經住在一起了，他們像戰士一樣戰鬥；他們在工廠裡一同工作；他們共同經歷身爲巴黎社會窮苦人家所受的日常恥辱，仰賴菁英的鼻息而存。經過這番奮鬥過程，他們發現了共同的敵人，而他們也開始共同思考如何將自己的技能與才幹加以實用。

這個出乎意料的結果並非仔細籌畫所致。當馬克思寫到巴黎公社時，他提到工人階級是如何地「沒在冀望奇蹟發生」，[72]當他們推翻這個自己所處的壓迫社會時，心裡其實沒有什麼規畫或目的；馬克思寫道，工人階級「沒有預想什麼烏托邦要透過民意加以推行」。然而，巴黎公社分子是個生動的例子，反映「所有從歷史中興盛的條件都可能消失在歷史之中」；[73]他們呈現了，一般人有可能起而掌握自己的命運，不需要技術、宗教或有錢的菁英階級來掌握社會事務。正如克里斯汀．羅斯（Kristin Ross）所言，「巴黎公社成員並沒有下令或宣布廢除國家；反之，他們是一步接著一步，在短時間之內瓦解所有國家的官僚機構。」[74]羅斯說，此結果乃是當時人的夢想，但（我認爲）這也同樣是今天的夢想：「比起《獨立宣言》（*Declaration of Independence*）或《人權宣言》（*Declaration of the Rights of Man*），它創造了更了不起的自由哲學，因爲它眞的『落實』了。」巴黎公社顯示了，城市與社群可以用基進的新穎方法來重建；這可不是靠「革新」社會問題的解決方法，而是賦予民眾集體決策的權力。

被工業資本主義體系剝奪了權利的人們如今掌握了權力，他們展開全新的處事之道，從工作到社會生活，甚至是藝術表現，一切都可以有不同的安排。馬克思寫道，鬥爭的過程會「釋放在崩潰的舊資產階級社會中所孕育的新社會元素」，巴黎公社從它們試圖打破的舊體制瓦礫堆中，從共享、團結和嘗試塑造新社會的日常生活中，找到了能夠通達新生活方式的指引；在這之前，這一切還只是想像的產物。

最終，巴黎公社還是潰敗了。[75] 提耶爾增強軍力，在「血腥之週」（Bloody Week）征服巴黎，[76] 共有兩萬五千名巴黎民眾與八百七十七名士兵死亡，數千名巴黎公社成員遭囚禁，或被放逐至新喀里多尼亞（New Caledonia）。[11] 如加洛琳·埃西納（Carolyn Eichner）所論：「凡爾賽當局對巴黎公社的狂暴鎮壓，反映出公社對於當前性別、階級、宗教階級次序的巨大威脅。」[77] 我們不應忽視這場慘劇，也不要裝成巴黎公社一切所爲都是正確而高貴的；但若將巴黎公社的失敗與提耶爾的殘酷鎮壓畫上等號，這肯定是愚蠢的，而同樣不智的是根據巴黎公社的失敗來斷定其歷史價值。

巴黎公社教導我們一點：另類的組織方式是有可能出現的。另類社會運作的原則及作法可以迅速由既存的社群與關係結構中生成，一般人能團結合作，讓從前看似牢不可破的做事觀念削弱至如游絲般纖弱。勞動人民不是笨蛋或呆子，他們並不需要「有遠見的」技術專家來告訴他們怎麼讓社會運行；勞動人民有自己的想法，而且通常是很棒的想法。

試著將巴黎公社產生的思想與馬克·安德里松（Marc Andreesson）——馬賽克（Mosaic）和

---

[11] 位於大洋洲西南部南迴歸線附近，一八五三年被法國占領，後來成為用來流放罪犯的殖民地。

網景（Netscape）公司共同創辦人——的想法相互比較。長期以來，安德里松被拱成矽谷的天才，克里斯・安德森（Chris Anderson）在其標題謙遜[78]的傳記《創造未來的男人》（*The Man Who Makes the Future*）[12]一書中寫道：「馬克・安德里松對於人們溝通方式的影響力，實在無人能及。」安德里松曾被形容爲「科技教會的福音佈道者」，[79]他不是一般意義下的烏托邦分子，他也不如此自封，但他確實相信科技目前的進展是有益的，他也曾試想如此的未來是什麼模樣。

二〇一四年時，安德里松描寫了在他思想實驗下的明日世界景象。他如此宣稱，「所有物質所需都由機器人或物質合成器免費提供，想像一下這樣的世界」；若這成爲事實，就能解決某些世界上最大的問題，在這個消費烏托邦裡的人們可以將時間投入在創意、文化、科學的宏願上。然而，在本質上，他的夢想其實差不多就是個超資本主義（ultra-capitalism）的乏味想法：「我談的不是馬克思主義或共產主義，我所要談的是第N個等級的『民主型資本主義』（democratic capitalism）。我不是要假設金錢、競爭、地位或對權力的追求都要終結，而是要對這些層面進行全面性的推斷（extrapolation）。」[80]

安德里松認爲人類有許多集體問題[81]——諸如不平等與失業——是社會以舊方法進行管制或刺激經濟活動時所產生的作用。對他而言，全心全意擁抱科技資本主義能夠強化並鞏固社會。那些暢談創造性破壞（creative destruction）的人，其思考通常保守地要命，和第一波科技烏托邦主義者類似。泰德・范蘭（Tad Friend）談到矽谷的創投企業時（其中包括安德里松所建立的）寫道，

「這些企業歌頌自己的大膽，[82]但他們其實常常像旅鼠般一個跟著一個，追求最近的創新產物。」[13]在那種烏托邦思維的取向之下，無怪乎像安德里松這種人會呼籲用更多的資本主義來解決資本主義的問題。

換句話說，烏托邦思維在呈現奇幻而超越的未來景象時，同一時間呈現出對現在全然窩囊的理解；這般理解由此抹除了真正有所不同的未來可能性。伯特爾．歐爾曼解釋道：[83]

> 烏托邦思想所呈現給我們的，是沒有「原因」的「結果」（理想），也就是說，它缺乏足以導致這種「結果」的「原因」，因此，它所呈現的「原因」（即目前已存在者）亦沒有明顯的結果。此事並不在於「現在」失去了某些潛能，而是「現在」的未來規模已被完全消除。因此，烏托邦思想中有所扭曲的不只是「未來」，還有「現在」。烏托邦思想沒有未來，因為它本身的存在就不能夠構成其「未來」的「原因」。

---

12 此處的「謙遜」有諷刺意味，因為此書名稱實在太不modest。

13 旅鼠是寒帶氣候動物，大量繁殖時會因食物不足而遷徙，導致有疑似集體跳海自殺的現象。

烏托邦主義對於未來的宏圖，本來應該是要讓我們擺脫現在的問題，但卻讓人絕望地與現在的問題糾結不清；由此，它抹煞了我們對於「現在」的理解。正是因此，某些在我們社會中被讚揚爲最有遠見的人，最終卻抱持某些最庸俗的想法。科技資本主義者好談亮晶晶的科技可能性，並透過網際社會發揮其潛力，然而這些宣言通常顯示的不過就是現狀平凡無奇的延伸而已。

就某層面而言，這種情況並不令人驚訝，那些滿足於現狀的人們所挑剔的不是變化的方向，而是變化的速度。他們經常受自己想像力侷限的影響；他們的科技烏托邦要不是與社會弊端的根源有所妥協，要不就是淪爲純粹的幻想。這項分析所得結果可以支持英國藝術家兼社會主義者威廉．莫里斯（William Morris）在一八八九年對貝拉密《回顧往昔》的書評結論，[84] 莫里斯論道：「閱讀烏托邦作品的唯一安全之道，就是把它視爲作者性情的一種表達方式。」他發現這本書正如作者其人，「缺乏歷史性和藝術性」，而且「對於現代文明十分滿意」。如今莫里斯最大的名氣在於他華美的新中古式裝飾設計，然而他其實終生投入工人階級活動，利用自己的地位與成就來援助或宣傳下層階級發起的活動；在此參與過程中，他發現新型社會的可行性，認爲可藉由政治運動來改變當下、邁向未來。莫里斯認爲，貝拉密的烏托邦並非自治政府或瓦解階級的表現，而是一個國家掌握的壟斷式經濟，管理者則是「勤奮、『專業』的中產階級」。簡言之，莫里斯的結論是：「貝拉密先生看待生命的觀念出奇地受限。」

莫里斯是個值得吾人傾聽的評論家。克里斯汀·羅斯（Kristin Ross）稱他爲「巴黎公社思想史中最重要的英國支持者」，[85]莫里斯看見巴黎事件中蘊含的可能性，他花了好幾年的時間來探討巴黎公社的成就，認定其爲自己所處時代的核心問題。雖然他肯定貝拉密的作品啟發衆人對社會主義理念之興趣，但他同時抨擊《回顧往昔》一書嚴重限制了社會主義的可能性。對比於貝拉密那種自我滿足、缺乏想像力的理念，莫里斯所肯定的是：

> 某一些社會主義者……相信，行政單位必須夠小，讓所有公民願意關心，感覺到自己可以為此單位的事務所負責。個人不應將生活事務推給一個稱為「國家」的抽象概念來承擔，而應當有自覺地與他人協力處理之。這種生活多樣性以及條件平等，兩者皆是共產主義[14]真諦，惟有兩者的結合才能帶來真正的自由。

讓一般人對生活有經濟及社會層面的實在掌握，不需屈從於某些技術、資本主義的專業人士

---

[14] 此處的共產主義即馬克思主義（Marxism），為政治意識型態中的左派思想、政治哲學，與二十世紀以降的共產政權已有很大不同。

階級，以此來建構社會，方能使眞正的自由得到伸張。對莫里斯而言，巴黎公社教給他的寶貴一課，就是這種社會類型的可能性。

資本主義者與那些滿足於當前文明模式的人可能很難想像，一個社會要如何有意義地消除不正義、悲慘與浪費；但別人「是」可能想像的。若我們願意設想一種與科技資本主義所承諾者不同的未來，就如同歐爾曼所說的那樣，那麼吾人便有可能重獲「現在」，讓這個「現在」成爲其「未來」的「原因」。

整個網際網路與大量的現代電腦計算基礎，都是建立在數位科技基礎架構的自由取得性之上；它們拒絕單一擁有者的概念，強調集體決定基本標準的重要性，使人們得以一起使用、工作、實驗。舉例來說，全球資訊網協會（World Wide Web Consortium, W3C）是一個跨國際組織、人員所組成的社群，它們與大眾共同設定網路的標準，其任務是藉由訂定網路科技相關準則，「設計宗旨在於促進共識、公平、公共責任、品質」，從而「引導網路全然發揮其潛能」。[86]全球資訊網協會當然不是完美的，[87]它有內部分裂和衝突問題，但它是有機的（organic），亦即它是某種合作性、互動性的管理型態，也順帶反映出有多少人已經在科技業界工作。換句話說，造成科技資本主義興起的這些發展，亦足以讓數位生活的建構有其它可能的作法。如同麥特．布里尼格（Matt Bruenig）所示：[88]

如果所有工具的開發都是按照微軟或蘋果公司出品軟體的私有化路線，那麼網際網路（以及網路革新之能力）的樣子將會非常不同。你將無法在宿舍房間中使用 Facebook，你必須先付大筆銀子購買進入網路伺服器堆疊（server stack）的所有軟體。如果你清楚自己在做什麼，那麼新推出的網際相關科技產品之所以擁有不受阻礙的能力，便是源自於程式設計者社群的分享，這些人的理念在不同程度上都反對資本主義價值觀。

依循個人主義式、原子化的利益追求取向所設計之科技，竟然同時伴隨了某些共有、共享的事物誕生。所以，像 Facebook 這種利用我們社會互動而獲利的網路巨獸固然存在，但我們也有稍微遜色的同類事物以「克雷格表單」（craigslist）的形式出現：這是世界上最熱門的網站之一，其曾被形容爲「規模巨大，完全抵制企業合作」。[89] 隨著 Google 看來愈加全能，搜尋引擎市場的小型競爭者如 DuckDuckGo 則承諾不追蹤用戶、不蒐集用戶數據、不過濾其搜尋結果形成「個人泡泡」，[90] 以此理念來吸引愛用者。正如我們有大型電信公司與政府合作推動廣泛監控，我們也有非營利軟體組織在製作自由、開放的原始碼應用程式來加密保護人民的通訊；網路平台設計與內容管理市場產生出眾多賺錢的企業，但也創造出 WordPress 和 Drupal 這些部落格維護（blogging）及內容管理的開放原始碼服務，使用者包括全球各地的非營利組織和社群組織。瑞貝卡・麥金儂（Rebecca Mackinnon）指出，這些服務乃是「由志願開發者所研發、維護與更新」。[91]

伴隨這些努力的同時，科技資本主義工作者則盡力想擊垮來自業界內部的抗拒。基進主義的浪潮正一如往常地向矽谷襲來，工作人員要將他們所打造的科技，和政府、企業權力過剩的害處之間建立關聯；科技工作者正在創立一場草根運動，宗旨是反對打造暴力、壓迫的科技，贊助一個由和平、正義的科技所支持的世界。例如有科技工作者陣線（Tech Workers Coalition）這樣的組織為工作環境議題舉行集會，[92]在彼得・泰爾的帕蘭蒂爾公司外頭進行抗議。此外，類似團體亦在印度、巴西等地興盛，[93]他們的組織著眼於產業議題和更廣泛的政治議題，並積極強調兩者間的關聯性。

這些行動分子並不是在巴黎的工廠中辛苦工作，他們也沒有用鵝卵石蓋起堡壘，抵擋菁英分子的軍隊侵入他們所創造的社群；然而，製作科技的人和更多頻繁使用科技的人若被給予實踐的機會，他們通常能更加領略可能的另類未來。由此，科技資本主義者創造出了——最重要的——自己的掘墳者。

6

共同合作模式既自由又有效率

詩性哲學：從勒芙蕾絲到 Linux

從誕生的那刻起，奧古斯達・艾達・戈登（Augusta Ada Gordon）的寫詩之路就備受阻撓，這是一場有違於她基因遺傳的爭鬥。她的父親做了最糟糕的示範：他環遊地中海，所到之處皆留下離奇的情色、瘋癲傳聞，寫下的傳奇詩篇更充滿了戲劇張力和風流韻味。拜倫勛爵（Lord Byron）深諳詩詞的危險性，他在女兒誕生時宣布：「最重要的是，我希望她沒有稟受『詩性』。這種優點需付出的代價——若能稱之爲優點的話——讓我祈禱自己的孩子可以倖免於此『優點』。」[1]然而據後人所知，艾達沒能倖免，卻也沒能享受此優點。她後來寫下的詩句甚至超過她父親的想像力。

同樣希望女兒可以避免父親「癲、壞、殆」命運的是艾達的母親，安妮・伊莎貝拉・米班卡（Anne Isabella Milbanke）女士。母親確保女兒從小所受的教育是精準有原則的數學訓練，並密切注意她是否出現如其父所受困擾的任何徵兆。拜倫在艾達出生幾個禮拜後便棄這對母女而去，他在女兒八歲時過世，但這位父親的遺緒卻像魑魅般籠罩自己女兒的一生。

艾達的學業日益精進，她認識了一個奠基於數字之上的世界。她的一位老師威廉・弗蘭德（William Frend）告訴她：「我們渴望的是確定性而非不確定性，是科學而非藝術。」[2]艾達的另一位老師是數學家暨邏輯學家奧古斯特・德摩根（Augustus De Morgan），他告誡艾達的母親教導女人數學會產生的危險。德摩根寫道：「所有在數學上有所成就的女性，都確實表現出知識與求知能力，但……其中沒有人能夠眞正與難題奮鬥，表現出男人克服問題時所表現的力量。這麼說的理由很明白：解決困難造成的巨大心靈張力，已然超出女性的生理能力。」[3]但是，艾達學習數學的機會從來沒有被阻斷。安妮女士才華洋溢，拜倫曾爲她取了「平行四邊形公主」（Princess of Parallelograms）的綽號。安妮努力活得比拜倫更久，爲了克服他的影響，安妮盡全力避免女兒表現出任何遺傳其父狂才與風流之傾向，此一至高目標甚至超過了關心艾達是否有纖柔的女性特質。

艾達在十九歲結婚，成爲勒芙蕾絲伯爵夫人（Countess Lovelace），她展現出的心靈求知力與靈活性，後來對世界大有貢獻。一八三三年，艾達成婚前一年，她遇見了個性古怪的著名數學家查爾斯・巴貝奇（Charles Babbage），此人極度討厭音樂，還會發起一場反對街頭音樂家的運動。他們二人一同計劃製造了分析機（Analytical Engine），這是世上第一台機械計算機（mechanical computer）。它被設計成一台機械計算器，使用打孔卡（punch cards）輸入資料，還有打印裝置可記錄一系列數學函數的答案。巴貝奇是個偉大的知識分子，有些不食人間煙火，對實際的事情經常不屑一顧；勒芙蕾絲在智力上與他並肩，但顯然更能夠適應社會生活。

與世上天才的處境類似，巴貝奇經常爲截止期限和形式規格而苦惱。他曾經有篇演講稿要譯成義大利文出版，但他卻忽視此事，後來勒芙蕾絲接手過去翻譯完成：她進行部分重寫並向讀者提供解釋，最後她所寫的篇幅竟占了三分之二。此事遂成爲勒芙蕾絲對計算機科技發展的重要貢獻：她的譯作變成第一篇計算機科學領域的論文，[4]亦是兩人共同作品的論文。

固然勒芙蕾絲對該計畫的參與程度依然具爭議性，但豐富的歷史證據足以反駁質疑者，更遑論巴貝奇對勒芙蕾絲的才華、工作成果的直接讚揚。[5]勒芙蕾絲將她的數學想像力應用在分析機計畫上，亦投注於巴別奇對分析機未來的想法上。她想像應用這台機器的可能性，可以超越數字運算而進行各種任務。希尼．帕多瓦（Sydney Padua）在她具啟發性的、關於巴貝奇和勒芙蕾絲的漫畫史研究中，將勒芙蕾絲原創性的貢獻描述爲計算機科學領域的奠基成就：「根據規則來控制符號，這樣一來，『任何』資訊——不只是數字——都能以自動化程序來處置。」[6]勒芙蕾絲從算數（calculation）的領域一躍而成爲計算（computation）。

帕多瓦將巴貝奇和勒芙蕾絲的關係描述爲計算機術語中的「互補」，「固執、嚴格的巴貝奇與靈敏、輕快的勒芙蕾絲體現了硬體和軟體的區別」。[7]巴貝奇打造機械裝置，永遠在修製物理設計，勒芙蕾絲則對運用算術公式來控制機器基礎功能一事更有興趣。

打造計算機所需要的思維，正是這種技藝與工程之結合：實用機械和抽象數學的結合，及其相隨者尚有永無止境的好奇心與對改進之渴望。這對伴侶是先驅，他們的工作使科學與藝術之間的界線變得模糊，他們在確定性與不確定性之間的領域中探索。若沒有巴貝奇，這一切都不會發生；然而，加上勒芙蕾絲原有的想像力與數學知識灌注其中，這對完美的智能結合造就了計算機科學的誕生。勒芙蕾絲和巴貝奇的成就彌足深刻，因爲他們在挑戰可能性的同時，依舊立足於人類知識的基礎上。

除卻以上所論，勒芙蕾絲是個女人（一個女人！），此事直接牴觸了數年前其教師所發出的警告。巴貝奇寫道：「勒芙蕾絲在最抽象的科學領域上施了咒語，她是個女魔法師，其力量所掌握的部分，極少有男性（至少在本國）的智能可以企及。」[8]勒芙蕾絲展現了她不僅能超越正統數學範疇，還能超越她的社會性別角色。

這些表現無疑是勒芙蕾絲的母親所極度擔憂的。安妮女士驚訝、憂慮的是，那股瘋狂似乎趕上來了。在勒芙蕾絲發表其前衛性作品後幾年，她曾語鋒尖銳地向安妮女士懇求道：「你不同意我從事哲學詩（philosophical poetry）。那把命令倒過來吧！你能不能同意我從事詩性哲學（poetical philosophy）、『詩性科學』？」[9]

對巴貝奇來說，完美是良好的宿敵，[1]他無法爲自己的設計建立完整模型。一八四三年時，深知巴貝奇困境的勒芙蕾絲寫了一封思想豐富的長信，有意接管巴貝奇作品之落實事務及公衆方

---

1 'Perfect was the ememy of good.' 西方諺語，意為精益求精、好還要更好、止於至善。

面事宜。巴貝奇直接回絕她的提議，[10]但看來他無法靠自己將理念化爲果實。

勒芙蕾絲死於癌症，年僅三十六歲，這場驅散迷思、轉化哲學的工作因此中斷。此時巴貝奇是個痛苦沮喪的老人，他在將近八十歲時過世。第一批電腦的製造年代遂延宕至一個世紀之後。

科技進展是社會脈絡下的產物，也是個人發明的成果。創新的程度能有多大，取決於諸多影響創新者的外在因素，其中包括了當事者可獲得之教育、探索理念時可取得之資源，以及進行此類理念的實驗時所需的文化寬容性。科技史大家梅爾文．克蘭茲堡（Melvin Kranzberg）論道：「科技本是人類的活動，科技史的本質亦是人類的活動。」[11]人類是科技進展之本，但人們並不是在自己選擇的條件下做事。倘若巴貝奇可以再更務實一些——無論是就社會層面或就科技領域而言，這世界或許不用再多花一個世紀讓他的理念成眞；如果勒芙蕾絲是活在女性可以從事科學和科技的時代，或許她就能將計算機科技領域拓展至更高的境界。

由此，普遍的科技發展只能透過審視其歷史脈絡才能加以理解。舉例而言，工業革命造就生產力的長足進步，其經濟產出規模是稍早的農業社會幾乎無法想像的；紡織機、蒸汽機等在科技上的突破，似乎標誌著人類進入了新時代，宰制自然已是唾手可得的條件。對神祕主義（mysticism）的依賴，以及虔誠靈魂可獲得昇華，這類觀念愈來愈不受重視。科技的進步轉化了人類與自然界的關係，此過程在十九世紀愈加激烈地運行。人類創造了一個世界，於此人類更能夠決定自己的命運。

但在這種進步當中，工人的角色作用受到剝奪，淪落爲一種無技藝可言、重複無意義工作的勞動力。人類打造機械，機械取代了傳統由人力完成的工作，[12]而人類開始感覺自己越來越像機械。至此，我們自然會想到十九世紀初期的盧德派（Luddites）人士，他們搗毀機器，因爲機器害他們的勞力被貶爲機械式工作。工人們抗拒科技進步，也同時抗拒「工作」與「工人」本身的分離；這剝奪了他們對自己身而爲人的本質之了解。因爲，無論封建主義有多麼可怕，它卻讓那些勞動者能看見自己生產的事物，並體會自身之價值所在。某種程度上，這些工作的意義是決定於人類在此表現出的創造力與承擔義務。隨著工業化與工匠技藝的原子化，[2]這一切都開始蒸發，被吸收爲蒸氣、熔製爲鋼鐵，人體成爲某種能源傳輸的載體，只是機器生產的一種投入（input）。此情被馬克思詩意般地呈現成一個爲資本所造出的詞彙——「死勞動」（dead labor）。[3]

雖然在今日的討論中，盧德派通常僅被粗淺地提及，然而眞相是，盧德派的活動直接關乎勞

---

[2] 傳統工藝經常是由工匠經由複雜的程序、獨力製作一個完整作品，但工業化的專業化分工卻導致工人的工作簡化為單一步驟，個人失去獨特性，宛如一個個原子，此即原子化。

[3] 工人失去做人的意義，其意象是勞動者失去了生命力卻仍在勞動，故稱為「死勞動」或「無生命的勞動」。

動條件及勞工處境，而不是一種任意破壞機器或某種緬懷過去的反動（reactionary）欲望；他們抗拒去人性化（dehumanization），企圖重新定位自身與科技的關係。[4] 歷史學者凱文・賓菲爾（Kevin Binfield）寫道：「盧德派人士反對使用機器，因爲機器的目的就是要降低生產成本，不管降低的手段是靠減薪或減少工時。」[13] 盧德黨人反對機器製造品質低劣的東西，[14] 他們希望工人可以獲得適當的訓練與給薪，選擇的策略則是破壞工業。當盧德派搗毀機器的作爲成爲刑法改革之重點時，拜倫自眾人中挺身而出，在英國上議院爲其辯護，這是他在國會的初次演說。拜倫懇切地表示，這些暴力事件「源自極大的痛苦與沮喪」，[15] 他斥責道：「唯有極大的窮困才可能驅使大量樸實勤奮的人民犯下這些暴行，這些事對他們自己、家人及社群來說都是很危險的。」

這種策略所導致的歷史效果是，盧德派永遠地與懷舊（nostalgia）的思想相聯繫，同時他們代表著將人類「進步」鬆綁的堅決意志。然而，將盧德派視爲「只看著過去」，是一種錯誤的詮釋；盧德派人士的文字表達，更像是十九世紀版的匿名者（Anonymous）。一八一二年，他們在寫給英國內政部長的一封信中如此表示：「要推薦給您的治療方法，乃是『無人察覺下的必然毀滅』。[5] 爲您的離職做好準備吧，並將此道也推薦予您的同事。」[16]

盧德派有其十分「現代」的部分，它是一種提醒：我們當前許多關於科技的難題，其實是在歷史中持續出現的。梅爾文・克蘭茲堡的六條科技法則之一是，科技本質上非善非惡，但科技也不是中性的。關於科技如何發展、科技服膺於何人的利益，這是一個屬於政治機能的問題。盧德派的戰鬥吶喊經過了整整兩百年，如今聽來依然清晰，這股聲音驅策我們仔細思考科技與勞動之間的關係。人有沒有可能在抵抗科技的進步時，不要變得倒行逆施？要怎麼將科技進步導向至以服務人類爲目的？勞動是人類本質的展現，抑或勞動是人類生產力的方式之一，或可能兩者皆是？

要了解這些難題，關鍵在於「異化」（alienation）的概念。人類透過自身的勞力，轉變周遭的物質世界。人類勞動的能力已超越了求生必需，這賦予了「工作」一事特殊且深刻的意義。馬克思是這麼寫的：「在人的自覺意識中，人不只是在思想上自我創造，也在行動與實際層面自我創造。然後人便可以在一個他所創造的世界裡思索自我。」[17]吾人對這個世界的影響，可體現於吾人勞力所生產的事物；而此事在社會中是如何組織的，將會影響我們對自己人性的理解。

這種過度生產——或稱剩餘價值（surplus value）——會發生什麼事？這是關於人性的終極政治、道德課題之一。馬克思對於資本主義之批判要義在於，這種剩餘價值不公平地流向握有資本

---

4 「去人性化」的意涵是不把人當人看，即「不人道」之意。

5 原文 'Shor Destruction Without Detection.' 盧德派的書信經常沒有拼字檢查，此處的 'shor' 應是 sure（確定、必然）。

家或資產階級，而不是歸於實際產出它們的工人。獲利的階級不當享有此特權，貪婪無饜的營利欲求把他們變成了統治的怪物，生產一事完全變成了以他們的權力、財富爲目標，而非以人類社會之需求爲目的。

毫不意外地，馬克思將他最犀利的批評留給了資產階級。在他的觀點下，資產階級「將個人的價值分解爲交易價值，建立起單一的、違背良心的自由——即自由貿易——來取代那不可侵害、不可勝數的自由。一言以蔽之，原本以宗教和政治幻覺所掩飾的剝削作法，被赤裸裸的、無恥的、直接的、殘酷的剝削所取代」。[18]

這種剝削的經驗，導致工人跟其用勞力製造的產品疏遠、分離。爲了維生，勞動力成爲某種可以在市場上出售的東西，拘囿於枯燥重複的作業，也與眞正的自我疏遠。人類淪爲機器生產中的一種投入、一道齒輪、一項可計算的資源。觀察工業革命的發展進程，[19]「異化感」（sense of alienation）一詞經常在馬克思對科技的分析中出現，科技發展促使勞力生產中的人類本質與勞力輸出兩者分離；反過來工人則收到薪資，薪水粗魯地換取他們的血汗，這是一種用來交易工匠技藝和其細心的廉價東西。薪資代表著時間被商品化，此乃投入工作心力的報酬。這種關係的交易性質有其後果。馬克思寫道：「將人抽離於他的生產物，疏離的勞動將人從其『物種生命』（species-life）——人做爲人類一員的眞正客觀性——中割裂，這種勞動又將人類超越動物的優點轉化爲缺點，將人類無生機（inorganic）的物質肉體從自我中抽離。」[20]

艾咪・溫德琳（Amy Wendling）已指出，[21]吾人不需對馬克思研究科學一事大驚小怪；他企圖了解這個世界的實像，而不是要追求一種靈性或哲學性的啟蒙。馬克思所理解的資本主義，是強加於工人階級的慘運；此事非常不道德，但此亦如溫德琳所論：「這是邁向解放的一步，也是危機四伏的一步。」[22]要回到重視技藝勞務價值的農業社會已是不可能的，也是不應該的；從某些特定角度來說，工業革命代表著生產力的進步。但是，事情在當時是如何，並不代表事情「可以」或「應當」永遠如此。馬克思的思維來自一種求知的渴望，渴望從物質觀點認識這個世界，同時維持企圖超越這種經驗的遠見。探索要如何走出一條重視公平、尊嚴的道路，是馬克思那個時代裡諸多工人及政治基進分子的迫切期望，這項傳統一直綿延至今日。

在資本主義下，科技與勞動之間的緊張關係——客體與主體、創新與分析——時時刻刻在我們周遭出現。在數位時代裡，有一項領域與此事關係特別密切，此即軟體開發的歷史。在軟體開發的歷史中可以看到，勞動可以既不疏離又充滿生產力，也可以看到它是如何被營利動機所限制。數位科技擁有巨大的潛能，幫助我們有效並持續組織人類活動；在這樣的世界，資本主義生產模式對勞動所施加的限制值得吾人審視。

在二十世紀大部分的時段裡，計算機程式設計（computer programing）並非如同現在一樣是獲利豐碩的產業（巴貝奇和勒芙蕾絲會表示，這行業在十九世紀時更無利潤可言），現代計算機產業乃是起始於大學、大型產業公司中的小衆計畫，或者是某些怪人的實驗計畫。當康拉德・楚澤（Konrad Zuse）於一九三六年在家裡客廳打造出首架現代機械計算機時，他的父母一定感到很驚恐。楚澤以「癡迷」於他的機械而著稱，他的工作處境被形容爲「幾乎是思想上的全然孤立狀態」[23]（不知其傳記作者對此是印象深刻或深感同情，或兩者皆有）。楚澤本性無心政治；對他來說，第二次世界大戰是個令他憤怒的分心力量，阻撓他繼續進行那永無止境的修改工作。勒芙蕾絲對巴貝奇的觀察可謂鞭辟入裡：某種程度上，知識癖（geekery）始終在「驅策這些研究的反社會人格特徵」以及「現代社會現實對此種人格熱情的限制」這二者間掙扎。

到了一九五三年，ＩＢＭ打造了首台大量製造的電子計算機（即電腦）。在這段電腦發展的早期歲月至七〇年代晚期之間，硬體和軟體的關係與我們今日的理解大異其趣。當時的硬體製造商會免費贈送軟體，ＩＢＭ就是一個範例：[24]它在販賣硬體時就會提供軟體，這是一個標準的額外項目。軟體「免費」的意思就是不用錢，這也表示ＩＢＭ鼓勵人們對它的產品進行實驗，讓用戶提供回饋意見幫助ＩＢＭ調整或修補系統問題。結果，用戶在改良軟體方面竟然遙遙領先ＩＢＭ，知識癖大學生社群一直對ＩＢＭ開發人員「批次處理執念」（batch-processing-obsessed）

的緩慢步伐感到非常沮喪。

然而，ＩＢＭ提供的軟體仍然有正式的著作權保護，它是有創作者身分（authorship）的產品，這導致軟體的運用方式受到某些限制。不過，這事實上只是一個理論面的說法；在實踐面上，伊班・莫格倫（Eben Moglen）教授描述道：「大型主機（Mainframe）軟體乃是由主要硬體製造商還有技術成熟的用戶共同開發，後者運用了製造商提供的資源，並透過用戶社群來傳播改進的成果。」[25]易言之，這是一個合作創新（collaborative innovation）的世界，是一種持續的回饋迴路。這點與現代財產概念截然不同：現代財產觀念會將軟體視爲屬於著作權的孤立事物，莫格倫的評論是：「排除他人的權利乃是財產權最重要的『束中棍』（sticks in the bundle）之一，[6]然而這項權利在實踐上並不重要，甚至不是人們想要的。」

史蒂芬・李維（Stephen Levy）出版於一九八六年的《駭客》（*Hackers*）[7]一書雖情感過剩但依然有其洞見，其中對於諸如麻省理工學院（MIT）等處學生電腦實驗室內集體合作創新一事有深刻的描寫。學生們寫出各式各樣的程式，並廣泛傳播，沒有預期獲得任何回報。事實上，他

---

[6] 財產權的複雜性經常被用「權利棍束」（bundle of rights）來做比喻。

[7] 「駭客」一詞在一九六〇年代開始使用時，是指電腦程式能手，但至八〇年代之後，這個詞彙逐漸轉為貶義，指涉那些入侵他人電腦的「黑客」。

們會邀請合作：將首輪設計的程式留在社群儲藏櫃中，供眾人繼續使用研究。有間電腦公司最終採用了麻省理工學院學生所寫的一個程式，當作出貨前的分析測試工具[26]——《太空戰爭》（Spacewar），可能是最早的電腦遊戲——並將遊戲留在那兒，讓沒有起疑的消費者偶然邂逅。「太空戰爭」與眾多程式一樣皆是協作產物：其原始碼架構由某人寫出來，別人再添補東西，直到最終學生們打開電腦實驗室的燈光，綜合遊戲的關鍵部分使其一致化。這便是集體合作下的「創造性設計」。

對電腦製造商來說，事實很明顯：集體研發軟體可爲用戶造就更先進的產品。程式設計社群共同處理個體所遇到的問題和需求，他們撰寫原始碼以便解決之，而這又會回傳至製造商處。用戶與程式設計者間的界線因此變得模糊，兩者彼此浸潤，這種集體志願性工作的一般稱呼是「駭行」（hacking）——某種程度上至今依然如此。李維對駭行的描述爲：把東西拆開、抽換零件，然後看看這些更動會如何影響整套系統，其最終目標是讓各部分的運作更佳優越。[27]他論道，駭客們擁有「無窮的好奇心」，[28]他們的所爲未必有利可圖或有建設性，而是「單純爲了參與感帶來的狂野趣味」。要稱得上駭行，[29]就必須要有風格，且展現出科技革新之處。用戶社群內就包含了修補用戶用題的那些人，促成合作改善的良性循環。

這樣的世界並不是對所有人一概開放。你必須要有時間、技術和對此技藝的投入，方能有所成就。這種唯才主義式思維，讓人們得以參與一場打破傳統規範的實驗。以大衛．席爾弗（David Silver）爲例，在學期間他便開始在麻省理工學院的實驗室工作。席爾弗大概自十四歲起便四處閒晃，[30]這是許多駭客忽略的事情；然而，駭客們開始注意到他的「機器人學」（Robotics）技術，尤其是席爾弗所打造、命名的「銀臂」（Silver Arm）——首隻由研究室電腦控制的機械手臂。

雖然駭客文化足以打破社會習俗，讓席爾弗那樣的孩子可以踏入實驗室的大門，但令人遺憾處在於，此文化對最受社會限制的人們卻是忽視的，女性就是最明顯的例證。活躍於麻省理工學院實驗室裡的女性非常稀有，李維是這樣寫的：「令人沮喪的事實是，從來沒有出現過明星等級的女性駭客。沒人知道原因。」他的聽力顯然不是太好：[31]

> 有些女性程式設計師，她們之中有些人不錯，但無人有能力從事駭行……即使計算機學界內部對女性有嚴重的文化歧視，這依然無法解釋為何完全沒有女性駭客的出現。後來，比爾．哥斯柏（Bill Gosper）的結論是「文化問題確實強烈，但沒那麼強」，他將這個現象歸因於基因或「硬體」的差異。[8]

8 此處將男女的差異比喻為「硬體」——相對於「軟體」——能力的差距。

上述女性缺席的問題，部分源於女性在計算機、電腦相關領域如科學、工程、數學等領域中比例甚低，這些領域傳統上都以男性爲主。然而這並非事情的全貌：眞相是，包括勒芙蕾絲在內，計算機發展史上有衆多女性曾經作出重要貢獻。

葛蕾斯・霍普（Grace Hopper）是電腦程式設計領域的翹楚，[32]她在二戰期間開始在哈佛大學涉足該領域，後來加入賓州州立大學（Pennsylvania State University）的女子學院。霍普致力於讓非專家也能夠接觸電腦程式設計。她是一位先驅人物，她的成就包括編譯器（compiler）的使用，以及COBOL程式語言的發明，其影響深遠至今。同理，有許多非裔美國女性在美國航空暨太空總署（NASA）有突破性的貢獻，其中包括了凱薩琳・強森（Katherine Johnson）、桃樂絲・范恩（Dorothy Vaughan）、瑪麗・傑克森（Mary Jackson），其人其事就記錄在書籍（和影片）《關鍵少數》（*Hidden Figures*）中。這些女性簡直是人體電腦，她們處置了龐大的複雜數學工作，卻因爲性別與種族關係，功勞與名譽極少歸諸於她們。當時，她們和同事瑪格麗特・漢米爾頓（Margaret Hamilton）等人一起負責阿波羅號（Apollo）搭載的軟體，她們的工作對於美國航太總署、整體電腦科學領域之發展皆至關重要。

隨著該產業開始專業化[33]——產業地位正規化後變得更加菁英化、更專精、獲得更多聲望——女性開始被各種把關者（gatekeepers）推出門外。由此可證，「女性在生理上不適合此類工作」這類由李維或哥斯柏所表示的想法，不僅是一種歷史謬誤，也顯示出早期駭客們對於社會期望功能特殊又複雜的運作方式，其理解是何等的貧乏。此領域缺乏女性及貶低女性成就的現象，居然被視爲理所當然。這起源於一種幼稚的假設，此種假設把原因歸諸於天生或基因問題，而不是可以改變的外部社會或政治因素。

事後證明，這種偏見居然仍有其彈性活力，[34]這由二〇一七年流傳於 Google 員工間的「反多元性」備忘錄之流行程度可見一斑。此份備忘錄的論點是：產業內部的性別不平衡現象並非缺乏自覺的歧視所造就，而是一種男女特質差異的結果。[35]駭客與科技社群顯然也不能倖免於塑造其周圍世界的結構性要素。駭客認知自己是在一種唯才是用的菁英主義環境下工作，價值的衡量是根據客觀要素，諸如技能、創意與努力等等；專注於唯才主義思想，反而容易忽略根植於我們社會體系結構中的不平等。唯才菁英主義思想號稱無視性別差異，實際上這卻意味著無視性別不平等現象。

以上所述，是針對麻省理工學院實驗室自由精神合作文化之合理批判；不幸的是，迄今依然如此。但在不排除這些顧慮的情況下，我們仍有可能在這段歷史中找出材料，爲勞動生產的運作組織方式提供替代方案。

麻省理工學院實驗室是生產活動的溫床，它不僅止於數字運算或代碼編輯。現代駭客活動

（就像巴貝奇與勒芙蕾絲的作品）之要義是一種創意的追求，李維在記錄那段時期的所謂「駭客倫理」時觀察到此義，其中包括此項宣告：「你可以在電腦上創造藝術和美。」[36]對數學家與邏輯學者而言，將電腦程式設計視爲一種左腦活動是件很有意思的事。無庸置疑，駭行是一種藝術性的心力，它建立在美學之上：駭行是種藝術，爲特定問題找出最優雅的解決之道。

高德納（Donald Knuth）是電腦領域的元老級人物，他的主要著作出版於一九六八年，書名恰好叫作《電腦程式設計的藝術》（*The Art of Computer Programming*）。高德納在其中談到，電腦程式設計既是一門科學也是一門藝術，他將科學定義爲「我們極爲了解且可教予電腦的知識」。高德納認爲，當我們企及這門知識的限制，就會轉向藝術來處理這個玄密：[37]

當我說電腦程式設計是一門藝術時，我首先想到的是，以美學意涵而論，它是一種藝術「型態」。做為一個教育者或作家，我的工作首要目標在於幫助人們學習如何寫出「美麗的程式」……當我們在籌畫一個程式時，就像是在作詩或譜曲；……程式設計可以同時給予我們智能上與情緒上的滿足，因為能夠駕馭此種複雜性並建立一致的規則系統，真的是種成就。

駭行與其手段有關，亦與其目的有關。寫電腦程式一事既屬於藝術，也屬於科學；這項工作既屬於實用性也屬於美感。這樣的工作提供了自我思考——處在由我們所創造的世界中——的機會，馬克思將此稱之爲我們的「物種生命」。

創新並不只是某些飽受折磨的天才獨自下苦功，或是某位億萬富翁靈光乍現的成果。某些最新穎的科技發展其實是團隊工作的果實，汲取自各種人身上的各種技能。此等工作方式能賦權予人，因爲我們知道自己對於更廣大的計畫有何貢獻；它也能夠保持效率，因爲不同心靈的合作可以讓我們「駕馭此種複雜性並建立一致的規則系統」。電腦學（Computing）是數百年來最重大的科技突破之一，它的開始是一小型而精密複雜的技藝，以相對不疏離的方式加以實踐；但同時，資本主義企業的世界則在周遭運轉。

然而，隨著個人電腦學之興盛，許多程式設計師認定軟體可以獲利。在個人電腦產業成長過程中，硬體在消費市場上越來越便宜且容易取得。出於反托拉斯（antitrust）的考量，ＩＢＭ「拆開」它的產品，[38]將硬體與軟體分開販售，其他公司紛紛效仿。爲了回應此等發展，有些程式設計師開始製作獨立販售的軟體，不僅僅是服務配合硬體的功能而已。

這項產業持續發展，製作軟體的過程發生了關鍵性變化。專有軟體（proprietary software）——此爲販售的軟體產品，通常獨立於硬體之外——是一種封閉源碼（closed source）的模型，其原始碼封閉隱藏，不對用戶開放。販售的軟體屬於執行格式，不會顯示潛在的架構或程序。這項設計是出於販賣專有軟體者的要求，不讓用戶可以複製、分享、安裝程式，以及跳過軟體作者和付費。此代表了軟體設計過程的根本轉變：從透明而服膺用戶利益，轉變爲服膺企業利益的模式。

軟體製造發生這些改變之際，法律與政治上也跟著重整，著作權法（copyright law）遂擁有新的重要性，其中最著名者可以從比爾．蓋茲（Bill Gates）信件裡看出。他在一九七六年寫了封信給電腦愛好者社群，對於那些在分享軟體方面採更自由態度的同事，比爾．蓋茲感到沮喪，他勸誡此社群應該付錢：[39]

> 愛好者們應該警覺，你們之中的多數人竊取了你們的軟體。硬體必須付費，而軟體卻要分享，誰會在乎從事軟體工作的人有沒有獲得報酬？這公平嗎？……是什麼樣的愛好者，願意花三年的時間編寫程式，找出所有錯誤，為產品做記錄，而後竟然免費分享？
>
> 坦白說吧，你們的行為乃是偷竊。

比爾．蓋茲尊重專有軟體的訴求，在蒸蒸日上的駭客社群之中並非廣受歡迎，某些駭客直接表示反對。[40]但不可否認的是，蓋茲對軟體設計的世界具有非常巨大的影響力。

然而，比爾．蓋茲所代表者僅是軟體發展史的一部分，其餘想法與他對立的駭客們則開始廣泛地在作爲當中思考自由的概念，並將其付諸實行，理查．史托曼（Richard Stallman）即是其中一人。史托曼先是在七〇年代初期的哈佛大學擔任程式設計師，與其他電腦怪胎（geek）[9]度過十年軟體創意開發的歡樂時光，一邊學習修補問題。可是此事卻無法持久，他的程式設計師社群夥伴被誘惑至私人企業，史托曼爲此受到重創：他的開發者同伴將軟體賣給公司，[41]他們因此受到著作權的嚴格限制，不能再進行調整或合作改寫的工作。

此番經歷啟發了史托曼去創造整個軟體生態系統，免於受到那些影響和限制。他將這套系統稱爲GNU，[42]這是一個將其程式有別於Unix——當時主要的運作系統——的文字遊戲，意思是「GNU不是Unix」（Gnu Not Unix）。

史托曼設想的這種「自由」並不是參照軟體價格而生，雖然自由軟體（free software）經常只需要花個複製、貼上的功夫（今日多數的自由軟體就是指免費下載）；反之，史托曼等人所關心的是開發、發展環境的自由。史托曼形容這種自由就像是「言論自由」中的「自由」，而不是「免

---

9 在美國俗語中專指智能高超、鑽研知識但性格古怪的人，也可音譯為「極客」或「奇客」等。

費啤酒」中的「免費」。史托曼的宣言首次出版於一九八三年，其中寫道：「軟體販售者企圖分裂用戶並征服他們，讓各個用戶同意不要與他人分享。我拒絕用這種方式打破自己與其他用戶的一體性。」[43]史托曼號召志願者支援這個計畫，許多人因此加入此行列。

這些駭客所追求的自由，乃是跟工作條件與合作相關之自由，此等自由攸關創意工作，而未必要有薪資。此處須重申的是，這種合作並不是所有人都能參與，因爲參與者必須要有經濟條件，且習得某些相關技能。但是，此等自由的核心開啟了一場運動，旨在破除專有軟體製作、使用層面的異化。

這些駭客以開放、自由軟體來抗拒封閉、專有軟體的概念，他們與兩百年前的盧德派人士其實有著共通的目標。盧德派人士之奮鬥是要抵抗對其工作完整性的侵害，[44]此種攻擊源自工業化的生產技術；同理，駭客們也拒絕在封閉企業環境下從事劣質工作的前景，並努力削弱專有軟體系統的力量。盧德派砸毀機器，駭客們則至今仍在製作開放原始碼。

這場運動中最有趣的策略之一便是對法律的運用。史托曼偕同律師去設置自由軟體發展的法律保護措施，[45]他爲 GNU 的計畫發布原始碼，這依然是一種著作權，不過屬於某種條款形式，稱爲「通用公眾授權條款」（General Public License, GPL），GPL 屬於寬容式（permissive）條款，其明確目標是要「保證你有自由可以分享、更改程式的所有版本——確保程式對所有使用者都屬於自由軟體」，[46]實際上它是要保障軟體的開放性或自由性，確保原始碼在未來可以讓所有使用者持續取用。GPL 的條件容許分享、修改、駭行（即破解），甚至可以將 GNU 程式與販售的專有軟體商品相結合，唯一的要求就是「所有」後續的原始碼都必須在 GPL 的規範之下。[47] GPL 這項特徵經常被貼上「病毒式」（viral）[10]的標籤：它是要保護自由軟體免於所有權的併吞，但同時也保障運用自由軟體的程式在未來依然可供公眾所用，以此打造並擴張了數位共有財（digital commons）。簡言之，GPL 採用了傳統的版權概念，並將其翻轉過來。

GPL 以及其他受此例所啟發的寬容式授權條款，是以扭轉製作者權利並保護使用者自由爲目的，這些條款被通稱爲著作傳（copyleft），著作傳經常與「扭轉一切權利／右邊」（all rights reversed）的標誌共同出現，將傳統「保留一切權利」（all rights reserved）的著作權（copyright）概念加以翻轉。著作傳消除了著作者和使用者的區別，讓這些角色能——相較於封閉源碼、專有軟體的條件下——更具流動性。

史托曼可能是首位思考這些議題並訴諸法律層面的人士，但他並非孤軍奮戰；他代表了一場更加廣大、且在茁壯中的電腦駭客、怪胎、愛好者運動，來自全世界的人們都在修補、共同改善

---

[10] 意思是可以迅速流傳、複製、擴張，有如病毒一般。

早期的電腦程式。其中最好的例子是所有作業系統中最複雜的部分：核心（kernel）之開發。核心是硬體與軟體應用程式之間的促進器，史托曼延遲了打造核心的時間，因爲製作自由的作業系統核心是一項耗時又艱鉅的巨大任務，它正是史托曼自由軟體全套系統願景的最後一塊拼圖。

一九七九年時，當時主流作業系統核心之一的 Unix 改變了授權協定內容，[48] 禁止用戶讀取或更改原始碼。當某項禁止 AT&T 商業性販售該產品的反托拉斯裁決過期後，擁有 Unix 的原始碼的 AT&T 遂決定將其封閉，並開始販售Unix，如此一來 Unix 便不再開放原始碼供人修補或更改。當駭客無法再使用 Unix 之際，一位阿姆斯特丹自由大學（Free University in Amsterdam）的學者安德魯・塔能鮑姆（Andrew Tanenbaum）創造了一種迷你作業系統核心讓學生可以學習，此核心名爲 Minix。Minix 的原始碼可以自由取用，並迅速在日益成長的駭客社群中流行起來，它可以在更多電腦上使用，並藉此尋找、試驗、改進可革新的替代性程式。然而，塔能鮑姆雖然收到許多關於如何改進 Minix 的建議，但他本人對於從事改進工作並無太大興趣，畢竟他的設計目的是爲了教育計畫，他希望保持 Minix 的簡單性。於是，Minix 使用者的駭客們固然心癢難搔地想要測試電腦的潛力，卻因塔能鮑姆的反應而逐漸感到挫折。

其中有位駭客是芬蘭的電腦科學學生林納斯・托瓦茲（Linus Torvalds），他決定另起爐灶，創造一種新型核心並將其命名爲 Linux。托瓦茲開放 Linux 原始碼讓人自由使用，部分原因是因該計畫的志向宏大，[49]另一部分是因爲他所混跡的駭客社群使然。托瓦茲將自己的計畫成果傳到社群版上並邀請他人回饋，不久後他又將Linux的授權條款置於 GPL 之下，正如史托曼先前所爲。Linux 成爲了自由軟體數位共有財的另一重大基礎，補齊史托曼完整作業系統計畫中失落的一角，最終以GNU／Linux之稱而聞名。

此項集體創作乃是社群投入分享、合作的成果。托瓦茲本可爲 Linux 選擇封閉軟體的道路，他本可保留原始碼並與別人合作精進後將產品上市，不難想像這麼一來他可以獲得極大利益。耐人尋味的是，他是如此形容自己的抉擇：「讓 Linux 能自由取用，是我做過的『唯一』最佳選擇。」[50]托瓦茲瞭解自由軟體的設計優點，其中最明顯的便是人們可根據自己意思對功能提出回饋，這麼一來，產品便是在爲人們而設計、服務人們。此外，設計程序也有其他重要的結構性功能。衆人心思共同找出錯誤並修理問題，這代表改進的效率極高，產品消費者可以使用產品、找出錯誤並加以回報，開啟新的生產循環。如此環境是原初駭客模式的改進，讓人回憶起ＩＢＭ和ＭＩＴ電腦實驗室的早期時光。[51]

在網際網路的幫助下，Linux 的多國合作改進計畫全天候開展。其成果是 Linux 的進步一日千里，[52]參與者大軍與投注於其擴張及改善的時光，意味著 Linux 能克服設計上的缺陷並達到極高的水準。托瓦茲解釋道：「每個人都努力讓 Linux 變得更好，每個人也相應地獲得其他衆人的努力成果，這便是使 Linux 如此之好的緣故：你投入些什麼，成果就呈現『倍數』成長。」[53]

自由軟體運動的成果是一套完整的軟體生態系統，其擁有開放性和自由的條件，並受到著作傳授權條款的保護。成千上萬的使用者——包括資深駭客與尋常人等——對 GNU／Linus 之誕生有所貢獻，這場計畫的工作時間不可勝數，貢獻者通常是無償提供，協調合作的力量來自數大洲。此外尚有數千項程式也在 GPL 的授權條款之下，它們通常也在類似的環境下製作。相較於許多商業產品，此種方法所造就的軟體群擁有設計及性能方面上的優勢，[54]甚至連競爭對手都承認這點。舉例而言，Linux 組成許多作業系統——包括超級電腦、安卓（android）消費性產品兩者——的核心骨幹。許多在市場上販賣的消費性產品都使用了自由軟體程式，它們的組成部分成本（幾乎）為零。客觀來說，這是一項驚人的成就；無論是以產品品質而言，抑或就運籌管理層面而論。

駭客倫理觀在專有軟體產業發展中遇到了敵手，但它並未因此被取代。透過那群因興趣及純粹樂趣而創作事物的駭客們，它展開了新生命。駭客倫理觀的新生命是一活生生的例證，它拒絕比爾．蓋茲高傲的假設性觀點——以為創意與靈感是透過物質利益而激發；它推翻了正統經濟學家對「搭便車問題」（free rider problem）的理解，並披露對人性自私之信念謬誤；它與「唯有訓練有素者或專家可以造出美麗事物」的想法相對峙；它暗示了，「單一作者」概念未必是讓人類進步的最佳辦法。

再者，和從前許多運動類似，自由軟體運動明白展現出集體工作的力量，而且將工作成果導引至服務使用者的方向。貢獻者之多元性——就像勒芙蕾絲和巴貝奇的各色技能——能將我們推到科技上的新高度。自由軟體運動所創造的軟體是透明的、可靠的，且可以修改的。此外，此運動對整體業界所攫得的龐大利益下了戰帖，質疑其中的合理性何在。

福斯汽車（Volkswagen）可能從來沒想過自己會被抓到。這家汽車製造商承認在二〇一五後半年時系統性地使用欺騙環境法規的作弊軟體。在測試時一切看似都好，然而一旦車子實際上路，[55]其效能會表現得更佳，氣體排放等級也遠超過法律規範；看起來，車子所使用的軟體設計會辨認是否正在受測，並轉換至減少排放科技，而正常條件下汽車的加速能力奇佳，並將石化燃料廢氣排到大氣當中。

現代汽車所擁有的電腦科技，其複雜程度可堪比擬一般智慧型手機。舉例而言，汽車電腦科技所擁有的原始碼數量幾乎是 Facebook 或大型強子對撞機（Large Hadron Collider）的兩倍。[56]如此大量的原始碼，隨之而來的就是更大的缺陷或錯誤風險；這是一個很好的例子，足以說明我們如何將電腦能力大量地加入日常生活產品中，卻很少思考到產品內含原始碼保持祕密所導致的相關風險。

最近幾年，[57]查理・米勒（Charlie Miller）與克里斯・瓦拉塞克（Chris Valasek）這兩位安全領域的研究人員偵測原始碼的弱點，找出是否可以從遠端控制車輛。米勒及瓦拉塞克只要「插入一個控制車輛轉彎與速度的診斷連接埠」，[58]便可以駭入福特或豐田（Toyota）汽車；隨著時間推演，他們的駭行更加複雜，最終達到無線化的地步。安迪・格林堡（Andy Greenberg）將自己駕駛一輛 Jeep Cherokee 的經驗，形容爲恐怖實驗中的「幾內亞豬」（guinea pig）[11]：[59]

> 我以時速七十英里行駛在聖路易斯市區邊緣地帶，此時侵入者開始接手。
>
> 雖然我沒有碰觸儀表板，但 Jeep Cheroke 的通風口開始噴出最強的冷氣，車內空調控制系統讓我背脊上的汗都發冷了。接下來，收音機轉到了當地的嘻哈電台，開始用最大音量播送史基洛（Skee-Lo）的音樂。我將控制鈕往左轉，並按下電源鍵，但全都失效。接著，擋風玻璃的雨刷啟動了，雨刷把玻璃弄糊了……
>
> 我精神上讚賞自己在壓力下的勇氣。就在這時，他們把傳輸切斷了。

突然間，我的油門沒效了。我瘋狂地踩著踏板，看著轉速表升高，吉普車速度下降一半，然後漸漸慢下來。情況發生時，我正好抵達一道長長的高架橋，旁邊沒有緊急停車路肩可供我逃跑。這場實驗已完全失去趣味了。

安全領域的駭客積極地尋找軟體的弱點，他們也是「零日漏洞」缺陷的搜尋者。本書先前曾討論到「想哭蠕蟲」，有一整個市場在從事找出缺陷，並通知企業加以修補的事宜。從許多層面而論，這就像是某種版本的自由軟體計畫，只是它更昂貴、更沒有效率；兩者目的地相同，只是它的作法更加迂迴。問題不只在於這些缺陷會影響軟體正常運作能力，也不只在於美國國家安全局會儲藏這些缺陷做爲數位武器軍火庫，進而危及我們的集體安全（見第三章），舉例來說，這些缺陷也有可能是由企圖規避法規的公司所製造，封閉原始碼能讓企業「駭過」民主法規。

福斯汽車在排放測試上作弊一事，長時間都沒有被察覺，因爲人們沒有讀取原始碼的途徑，如同 Jeep 等運行軟體的多數消費性產品一般，封閉原始碼受到著作權保護，公司並不需要加以

---

11 Jeep是一家美國汽車廠牌，Cherokee是旗下的一款車型。「幾內亞豬」大約是指豚鼠、天竺鼠，是西方的生物實驗所使用，詞意大約等於中文習慣會說的實驗「小白鼠」，有時會用來指受實驗測試的人。

公開。極爲諷刺的是，美國環境保護署（Environmental Protection Agency, EPA）非常反對將這類軟體排除在著作權保護之外並加以審查的企圖；環境保護署主張，若讓原始碼可以被取得，就意味著消費者可以進行修補，並可能在違反環境法規的情況下增強車輛性能。[60]可是，結果並不令人意外。事實證明，我們該害怕的並不是一般的駭客：企業才是原始碼保密之下的獲利者。

專家與媒體們迅速開始公開譴責福斯汽車公司，稱此行徑「醜陋」、[61]是「反常」的「狂妄與自負」、[62]一場「遲早要爆發的意外」。[63]我們被如此提醒：此家公司是由納粹（Nazis）創建的。[64]無論有多麼荒謬，這竟然足以說明該公司的糟糕作爲。[12]然而，福斯汽車可不是個門外漢。該公司的作爲確實不法，但從另一角度解讀，它僅僅是利用了相對性優勢、將負面影響外部化，擾亂價格指數。經濟學者對於要如何說明此類行爲——這是一種很普通的欺詐，其動機合乎市場經濟邏輯——含糊其辭。既然軟體原始碼處於保密的庇護之下，被抓到的機率微乎其微，那麼這些公司爲何不這樣操控軟體呢？目前看來，「很普通」是最貼切的形容詞，[65]因爲之後有幾家汽車公司也遭到檢查，而被發現有同樣情事。

這件事讓我們停下來思考，在掠食性資本主義搖搖晃晃的雲霄飛車軌道上，下一步會爆發的會是什麼事情？現在有很多消費性產品依賴封閉原始碼的軟體。例如僞造良好報告的昂貴醫療設備，但若它也推薦非必要的診斷測試呢？例如飛航軟體有誤卻沒人察覺的飛機，若哪天有飛機失蹤了呢？問題遠不止於作弊，而作弊只是資本主義本性的恰好結果。問題在於，依賴保密原始碼的軟體絕不安全。就像在拍賣進行前的快速塗裝，軟體原始碼的隱藏也同時遮蔽了基礎上的裂縫。這是何等危險的建材啊。[66]

自由軟體以其散亂及偶爾混亂的開發情況，[67]被不公平地與專有軟體相比較，而專有軟體背後有企業組織與社會信譽。然而，Linux 開發過程的關鍵教訓之一是，「有足夠的目光關注，所有的程式錯誤（bugs）都會變少」。[68]此理後來被稱爲林納斯法則；換句話說，越多人看過原始碼，它的問題就越快被找出並解決。開放原始碼之開發[69]——意思是其計畫原始碼開放而衆人皆可看見——或許耗費時間且群龍無首，但它其實是有效率的。如果有更多目光聚焦於原始碼，福斯汽車的作弊行爲就很難掩蓋了；同理，任何設計上的錯誤皆然。

類似的取向造就了「敏捷宣言」（Agile Manifesto）之問世，此宣言是由衆軟體開發師在二〇〇一年時所撰寫。敏捷管理專注於如何迅速創造運作良好的產品，並將個人與團隊間合作的順位置於正規程序之上。[70]這種作法起初被視爲組織化生產行爲的某種嬉皮風格，但繼續發展下

---

12 福斯汽車又稱大眾汽車，在一九三〇年代德國納粹執政期間設立，目標是讓一般人民皆能有車（德語Volks為民眾之意，Wagen為車輛之意），甚至希特勒本人也參與頗深，最有名者乃是金龜車的設計。

去，結果它卻代表了管理史上的革命性時刻。「敏捷」的意思是重視工作參與者的重要性（或說抵制異化）；它看重合作的價值而非競爭；它是要給予人們自我組織的機會，而不是忍受微型管理（micromanagement）。[13]「敏捷」強調回饋與透明度之重要性——經常以面對面的方式進行——意味著它是由下而上所驅動，是更爲可靠的一種管理模式。做爲一種技術，敏捷讓軟體之開發進行轉型，生產力提升，表現也愈見卓越。

此類管理風格亦有它的缺點，在思考不周的情況下實施尤其如此——Facebook業已拋棄的口號「快速行動、進行突破」（move fast and break things）忽然出現在我的腦海。它也有可能以「管理平等主義」掩蓋工作場所的不平等問題。同理，在開放原始碼軟體——不是自由軟體（free-as in-freedom）[14]——的擁護者當中，也有過往記錄或趨勢顯示他們設法將敏捷方法運用到投合或補充市場的軟體產品之中。然而，「敏捷」方法對製造業組織或開放原始碼設計兩者來說，依然可能導致激進式邏輯的結果，或如同劉溫蒂（Wendy Liu）對開放原始碼的主張，也就是讓敏捷成爲「通向政治更加基進化的管道」，[71]「推動去商品化（decommodification），涵蓋層面不只是資訊領域，還有維繫資訊製造的物質資源」。這些過程與工作辦法有其潛能，足以促進參與度、減少給薪工作的剝削性質，同時鍛鍊出造就其他可能方案的能力。

問題在於，電腦的建構在根本上是不民主的。吾人與個人化科技的所有關係，乃是依循著作權法之要求而組織起來的；也就是說，軟體已經逐漸商品化，設計的過程是服膺市場利益，而不是使用者的利益。商品化是軟體企業成長的動力所在，它將使用者鎖入一種科技性關係之中，此關係是以利潤最大化爲目標，並鞏固足以維持此種狀態的生產能力。一般消費者沒有辦法知道，他們的電腦及其電腦中的多數軟體到底在幹嘛。即便消費者察覺危險或找到改善之道，他也沒有機會將此回報給用戶社群，更遑論修改程式了；用戶只能知會公司，期望對方能夠修理問題（或者，更少見的情況是，他可以將「零日漏洞」賣給對方牟利）。用戶根本是被強迫走上一條從製作者到消費者的單向高速公路，完全沒有機會扭轉方向。這些日子以來，問題已不止於要讓筆記型運行程式。隨著人們打造出物聯網，愈來愈多的產品和軟體進行整合，諸如汽車、冰箱、醫療設備，甚至包括公共基礎建設如大眾運輸等等，保持軟體封閉的潛在危險與日俱增。

以上所述是嚴重且駭人的設計問題，但這也導致人類大量潛能遭到浪費。此種情形不只是由於公司不邀請他人對其軟體給予回饋，或不將使用者納入軟體設計當中；公司的目標，以及公司設計軟體的目的，並不在於服務用戶，它們的首要目標是把持軟體掌控權，它們企圖控制使用軟

---

13 微型管理是一種管理風格，意指主管者對於被管理者（即員工）的密切關注，大小事務都要經過主管的首肯或監督。

14 此乃前述史托曼的主張，這種自由就像是「言論自由」中的「自由」。

體之人（此即付錢的消費者）。專有軟體的設計導致了一種對創意的戀物癖（fetish）——將創意變形爲某種抽象而商品化的東西，使得創意切換爲以賺錢爲目的，而不是以集體或共善（common good）爲追求。

專屬軟體公司希冀保有決定軟體如何發展的集中權力，並讓使用軟體的人們繼續無知下去。他們希望讓用戶感覺到自己沒有能力改變使用產品的經驗；他們希望讓故障排除成爲一件只有「天才吧」（Genius Bar）[15] 才能做到的事情；他們正在醞釀一種無助感，而這種「哀求的愚行」最終便會符合公司的盈虧結算線。

這並不是陰謀論。微軟已經發展出一項企業策略，試圖在用戶群中散布這股特殊心理。微軟在用戶中製造了所謂的ＦＵＤ，意思是恐懼（fear）、不確定（uncertainty）和懷疑（doubt）。它的手法多變，[72]目的就是震懾使用者，使其在使用軟體時就接受此軟體是比較穩定且有信譽的前提。該項策略包括了，當用戶試圖下載或使用競爭對手產品時，就會跳出紅色的警告框。一九九二年，時任微軟資深副總裁布萊德．席維爾柏格（Brad Silverberg）就曾在電子郵件中提及此項手段，此封信件是由於微軟控告MS-DOS的對手產品才披露的。席維爾柏格在信中寫道：「〔使用者〕應該要感到不適，而當他的電腦出現程式錯誤時，他應該認定問題出在競爭對手產品上，因此跑去改買MS-DOS。」[73]

史托曼曾論及，專有軟體是如何致力於讓用戶變得「絕望般地依賴」且反對分享行爲，[74]以免自己觸法而身陷囹圄。此事讓我們回想起馬克思在工業革命初期時對於勞工經驗的描述；追根究柢，勞動與生產的疏離就是因爲限制人類潛力而導致：[75]

> 勞動為富人製造了美好的事物，但是對勞工而言，勞動製造的卻是剝削。勞動造出了宮殿，但對勞工而言，勞動造就的卻是陋屋。勞動創造了美麗，但對勞工而言，勞動卻導致畸形。勞動以機器取代勞工，它讓某些工人陷入野蠻的勞動情況，而將其他工人變成了機器。勞動製造了知識，但是對勞工而言，勞動製造了智障和癡呆。

封閉環境下的軟體設計是對人類潛能的一大桎梏，其目的便是讓科技繼續屈服於商品化型態，讓軟體使用者繼續處於蒙昧，大力排除用戶自我教育的機會，其只擔心自身獲利是否受到波及。封閉環境下的軟體設計源自於軟體開發屈從於股東價值（shareholder value），這是一種對可能性的巨大糟蹋。

---

15 意指公司商家提供專業技術支援、設定、維修等服務的櫃台（暱稱為「吧檯」）。

此事不只是道德方面的恥辱。這還代表了，有股巨大力量正在宰制吾人數位系統的完整性。僅有特定人們會認爲自己應該決定關鍵軟體程式的開發方向，其中包括人們生活諸多層面所依賴的程式。一般大衆所受到的要求是，相信在那數百萬的原始碼行數（lines of code）之中沒有任何錯誤或欺詐存在；一般大衆另外受到的要求是，期待自己所買的軟體對自己是好用的，雖然實際上這些軟體的設計目標是將利益最大化，而非功能最大化。然而，一次又一次地，這些公司所呈現的是，它們並不值得信任；在缺乏適當管制下，它們會騙人；它們要削弱競爭對手，而且對公衆資源毫不尊重。

軟體開發的歷史讓我們能深入了解未來探索人類潛能的巨大障礙所在。專有軟體產業頑強地抗拒開放原始碼格式的產物，它會阻擋合作及實驗的道路，它是導引人類集體心智解決問題之道上的路障。反過來說，專有軟體產業將資源投注在利潤的追逐，它甘冒漏洞缺陷的風險，資助「牛仔市場」（cowboy market）[16] 找出風險再出售給企業，而不是公布軟體原始碼以供檢視。如果我們將斯塔福德．畢爾（Stafford Beer）教授的格言「系統的目的在於它所做所爲」付諸實行，著作權與封閉原始碼軟體的所作所爲，便是以不合格的生產系統爲企業家牟利。專有軟體產業所製造的軟體並不以用戶爲主或服膺軟體的共同目的，反之，它服從於軟體的擁有者。

在這些思考模式之外想像另一種世界，是很重要的事情，因爲我們爲此等陳舊假設所付出的代價實在不斐。企圖解決問題、以創意方式改善事情、或有靈感別出心裁的人越來越少，革新的力量也會隨之受限。艾達．勒芙蕾絲還算幸運，她的母親決心教導小孩數學；若非如此，艾達的人生可能就被限制爲一個社會婦女，而我們所知計算機的萌芽階段可能從來不會發生。問題並不在於艾達跨出了自己既定的社會角色，問題其實是效法、跟隨她的人不夠多。

專有軟體產業的限制或許可以靠大量資金或訓練有素的編碼者克服。開放原始碼計畫在本質上未必更好，它們經常有設計缺陷，而且很難以計畫的形式啟動；不過，放眼未來，開放原始碼軟體將會擁有較佳的效率。開放原始碼軟體會日漸可靠；開放原始碼軟體比較有可能爲用戶提供服務，並且找到解決問題的新方法。之所以能做到這一步，是因爲它服務的是以透明管道檢視或使用原始碼的人，而不是企業的擁有者。最好的管制其實是透明度；由此，所有的程式錯誤都會減少。專有軟體將利潤的優先順位置於安全、效率及衆人福祉之上；開放原始碼產品之所以有效，是因爲它能讓陽光殺死所有「蟲子」（bugs）。

---

16 「牛仔」是指狂野放肆而不太守規矩的人，作者此處所說的「牛仔市場」有點類似「黑市」，雖然有些缺乏操守，但又不是和黑市一樣為非法。

合作創新的意義是讓更多人一同合作找出問題、解決問題，而讓更多人受益於改善的程式。合作創新將產品完整性的重要性置於賺錢的需求之上，它拒絕那些受市場利益誘惑的劣等工藝。合作創新包含了各式各樣的觀點及技能，能夠應用到必要的作業上，讓我們重新反省傳統上對於造就創新的理解——即將天才本人加以英雄化。合作創新促使我們看見，對「詩性科學」和「詩性哲學」有所貢獻的形形色色的人們，可以推動怎樣的科技進展。當人類可以在知識上自我創造的時候，經常是他們做出最佳作品的時刻；由此，他們便能夠在自己所創造的世界裡自我沉思。

我們需要再次讓開放原始碼軟體運動變得「危險」。自由軟體運動吸引了所有正確的人，匯集了他們的憤怒，此運動創造出打造科技的其他可能性，此運動所觸及的工作概念和生產目的，是我們應當加以重現的根本之道。此舉需要我們孕育出一股多元而具涵蓋性的勞動力，確定開放原始碼軟體的貢獻不會遭到濫用，而讓人視其爲提升共善的貢獻者，並加以尊重支持。這件事情非常重要，因爲有許多製作軟體的人並沒有這麼做，無論其人是處於自由狀態，或是如矽谷這般的資產化背景之下。軟體製作人爲了薪資而工作，但他們也經常在閒暇時間爲開放原始碼計畫做出貢獻；此情遍及各處，自印度喀拉拉省（Kerala）至中國深圳皆然。若人們對專有軟體之限制及自由軟體之潛力可以達成共識，我們就有足夠潛能組織新的工作者同伴，以挑戰資本主義的核心宗旨爲目標。

衆神對巴貝奇太殘忍了。如一位史學家所言，祂們「賦予他對計算機的遠見，卻沒有給予他適當的工具——無論是在科技、經濟或社會關係上——來讓夢想成眞」。[76]如今我們所居住的世界，是巴貝奇的夢想已然成眞的所在，而勒芙蕾絲的邏輯思想也在許多人心中扎根。他們二人將數學和詩句、務實和想像結合的實驗，開啟了一個徹徹底底改變人類社會的領域。然而，這種將人類潛力結合的方式受到了限制；這些限制乃是由資本主義所設置，而我們必須努力突破、消滅這些限制。要想像這一切會是什麼樣子，我們的出發點並不是一片空白或憑空捏造的烏托邦，而是有著歷史做爲連結。於此，在這段特別的產業史上，我們發現了其他的選項，找到可以達到圓滿、帶來自由的種子；我們在市場之外，瞥見了生產力的許多可能性。

7

數位公民權是眾人努力的結果

湯瑪斯・潘恩的公民參與革命理念

根據史學家艾瑞克・福納（Eric Foner）所論，湯瑪斯・潘恩（Tom Paine）❶的前半生可說是「持續慘敗」。[1]潘恩出生於一七三七年的英格蘭，當時英格蘭正處於普遍的貧窮狀態；在成年後的頭十五年，他已經喪失了自己的生計和兩位妻子，困頓掙扎的經驗烙印在他的記憶中。後來他擔任收稅員，曾經領導一場爭取更高薪資的運動，但很自然地，結果以失敗收場。

這些經歷讓潘恩對勞工及窮人有著強烈的同情與認同。[2]後來，他帶著這股政治取向到了美洲。一七七四年他渡過大西洋，懷抱一個對人間自由社會的夢想，希望能重新開始。然而，潘恩卻發現美洲的情況是處在殖民統治的壓迫下，他固然感到沮喪，卻決心寫作，建構自己的思想並加以傳播。他在一七七五年時寫道：「當我反省英國在東印度地區犯下的殘暴行爲……當我讀到原住民被驅趕，而他們唯一的罪過是，對這悲慘的情景生厭之際，他們拒絕爭鬥；我衷心相信，垂憐人類的全能上帝終會裁減英國的力量。」[3]潘恩抱持期望地寫下這些文字，而他的期待後來竟成眞了。不久後，潘恩參與了美國革命（American Revolution），這場革命嚴重減損了英國的勢力；不過此非上帝所命，而是人民所爲。

湯瑪斯・潘恩的辭藻兼具煽動性與啟發性，此乃他的天賦才能，而他是第一位稱讚而非貶抑「共和國」可能成立的文人。[4]潘恩對所謂世襲貴族的優越性全然不屑，對窮人、沒有選舉權的人們也無鄙夷之意，這代表著當時的政治思想。他對勞動人民的同情愈發深厚：他認識到，由民眾所掌管、爲民眾服務的政府體制，是值得人們追求之目標。潘恩抵達美國一年後，他寫就《常識》（*Common Sense*）一書，此書成爲人類史上最受歡迎、影響力最大的政治手冊之一，[5] 更被公認爲美國獨立宣言（Declaration of Independence）的初版草稿。在言行上駁斥特權、支持平民政府（popular government），是潘恩一生忠於其理念的實際表現，這也導致他參與法國大革命，而法國大革命也更進一步推展這些理念。

做爲一位辯論家，潘恩非常適合他的時代；然而做爲一位哲學家，潘恩則遠遠超越了當代人，在某個重要課題上尤其如此：他是綜合性社會福利制度的最早倡導者之一。早在一七七五年，潘恩就談到自己「有計畫籌措一筆基金，用以補助年輕夫婦，讓他們有合理足夠的資源開始落腳生活……此外，可以籌措另一筆基金，在我們年老時做爲補助」。[6] 這件事情無關乎憐憫或慈善，對潘恩而言，在人生中具生產力階段之始、終兩端爲人們提供幫助，是「吾人當前環境下必要而重要的補給」。

潘恩在晚年時再度將這些理念更全面性地寫在他的小冊子《土地正義》（*Agrarian Justice*, 1796）當中。他的核心觀念是，每一個人都有資格分享某些公共資源：[7]

---

❶ 本書將湯瑪斯・潘恩（Thomas Paine）原文採暱稱（nickname）拼法。

處在尚未開發的自然狀態中，這片大地是「整體人類的共同財產」……由此，每位開發土地的所有人，因為擁有土地的關係，都欠了公共社群一份「地租」（groundrent）——我沒辦法找到更好的詞彙來描述這個概念。本項計畫中所提議的資金，就是來自於這份地租。

潘恩承認，土地的開發及耕耘會提高生產力，爲工作者創造收益及其擁有權。然而潘恩也主張，世界上的自然資源爲全人類共有的概念，並不因此被完全消滅。易言之，人們對於社會生產之事物具有某種獲取的資格，並不是因爲人們行爲的美德使然，而是源於人們做爲「人類」的定位角色而來。

潘恩的這種思想，經常被認定爲最早的人類基本收入（universal basic income）[2]觀念；若將潘恩的意見視爲人類補助金（universal capital grant），會更好理解。[8]人類基本收入沒有資格限制，是對所有公民的定期補助，這屬於一種再分配（redistributive），旨在讓每一個人對社會產出享有實質平等的份額。另一方面，人類補助金之目標則是在特定年齡（如十八歲）分配一筆款項，藉此創造機會平等，此概念與潘恩所設想的社會尤其相關。在潘恩的社會觀之下，土地是重大的財富來源，亦是參與社會流動的一張門票。人類補助金讓成年的青年人可以購買土地，是一種創造公平競爭環境的積極行動，讓人的才能得到發揮的機會，讓辛苦工作能獲得應有的認可。土地擁有權的結構發展讓貴族特權延續，而人類補助金則企圖矯正此種結構造就的不平等。

人類補助金這一概念承認，土地耕作所帶來的繁榮並非個人所能造就，而是發生在社會脈絡中。要耕耘一塊土地，你需要有市場可以交易貨物，還需要物質性基礎建設例如道路，以及政府系統例如法律，這些都是衆人集體組織的結果。而地租則是個人付給公共社群的費用，此代價讓個人可利用土地獲取利益並使用共同資源。這是一種基進的政治干預行爲，可以介入有意廢除貴族特權、主張資源公正重新分配的社會。

潘恩的作品標誌著擁有悠久傳統的西方政治思想之起點，亦卽「人」比「人的生產力」更有價值。人不僅僅是經濟單位，人的精神價值亦不是由其產品的市場價值所衡量。每一個人都有資格分享人類集體創造的財富，這是認知人自身存在意義的一部分。人在食、衣、住方面的能力，不應該依據自己從事生產工作的能力而定，尤其「生產力」一事居然是由市場資本主義所定義的狹隘物質價值；根據人做爲生產單位達成的經濟成就而創造出的精神性階級，不僅是一種錯誤，更是去人性化。人們得以根據自己做爲人類之資格，對社會有所主張。

刻印在這枚哲學硬幣的另一面上的，是關於不平等狀態戕害民主結構的觀點。若我們將民主

2 又譯為「全民基本收入」或「無條件基本收入」。

政體以純粹形式化的典型模式加以看待，上述認知很容易被人忽略。美國和法國所新生的民主政體令人雀躍，因爲它們拋棄了僵化的貴族特權觀；但是，不平等的情形很可能侵害這些新生社會所探索的自由。潘恩的觀察是：「貴族與乞丐經常屬於同一家族，一個極端造就另一個極端；讓一方有錢，許多人就必須變窮，此體制不可能有其他的支撐方式。」此等結合狀態所生成的貧窮、不滿及社會暴行顯示出「這種政府體制出錯了，破壞社會之所以能保存的良善」。[9]艾瑞克．福納認爲，對潘恩來說，「貧窮是文明的產物，不是自然的產物」。[10]在那個時代，人們認爲努力工作是有能力的表現，且會善有善報；潘恩的想法在當時是很基進的立場。潘恩從未將此論點更進一步推展——如他人所爲——批評財產是不平等情形存在的淵源，然而無人能質疑潘恩對貧窮這個主題的感受。就潘恩而言，「目前文明狀態令人痛恨的程度，就如同其不正義的程度。」[11]

美國革命與法國大革命帶來新穎而基進的社會管制方式，這些事件有著全球性的影響，[12]範圍涵蓋了如海地等國，革命領袖加以推展自由與平等的理念，並猛烈抨擊奴隸制度。但是，這種新秩序其實包含了各種問題與矛盾。針對代議式民主本質及其限制的批評聲浪，迄今已延續了幾個世紀，這些批評亦激發出基進的想像。諸多現代反動分子與保守分子很容易就將潘恩視作自由派人士（libertarian），其最關注的課題是政府暴虐不義的作爲。然而，此種觀點將美國革命詮釋爲一場不過是抗議稅收的叛亂，而採取這種狹隘且反動的歷史解釋觀點的人，刻意忽略基層人民所孕育出的可能性。然而正好相反，在潘恩有所貢獻的那項傳統中，其核心概念之一卻是：我們需要更多的民主，而不是更少。在一個眞正民主的社會裡，人們應該有思索經濟問題的機會，可以討論如何產生價值、價值應當如何分配。該問題並非專門留給市場的私人事務。

正當數位革命興起之際，這項政治傳統在實證、現實層面有什麼樣的意義呢？這會是本章與下一章的主題。

在這一章裡我想討論的是，對於以社會參與——平等參與公共空間及平台以促進現代民主決策——爲目標而形成的網絡，人們能否觸及、取用此種網絡一事具有何等的重要性。在數位時代擁有形式平等（formal equality），意卽人們使用網絡的權利，乃是非常重要的目標。接下來，我會談及數位科技如何促成財富再分配和民主化生產，而勞動將會是這些追求目標的核心。因爲形式平等或網絡賦權（networked enfranchisement），決不會沒有實質平等（substantive equality）相隨。

在本書前半部，我們曾探討數位革命的一些壓迫性特質，如企業與國家的監控、演算法偏見、科技烏托邦主義，以及革新與軟體生產的商品化，我們也思考了如何予以抵制、反抗。然而，網絡化科技亦充滿潛能，可以用民主、社會組織的改進模式加以試驗，其中包括我們如何理解公民權、理解彼此與工作的關係，以及理解如何管理共有資源。在本書後半部，我將思考如何獲致更多民主與尊嚴，思考網絡化科技的價值與潛力，以創造出讓我們贏得世界的必要條件。

Facebook 建立了自身的平台「免費基礎服務」（Free Basics），[13]但這個平台其實是種黑手黨資本主義（mafia capitalism）的體現：「一個好到窮人無法拒絕的提議。」❸Free Basics 屬於所謂的零費率（zero-rated）服務，一種網際網路供應商和手機網路的協議：當消費者使用特定服務或網站時不收取數據費，讓人們可以（幾乎）免費使用某些網路。此類服務背後的理念，是網際網路有益於這個世界，當愈多人使用網路，世界就會愈好。表面上 Free Basics 的目標是要克服數位落差（digital divide），亦即上網者和不上網者的分裂。它內部有數個網站，其中當然有 Facebook，目前在四十七個國家內提供服務；根據該公司所述，它目前讓兩千五百萬人得以上網。

有一個國家正在面臨數位落差難題，便是全世界人口第二多的印度。印度亦受苦於數位落差下的社會及政治相關問題。印度大約有六七%的人住在鄉村地區（舉例比較，美國則是一八%），[14]這些人上網不方便，障礙包括費用與基礎建設等等。

馬克．祖克柏這位聲名遠播（狼藉）的 Facebook 執行長，二〇一五年曾於印度待了段時間，企圖讓人民接納 Free Basics 的概念。祖克柏在《印度時報》（*Times of India*）上發表文章，表示若使人們得以連上網路，所有美好的事情都能因此達成——包括終結貧窮、改善教育、增加工作機會等等。他說，「人們上網的最巨大障礙，乃是負擔能力以及對網際網路的意識」；[15]在後來的演講中，祖克柏甚至用了更確切的詞語：「四十億人不上網的最大宗——比可取用性或花費問題更大——原因，是這些人並不知道上網的價值所在。」[16]

放心吧！世界上的人們，Free Basics 來了，它將修復導致數位落差的最大原因。祖克柏問道：「誰有可能反對此事呢？」[17] 或許這是一種話術吧，因爲他並不會想要聽到眞正的答案。二〇一六年初，印度相關主管單位下令禁止了 Free Basics 等零費率服務。

祖克柏的立論觀念爲，數位落差的現象肇因於廣大民眾中無知者的愚昧與恐懼。因此，倘若有人對他的計畫採取質疑態度，那便是一種退步的表現。根據祖克伯的推論，任何有見識的思考者都會擁抱資本主義的擴張，及其所帶來的經濟發展。這一切聽來頗有盧迪雅德·吉卜林（Rudyard Kipling）[4] 的感覺，好像開明睿智的馬克·祖克柏正在拾起他的負擔，將未來帶給一個受歷史所俘的國家。[5]

---

3 此語改編自黑手黨電影《教父》（*The Godfather*, 1972）台詞：「我會給他一個無法拒絕的提議」（I'll make him an offer he can't refuse.）；這是一種柔性的威脅，所以作者稱此為黑手黨資本主義。

4 吉卜林（1865-1936）為十九、二十世紀英國著名文人、詩人，曾獲諾貝爾文學獎，其詩風常被視為新帝國主義的代言人，〈白種人的負擔〉（The White Man's Burden）是他最著名的詩之一。

5 此處「受歷史所俘」具有諷刺意味，指的是印度在過去受英國統治，後來卻因此陷在反殖民主義情緒中而抗拒西化。

不幸的是，眞相其實沒那麼宏偉。事實顯示，多數的 Free Basics 使用者可能「不是」網際網路的新手，或說他們不是如祖克柏所言那種終將學會上網的可貴之人。結果正好相反，根據一位記者報導，Free Basics 基本上是一項爲網路設計的「贏得客戶策略」，[18]許多電信業者樂意提供此服務，放棄 Free Basics 的數據費，因爲這是利益所在（請注意，替零費率服務買單的是那些公司而非 Facebook）。許多人使用 Free Basics，是因爲他們的付費額度用完了。Free Basics 其實是遠程通訊公司留住客戶的方法，甚至是超越競爭對手的手法，而不是要吸引新手用戶來使用網路。[19]對 Facebook 來說，這是讓用戶數繼續成長的重要作法，[20]也是其成長策略的中心綱領。許多印度人馬上就看穿了這個計畫，數位賦權基金會（Digital Empowerment Foundation）的歐薩瑪．曼薩爾（Osama Manzar）說：「他們對網路可取用性的宣傳，轉化爲其自身產品的流通。」[21]印度人對接受贊助一事並不感念，國內反而出現大規模的反 Free Basics 運動。

像貧窮、政治這類更加「普通」的問題，才是數位落差的主要肇因，而不是窮苦人家的愚昧之見。在印度，網路可取得性與數據費用方是問題所在。大約只有三分之一的印度人能連上網。而鄉村地區的連線條件低落，雖然人口占了全國約三分之二，但鄉村人本身僅有一五%可以使用網路。[22]基礎建設才是增進此一比例的關鍵，重要性超過個人或文化態度。[23]

對於印度主管單位決議的失望，不久後就反映出隱藏在Facebook對Free Basics浮誇詞藻背後的冷酷政治。印度做爲一個主權國家，在做決定時，對於西方企業的利益沒有適當的「尊重」。Facebook 董事會成員、著名創業投資者馬克・安德里松（Marc Andreessen）在推特上回應道：「數十年來，反殖民主義造成了印度人民的經濟災難。何必現在就停下來呢？」[24]而後他隨即刪除這筆具冒犯性的推文，祖克柏也與安德里松這種緬懷英屬印度（British Raj）的姿態切割。安德里松最終道歉。[25]

然而，此事絕不只是一個有關光學（optics）[6]、無知或草率的社群媒體使用的問題。拉賈特・阿格拉瓦（Rajat Agrawal）分析系列事件時指出，Facebook 比較聰明的作法，或許不該是「在有限網路提供無限取用」，而是「提供有限但免費取用的整體網路」。[26]確實，這便是 Facebook 主要對手 Google 的策略。

時值二〇一五年，當祖克柏仍在爲那後來命運乖舛的計畫爭取印度主管單位贊同之際，Google 宣布了一項新計畫：[27]在印度全境四百座火車站架設高速公共無線網路。Google 執行長桑德爾・皮查伊（Sundar Pichai）寫道：「即便只在頭一百座火車站設置上網功能，該計畫就能讓每日超過一千萬的旅客使用無線網路。考量潛在的用戶人數，這會是全印度最大的公共無線網路

6 在媒體領域，光學這個詞是指某事呈現之後如何被大眾所看待或認知。

計畫，也是世界上最大的。」Google 所關注的不是讓廣大窮人分到免費的部分網路，而是建造基礎建設，讓周遭的人們——不論貧富——使用整體網路。

在部落格文章與媒體報導的誇獎盛讚之外，上述提案尚有其他現實被忽視了。這項規模龐大的公共基礎建設計畫，幾乎全數交給一間私人公司來執行，缺乏透明的投標過程。而且，這項服務免費並不意味著沒有人需要付出代價。透過這項服務，Google 可以從網路使用者處汲取大量資料。正如思芮吉・潘尼卡爾（Sreejith Panickar）所說：「Google 沒有經過投標，便得以壟斷此項服務。[28] 實際上，免費寬頻服務是 Google 向我們火車站敞開其入口時揮舞的綠旗。」7 潘尼卡爾預測，這項免費服務可能會在未來某個時刻轉爲付費制，他認爲 Google 總能找出方法讓投資有所回收，例如藉由所獲得之資料來牟利等等。

紐約市推行了一個與 Google 印度無線網路計畫非常類似的計畫，最終目標是在街上提供七千五百座免費超高速網路的公共資訊機（kiosk），[29] 取代該市的付費電話。一如在印度的情況，這種公共資訊機讓 Google 得以蒐集大量個資，而使用者通常對此一無所知。這原本理當是項公共基礎建設計畫，如今卻交予一間私人公司，代表消費者的監視力量非常薄弱，更遑論正規的招標及投標程序。根據作家道格拉斯・拉什考夫（Douglas Rushkoff）所述，此事結果造就了「一部即時、個人化的廣告引擎」。由私人企業來打造公共基礎建設計畫，企業藉此換取數據蒐集的壟斷地位，居民雖不需付費，但代價就在這裡。該計畫的資金來源幾乎完全來自廣告。

科技巨人們處理數位落差的方式讓我們學到幾件事。數位平台競相爭奪市場占有率；爲達此目的，它們願意花錢來做那些原本可能由公家經費執行的計畫。我們應該警覺這類私人性入侵公領域的現象，謹防其事所釀成的反民主動能。它們送來的這匹馬，需要全套的牙齒檢查。[8] 印度的 Free Basics 並不是 Facebook 懷抱善意的案例（雖然它曾膚淺地這麼想過），而 Google 在印度的另類方案，也不是該公司積極將其技術投入慈善計畫幫助世界的案例。這整件事就是一場數位殖民全世界的競賽：這些平台的目標是要主宰公共空間，成爲市場上的宰制性平台，用來廣告、宣傳傳統的商品與服務，它們企圖讓國家和公共經費計畫都變得沒有必要。此情況會導致非常嚴重的後果，尤其這些公司將會成爲散布思想觀念的宰制性平台。

爲數位落差的鴻溝搭上橋樑，其影響及於數十億企圖上網、參與數位科技社會的人們，這是

---

7 賽車比賽裡，比賽之初揮舞綠旗等於開跑。

8 馬齒隨其年齡增長而增加。英文諺語道：「人家送你馬，別望馬嘴瞧。」（Don't look a gift horse in the mouth.）其意思是，收到禮物時別去揣測禮物的價值，要抱持感謝之意。但在此處，作者意指送禮者居心剖測，故收禮者得好好檢查。

何等重要的計畫。就像是有大量的人艱苦地找尋乾淨的飲用水、電力或基礎管線一般，吾人最好將連結網路與使用電腦視爲同一類設施。要確保數位時代的公眾參與，代表要將公共經費花在基礎建設計畫上，設計與實施過程必須透明，其核心目標必須是共善。連接網路的基礎建設是重要的集體資源，一定得用公共資金推動；這不應該是你個人要掏錢的事，無論是用金錢支付，還是用個資來付。

此概念可以被稱爲「上網權」（right to the Internet），不過該稱呼又太過抽象狹隘，無法表達本概念的全貌；與此權利相伴的，還包括了閱讀、寫作、表達與學習等能力。這個詞似乎暗示網際網路是單一的、不變的、中立的，然而事實可能沒有這麼直接。現實上要如何實踐這些權利——獲得執行這些權利的能力——比此權利概念本身來得更複雜。

網路的品質參差不齊。目前，「網路中立性」（network neutrality）已經走出書呆子跟政策狂人的字典，成爲主流用語，但容我解釋一下：這個詞的意思，[30]是將「共同乘運者」（common carrier）原則[9]運用到網際網路。在此系統中，網路的運輸載體並不會根據內容而有所歧視。歷史上所有電報的傳送速度都是一樣的，無論其目的地或內容爲何；電力都從插座中傳出，無論你使用的是什麼電器。網路中立性原則主張，透過網路進行的資訊傳送速度，不該因網路提供者的偏好或利益而受到阻礙。這項原則要求所有網路服務提供者，提供服務時應保持中立，不因資訊來源或內容而在傳輸或運用方面有所偏袒。

當吳修銘（Tim Wu）教授在二〇〇三年首次造出網路中立性一詞時，[31] 其論據合理性的中心在於創新原則。吳修銘寫道：「如網際網路這樣的通訊網絡，可以視爲一個應用程式開發者的競爭平台。所以，這個平台保持中立是很重要的，[32] 如此方能保證這項競爭維持唯才是用的性質。」根據吳修銘的觀點，市場資本主義引領創新，因爲中立的網絡能使好產品取代壞產品，讓企業不能夠伸展勢力阻撓人們觸及其他競爭對手的內容，如此便能在內容創造方面避免壟斷的趨勢。

在川普總統任期內，網路中立性在美國受到嚴重的打擊，這場戰鬥至今尚未告終，保衛網路中立性依然是全世界行動分子的要務。然而，尊重共同乘運者原則的中立網絡固然重要，它與民主式網絡（democratic network）又有所差異。網路中立性不是行動派人士的唯一急務，因爲網路服務供應商並不是唯一有能力根據其利益來形塑網路的實體。我們用湯瑪斯．潘恩可能了解的方式來說明吧：數位科技創造出某種一般人民皆有的權利型態，其所製造的機會，讓一般人在公共政策方面具有更大的分量，加強對科技管理者的問責；若要達成此事，我們就必須打造出可以保

---

9 是指負責運輸人員或貨物的公司向廣大民眾公開其服務，且必須為運輸過程中人或物的損失負責。

護此空間民主本質的架構。取用公共設施——即我們所知的網際網路——是吾人在現代社會中取得其他權利的途徑，但這條管道卻從屬於各種組織原則及把關活動，從而減損了此事賦予公民權的能力。要達到網絡賦權，需要我們維護此一權利的基礎架構，意即促進公共決策的管道、開關之可靠程度。

在美利堅掙脫殖民枷鎖的革命時期，投票權是其核心要求。潘恩寫道，選舉代表的權利是「可以保護其他權利的主要權利」，[33]「剝奪此一權利，等同將人斥爲奴隸」。很重要的是，我們應該從脈絡中了解此權利，而不是僅將其視作一項形式權利。漢娜．鄂蘭（Hannah Arendt）說過，投票權是「可以擁有權利的權利」，[34]或者如佳雅特里．史碧華克（Gayatri Spivak）說過的，投票權是「我們不能不想要」的權利。[35]投票權對任何形式的公眾參與來說皆意涵重大。然而，光是這樣還不夠。它是我們必須加以捍衛的；這是一項兩面的任務，因爲我們必須同時了解投票權的限制所在。倘若採取狹義的解釋，投票權將會喪失一切意義；我們應當將投票權視爲取回成長中的公共參與可能性之計畫的一部分，進而保衛之。

在創造「網路中立性」一詞十年後，吳修銘公開批評網際網路商品化所導致的後果，「商業模式要求投資有所回收……網際網路在過去五年沒有變得更好，而是變得更糟了」。[36]吳修銘指出，Google 在其搜尋結果中放入更多廣告空間，而這些廣告被設計得越來越難以和有機搜尋結果

作區別。[10]我們只有預測，卻缺乏巧合；遵從取代了個性；少數人的利益凌駕於眾人的同理心之上。[11]

潘恩所參與的革命，其社會背景是由富有的貴族及蒙昧的教士所主宰。類似的狀況是，科技資本主義者已超出其原本的用處，開始損害人類的進步，以保護他們陳腐的特權意識。共同乘載者原則是重要的，但我們亦須同時以批判精神看待網絡的其他層面。

在數位時代，網際網路這般空間使得人類權利的意義有所增長。我們還是把票投到實體的投票箱，但我們是在線上這個公共空間學習自身如何被統治，並參與公眾討論。倘若不能向所有公民開放數位空間，就類似於不能向所有公民提供基本識字能力。網路的可取得性乃是公共參與的基本要求。然而同樣地，讓把關者如 Facebook 或 Google 介入個人與公共空間之間創建權力，也會造成極大的傷害。

---

[10] 有機搜尋結果（organic search results）又稱自然（natural）搜尋結果，意思是最貼近查詢者的蒐尋結果，相對於搜尋引擎顯示的付費廣告內容。

[11] 這段話承繼前文脈絡，可預測性是指搜尋引擎的人為廣告內容設計可以預見，巧合是指自然搜尋之下會出人意料的緣分或驚喜；遵從是指集體式廣告的形式，相較於個人個性的特殊搜尋。

當權力被集中於大型私人組織——尤其是數位平台——之時，便可以輕易進行政治審查。Facebook 已承認，它在以色列和美國政府的要求下刪除了某些帳號資訊。[37] Google 提供新美國基金會（New America Foundation）大量資金，而該基金會曾因開除一位批評 Google 公司行爲的員工而聲名掃地。[38] 探討 LinkedIn 前進中國一事則是最明確的例子。在對天安門事件週年的內容審查引發軒然大波後，LinkedIn 的發言人直截了當：「對我們而言這很明白，爲了替我們在中國及全世界的會員創造價值，我們必須對內容實施管制，達到中國政府要求的程度。」[39] 正如格倫·格林沃德所評論，這些公司的所爲與政府所爲相似，「它們會利用審查力量來服務世界最強大的集團，而不是加以削弱」。[40]

同時，平台壟斷也以一個更幽微的方式，減損人們對公共空間的體驗。尤其在二〇一六年美國總統大選後，指責大眾選擇在破碎的社會媒體社群中度日之現象變得非常普遍。我們被告知的是，我們只願意聆聽我們認可之人所言；我們活在「過濾泡泡」（filter bubbles）跟「回音小間」（echo chambers）裡面；[12] 我們面對假新聞的浸淫，卻又無可救藥地天眞。可是，這種說法忽略了許多背景脈絡問題，其中包括主流平台擁有結構性的極端化趨勢。Facebook 的目標是讓人們待在它的網頁上，[41] 而其演算法設計意在利用人們的心情促成此目標。它會庋用動態消息來呈現肯定用戶政治觀點的故事，[42] 讓用戶繼續投入其中。這些公司蒐集的資料變成「透鏡」

(lens)，[13]能夠執行十分細微的組織管理，但我們卻毫不知情，更遑論同意。

Facebook 不只是修補其內容，它是積極地進行操控。其中最爲聲名狼藉的，二〇一四年 Facebook 在其用戶資料庫上做實驗，它操弄動態消息來呈現更多或更少的正面新聞，這是平行的兩項實驗，然用戶對此一無所悉。該實驗結果由 Facebook 核心數據科學團隊（Core Data Science Team）公布：[43]

> 情緒狀態可以透過情緒感染傳播給他人，讓人們在沒有自覺的狀況下體驗類似的情緒……當正面表述的故事減少時，人們的正面貼文也減少，負面貼文增加；當負面表述的故事減少時，情況便相反。此結果顯示，他人在Facebook上所表達的情緒會影響我們自己的情緒，此事構成社會網絡大規模感染的實驗證據。

此事涉及毫不知情的六十八萬九千位用戶，隨即引發質疑實驗倫理問題的怒吼。[44]評論者疑

---

[12] 此二詞彙的意涵近似現今所說的「同溫層」。

[13] 透鏡可以分解光線，作者以這個詞來形容細膩的重組能力。

慮 Facebook 可能爲了政治利益而進行操控，[45]這項疑慮至今看來可謂先知。Facebook 首席技術長（chief technology officer）麥克・斯洛普夫（Mike Schroepfer）後來承認，[46]公司「對於此報告造成的反應並無準備」，他保證會採取措施避免重蹈覆轍，諸如對這類研究建立指導原則等等。

川普當選總統後，該項爭論獲得了全新動力。對於社會媒體極端化的憂慮廣爲蔓延，[47]此外，有一興起的意識是針對Facebook等平台，認爲這些平台需對上述現象的出現負責，雖然何謂負責目前看來尚不明瞭。二〇一八年有一起事件被紕露，Facebook 容許劍橋分析公司取得大量用戶資料，該公司則代表政治團體藉此擬定政略，此事件讓 Facebook 面臨前所未見的公眾反彈與政治抨擊。[48]Facebook 本身或許沒有直接企圖操控用戶，但該公司創造出基礎架構，使他人可以藉此盡情從事操控行徑，這種基礎架構創造了能營利的平台，而該平台會促進「宣傳的民主化」（democratization of propaganda）並強化分歧。[49]目前尚不清楚這種新型的資訊傳播對投票型態究竟能有多少影響，但我們能肯定地說，社會民主的運作失調不能單純歸咎於選民的無知偏執；有個比這個更巨大的力量在運轉當中。

多數情況下，科技資本主義對於極端化問題有兩種彼此矛盾的處置方式。公司從它們瞄準特定群眾的能力中獲利，但它們也受其產品創造出的極端主義或分歧所困擾。馬傑・謝格洛斯基（Maciej Cegłowski）論道，社群媒體平台的經濟收益來自「創造一股將人們拉到極端的力量」。[50]根據網站 BuzzFeed 一則報導對此議題的結論是：「要在世界上最大的社群網絡裡吸引並增加觀看政治內容的觀眾，最棒的做法就是避開眞實的報導，利用誤導性資訊去玩黨派偏見的把戲，只把人們想聽的話說給人們聽。」[51]線上社群的破碎化以及公共討論的極端化，是 Facebook 利用網路獲利的欲念所致，這是針對戴有色眼鏡的觀眾放送廣告的結果；不過，大衆如今已逐漸警覺到這種商業模式及其目的，此模式的持續性遂因此受到威脅。

切記，Facebook 和 Google 這類數位巨獸並不是公共服務的提供者；Google 不是一間搜尋引擎公司、電子郵件公司或地圖服務公司，它是一家廣告公司。身爲 Google 母公司的 Alphabet，其二〇一八年的收益有八四%來自廣告；[52]Facebook 則更加依賴廣告，它在二〇一九年的收入約有九八%得自廣告收益。[53]不算中國的話，Google 和 Facebook 加起來掌握全球數位廣告市場的八四%；[54]此外，兩者相加起來約占全美線上廣告花費的五八%。[55]當然，它們也提供額外的服務，而且衝勁十足地在製作合乎使用者利益的產品。兩大公司正在樹立廣告市場的寡頭政治，這決定了它們所做的一切。

網路空間的氛圍變得越來越反民主、越來越退化，科技資本主義者則對此故作無辜驚訝狀，不過如今他們越來越不能裝樣子了。現在，向 Facebook 等公司施壓的呼聲越來越高，[56]要求這些公司對其商業決策的廣泛影響負起責任，包括社會和選舉層面。Facebook 的一位早期投資者曾將該公司歷史形容爲有如「科幻小說情節：這是讓人們能相聚的一項科技，卻被敵人的力量加以濫用，反而分裂了人們、傷害民主、釀成痛苦」。[57]此人僅是批評公司的衆多前任資深員工之一。[58]我們若是懷疑這些展現悔意的主管人員，那也是合理的，畢竟他們也是在這種商業模式初始時大賺一筆的人；然而，表示後悔的人愈來越多，反映出某些重要的事。這是一個契機，讓我們去探索數位科技如何改善，以服務我們在其中生活的民主制度（無論目前有多少缺點與限制），也讓我們更廣博地去思考，網絡化科技怎樣才能促成更有意義的公衆參與型態。

受到疲用、極端化的動態消息會損及我們對於身爲公衆一員的意識。它爲用戶創造出媒介經驗（mediated experience）；[14]它讓我們身陷被操控的網路。Facebook 等公司貶抑我們的網路經驗開放性，也破壞了平等性。數位科技使不同空間、階級、文化的聯繫成爲可能，打造了富有活力而精密的社群，沒有一般制度的把關者在其中擋道；數位科技有能力創造出一個普世、跨國的「共和國」空間，[59]足以超過國家疆界與種族、性別等社會框架。但是，某主流平台的作爲不但沒有促進和我們不同人們的人性化（humanizing），[15]這座本來讓人們交換意見的平台居然還反其道而行。它蒐集人們的資料後將人分成不同範疇；它的平台設計是要強化不同範疇，鼓勵極端化與強力黨派意識。

此類型的把關者並非新猷，吾人應當警覺，不要高估把關者弄權影響我們的能力。傳統報紙也會製造過媒介經驗，其意思是指編輯能選擇要登哪種故事，以及在哪裡刊登。不過，當今把關者規模之大的確前所未見。Facebook、Google 和 Amazon 握有影響吾人消費經驗的巨大力量，它們還能影響吾人做爲公共公民（public citizen）所閱讀、討論的事物。大約有六〇%的美國人是從社群媒體上獲悉新聞消息的，[60]而且約有六六%的 Facebook 用戶是從該網站獲知新聞。Google／Alphabet 掌握在廣告業方面擁有垂直整合過——從置入到數據分析——的壟斷能力。[61] Amazon 宰制了線上書籍銷售的市場，[62]它控制線上實體書及電子書三分之二的銷售額，Amazon 在線上廣告支出的市場比例正在增加，並逐漸走向垂直壟斷的型態。這些平台爲讀者、觀眾所庋用的內容，已經超越人類史上任何一間出版商。平台創造自有的公眾概念，推動公共服務，但它們同時也在侵蝕普遍經驗的概念，加以打擊人們對普遍經驗的信念。從前，公眾閱聽人（public audience）概念同樣也被電視、報紙等傳統媒體所庋用。雖然傳統媒體有它們的問題，但其中亦有一項透明元素：讀者或觀眾所讀的內容相同，所見的廣告也相同的。然而這段歲月已然逝去，我們在抗拒科技資本主義對民主的侵蝕之際，卻未能開發出足以應對、抗衡的工具或論調。

---

14 指非直接的、被媒體處理過後的經驗。

15 人性化相對於「非人性化」與「物化」，在本文脈絡的意思約為「把人當人看」。

在過去，此種支配的情況通常是由競爭法（competition law）加以處置，競爭法對壟斷的政治性涵義頗有警惕。法學家里娜．阿美德（Lina Ahmed）持論道，傳統上反托拉斯法的重要性不僅在於經濟，它還可以在政治條件下加以理解。立法者的目標立基於「經濟力量之集中亦能鞏固政治力量」此一想法。[63]美國參議員約翰．謝爾曼（John Sherman）在一八九〇年時曾說，集市場控制權於一人的壟斷，會創造出「國王般的特權，此特權與我們的政府型態並不相容」，[64]對此他推出所謂的《謝爾曼法案》（Sherman Act），這是美國反托拉斯法史上的關鍵里程碑。謝爾曼續論道，「若有事爲誤，則此事爲誤。若我們不能忍受政治上的國王，我們也不應該忍受生活必需品生產、運輸、販售方面的國王。」然而，自一九七〇年代以來，反托拉斯法將消費者福利——其意涵常被理解爲低廉價格——視爲最優先考量而超出其他考慮。這意味著以反托拉斯對抗壟斷的觀點加以檢視，可發現平台壟斷現象是蔑視傳統的。[16]

針對共產主義發出的一般警告是，[65]所有人都必須到國有供應商處購買產品；但現代的平台資本主義顯示，如今我們必須到 Amazon 處購買所有東西。這些公司最終掌握了大部分基礎建設，這些建設原本應當由公家控制。這種壟斷現象——透過壟斷廣告，現已遍及網路、物流、書籍出版、新聞傳播——限制市場上可取得的貨物，也折損我們觸及公共空間、社群的能力。

是時候瓦解這些大公司，禁絕它們創造的垂直壟斷了。若有科技平台爲公眾利益提供服務

（此處僅舉數例，譬如通訊、物流、伺服器代管），它們應當在供給服務時遵守無歧視性的標準，而且不能利用此地位來促進或鞏固企業其他方面的發展。這些公司提供數位時代設施的規模越來越大，[66]我們則是透過此等基礎設施施展權利，若任由這些設施受私人利益控制，那實在太危險了。

民主社會所需要的不只是個人的權利，還需要人們對於身爲公衆一員有普遍意識，這樣才能造就一個衆人交換思想、經驗的園地。參與式民主是公義（justice）的重要部分。政治理論家南希．弗雷澤（Nancy Fraser）將公義定義爲「讓所有人都能參加，而成爲社會生活同儕的社會性安排」，[67]這種普遍意識——共通價值觀、目標的公共思想系統——會同時使個人權利產生意義。普遍意識會將個人經驗轉化爲公共性、共通性，而衆人如何共同確定「何爲重要」一事又會折射回我們的日常經驗。數位科技擁有從迥然不同的來源迅速連結空間、創造社群、分享知識的能力，它是達成上述目標的最佳機會之一。但科技資本主義則忙於分化此事，並根據私人利益來形塑大衆。潘恩的警告是：「當富人奪走窮人的權利，這便成爲窮人掠奪富人財產的實例。」[68]

---

16 作者的意思是，十九世紀後期反托拉斯法要義是反壟斷，但一九七〇年代後反托拉斯法把重點放在壟斷造成產品價格提高一事，並以降低價格為務，反而忽略原本反托拉斯法反壟斷的本質。

湯瑪斯・潘恩本人是個失敗的組織者，然而他了解組織勞動者以爭取改變的重要性。從某些方面來說，我們在當今的科技業中逐漸看到類似活動。全美各處、甚至巴西或印度各地的科技員工正團結組織，要求更好的工作場所權（workplace rights）。[69]科技業的工作者是最適合對其公司運作提出批判的人，他們有許多可以教導我們之處，不只是此產業內部的限制與問題所在，還有科技對民主的衝擊。「科技工作者陣線」——主要位於美國的科技工作者與行動者組織——的阿瑞斯・基歐瓦諾（Ares Geovanos）主張：「當今全人類正面臨眞實的生存威脅，例如大規模的不平等或全球暖化等等，而這些傢伙無意使我們變好而擺脫這些威脅。」[70]

民主觀念需要我們將思維超越投票箱，而將投票視爲建構公共空間的系列活動之一。公共討論與公共生活的進行地點越來越是在網路上，如此一來，網路的物質基礎建設及網路的編碼就必須摒棄歧視性作爲。我們需要透明的公共空間，能夠爲公共利益效命並拒絕將用戶商品化，如此一來，有活力且重要的辯論才能夠展開。我們的公共空間——包括線上公共空間——不必然是中立或平等，但它可以變得中立且平等，而我們必須作如此要求。

雖然潘恩的小冊子非常成功，但他對宗教組織的嚴厲批判，終於讓他在晚年時與當時瀰漫基督教情緒的美利堅合衆國相疏離。湯瑪斯・傑佛遜（Thomas Jefferson）與潘恩是獨立革命時期的昔日戰友，但傑佛遜在自己的宗教信仰成爲選舉議題時，他選擇與潘恩劃清界線。即便在潘恩過世十三年後，傑佛遜還是回絕別人請求付印他寫給潘恩的信件，傑佛遜的回覆是：「不行，我親愛的先生，這麼做對這個世界來說是不行的。這件事會將我的頭猛塞進怎樣的一個馬蜂窩裡！」

潘恩於一八〇九年逝世。參加他葬禮的人非常少，[71]其中有兩位是非裔美國人，他們的出席證明了潘恩一生對廢除奴隸制度的投入。整體來說，潘恩之死並不受到美國媒體的注意，直到數年後才開始有人追思潘恩精彩的一生。首先開始這麼做的人是誰？是美國階級自覺勞工運動興起時的相關人士。[72]潘恩的哲學遺緒歸屬於他政治生涯的起點，那便是窮人和工人階級企圖建立的真民主社會；在那樣的社會裡頭，財富是由多數人分享，而非少數獨享。

8

自動化可以減少工作並增進生活

停止工作，這樣我們就可以打造會吃富豪的機器人

在墨爾本大學舊法學院（old law quadrangle）的基座上有塊牌匾。學院建於一八五四年，這塊牌匾設立於兩年之後，紀念當時石匠的歷史性罷工。[1]石匠拋下工具前往議會，抗議承包商不守約定，無視雙方協商好的工作時數。經過調查之後，政府正式裁定，同意石匠每日工時八小時的要求，自此開始，該辦法逐漸推行至其他產業。

這塊牌匾並不引人注目，而石匠的要求從今日標準看來，也很難稱得上基進。但這可是全世界對於挑戰資方勢力所發起的運動中，第一個制度性的認可，這股運動爲我們帶來了週休假期以及每日工時八小時的制度。歷史學者彼得・勒福（Peter Love）寫道：「此事件是某地區全境針對整體產業與主要場所建立官方認定標準的最早案例之一。所有主要參與者都深深體會此結果的重要意義，並舉辦了一場慶祝晚宴。」[2]這場晚宴標誌了勞工階級慶祝每日工時八小時傳統的開端，最後則演變成人們所知的五一勞動節（May Day）。[3]

在北半球，「拋下工具」❶的活動實際上與橫跨全球的降低工時運動相關聯。此事之濫觴是英格蘭的童工工時減少運動，通過於一八一九年的《棉紡織廠法案》（Cotton Mills Act）禁止九歲以下孩童在紡織廠工作、十六歲以下少年每日工時限制在十二小時以內。[4]由此，爲所有工人爭取減少工時的運動在全球開展。美國費城在一八三五年爆發大罷工，[5]贏得每日工時十小時的條件。十多年後，一八四七年的英格蘭《工廠法》（Factories Act）規定女性及兒童每日工時上限爲十小時。跟隨墨爾本工人一八五四年事件的腳步，爭取每日工時八小時的運動方興未艾，五一勞動節——最早自一八七一年起——便標誌著一場法律保障每日工時八小時的週年性國際呼籲。[6]

每日工時八小時運動在全球工人之間益發熱門，這是人類史上最成功的社會進步運動之一。其精神是國際性的，吸引數大洲、數百萬人的支持，而其訴求最終在許多國家達成立法。無論用什麼標準來說，這都是名垂青史的成就。

從許多層面來說，那些爲限制工時奮鬥的工人所搏鬥之課題，與當今社會所面臨的類似。十九世紀的工業化使得工作日轉變成前所未見的疾速型態。從前的勞動規律受到自然條件等限制，例如季節、天氣、日光；但工業化的機械可以不斷運轉，這意味著工作日的限制是由人類體能所定，一日工作結束是因爲工人體力耗盡，彷彿人就只是個經濟單位而已。一九〇二年，經濟史學者法蘭克．麥柯維（Frank McVey）下筆反省自己對每日工時八小時的支持，他描述了以下處境：「這麼多年來，人體的耐力竟然是勞動工作的唯一限制因素。工業化機械的組織目標就是爲了生產及其利潤，在此概念下，工人被視爲機械系統的一部分，而不被當作社會的一份子。」[7]

---

1 意即罷工。

描述關於工業革命對勞工施加的恐怖景況，最著名的應當是弗里德里希・恩格斯（Friedrich Engels）一八四五年的著作《英格蘭工人階級的狀況》（*The Conditions of the Working Class in England*）。在這本詳盡的作品中，恩格斯主張，工業化造成的經濟驅力及健康影響讓工人的狀況更惡化，雖然社會比起一、兩代之前生產力確實提高，科技也進步了。恩格斯是這麼寫的：「今日社會對待廣大窮人的作法令人作嘔。在這種處境下，下層階級的人如何可能健康長壽？除了死亡率提升、不斷的流行病、持續惡化的工人健康之外，你還能期待什麼？」[8]

未來世界對於恩格斯的觀念有所迴響：數位科技的發展與工人的辛苦處境密切相關。二十一世紀數位科技迅速發展，意味著工作已與其「時空條件限制」相分離。[9]世界上許多地方的人們幾乎一直在工作：在辦公室、在路上或在家裡，持續與裝置連線。至於其他勞工，計件經濟（piecework economy）則造就了不穩定的短期零工與長期憂慮。

這股趨勢與日益增加的經濟不平等同時發生。當前多數國家的財富不均情況是近三十年來最嚴重，[10]像美國這種（年）收入不均的情況更是令人憎恨：全國收入前一〇%高的家庭擁有全國二八%的收入。[11]不過，至少這與其他國家的情況相去不遠。另一方面，財產不均（總資產減去負債）的傷害或麻煩是更大的：全國財產前一〇%高的家庭擁有七六%的財富。[12]耐人尋味的是，健康指數也在降低：平均預期壽命的年齡停滯，[13]美國與英國還有部分區段人口正在流失中。中年白人死亡率則在提高，[14]原因包括自殺與藥物濫用情形的增加。該現象之所以重要，在於此種趨勢跟其他年齡層及其他種族完全相反，也迥異於其他富裕國家的對應族群。雖然此種趨勢並沒有明確的原因，但看來跟生理痛楚、經濟困苦、精神疾病的作用有關。

與此同時，例如中國這個享有數位硬體製造業「獅子那一份」（lion's share）的地方，當中數百萬人的工作處境或許是最切合恩格斯論點的現代版本。這些人在工廠裡工作，工廠環境殘酷、甚至致命；[15]生產活動是全天候的，生產速度有違人性，勞工薪資低廉，而爆炸死亡事故頻仍。[16]邱林川（Jack Qiu）所提出的案例令人驚異，[17]如富士康（Foxconn）所管理的這類工廠型態宛如奴隸制度。每座工廠像是個獨立王國，私人警衛對工人暴力相向的例子普遍發生，工人卻無法向公權力求助。工人離職需要面對龐大官僚式作業的阻礙，還要冒著喪失未領工資的風險。在二〇一〇年，上述情況釀成所謂的「富士康自殺快車」：[18]五個月內有十五名工人企圖跳樓自殺，公司甚至還為此架設了臭名昭彰的「自殺安全網」。

數位科技的生產線問題其實在更早以前便已浮現，如剛果民主共和國與印尼的悽慘傳聞：這些國家是硬體製造原料如稀土或錫礦的產地。[19]為了獲取這些商品，男人、女人、兒童在奴隸般的條件下從事礦工，往往會爆發衝突。[20]諸多硬體產品的計畫性報廢（planned obsolescence），往往讓這些工人的犧牲及對環境造成的負面衝擊顯得悲慘且多餘。[21]

數位科技發展加劇了勞動市場在資本主義下最惡劣的部分：越來越多人收到越來越少的薪資，獲得越來越少的工作安全，其工作內容不但非必要，甚至具有傷害性。但勞動依然是經濟的重心；科技的製造與運行，讓社會得以繼續前進。

傳統的馬克思主義者知道，在資本主義之下，工人是生產要素，人力可以創造的價值是全世界的機械無法獨力做到的：若沒有工人執行相關任務（無論是精神還是體力方面），就不可能有生產行爲。因此，勞力是至爲重要的價值來源。同時，勞力是相對豐富多元的，有其自身的能動性。若要瞭解爲何牟利動機是具有剝削性的，上述的這項理論便是基礎所在；因爲，工人是根據工作時間受薪，而不是根據自身所創造的價值。勞工運動的口號是：「勞力應該與其所創造者相稱！」此外，這個觀點也極有助於吾人了解工人的中心地位；若無工人，一切生產系統都會停擺，此時大量過剩的勞工就會成爲一股具有懲戒性的力量。[2] 經濟若要運作，便需要人們工作；可是人們太害怕失去工作了，工作幾乎是他們唯一的生存手段。於是，總的來說，勞力成了資本主義壓迫的出處，但勞力同時也是一股潛在的權力。

潘恩在美國革命前要面對的，是對於財富分配頑固而任性的態度，貴族人士是其代表；恩格斯則譴責十九世紀英國工業家對工人的壓榨。今日，科技資本主義的領袖們皆是相似的同類，他們的智慧及創新爲人稱頌，卻用來擴充、小心眼地維護自己累積的財富，並幫助同行領袖人物如法炮製。對於受自己影響而遭受厄運的無數人們，他們冷漠且視而不見；他們自詡爲高貴人物，追尋自己賺錢的神聖權利，但他們若要達成目標，唯一的途徑就是剝削勞力。然而，這也同時代表了，組織後的勞力依然握有改變社會的力量。

數位世代創造了法學教授詹姆斯·貝森（James Besson）所謂的「當今的巨大矛盾」。[22]他談到數位科技如何轉化創意、通訊、娛樂及工作模式，但在此一新科技影響之下，吾人生活有個關鍵層面是萎縮的，那就是我們的薪資。相對而言，上個世紀全面的科技發展提升了勞工的生活水準，然而，在最近幾十年間，科技卻導致「眾多尋常工人失業或減薪，但頂級薪資者的收入卻扶搖直上」。[23]

造成該現象的部分理由，是生產自動化對低技術工作機會的巨大衝擊。舉例而言，貨運、運輸業的自動化，很可能導致未來十年間多數的駕駛工作被取消。《洛杉磯時報》（*Los Angeles Times*）論道：「這是許多州中最普遍的工作之一，同時亦是沒有大學學位的中產階級者最後可能的工作機會，如今這種工作已陷入危機。」[24]這種警告看似誇張，畢竟人類總能適應，在經濟變化時亦能另尋它法重新運用技能，但這些討論所引發的憂慮確實有其道理。駕駛自動化應該是

---

2 暗示罷工等勞工運動，甚至革命的力量。

件好事，可以提升道路安全與更有效率的物流運輸；然與此同時，此趨勢發展會帶給窮人和工人階級——尤其是缺乏資歷者——一個悲慘世界，他們想找到體面的工作會越來越難。評論者經常將這個現象描述爲「吃掉所有工作的機器人」（robots eating all the jobs）。[25]

可是，故事發展沒有那麼簡單。舉例來說，馬克・安德里松就很自豪地駁斥前述預言；他帶著創業投資者的樂觀自信，但卡車司機對這等樂觀則是不敢恭維。安德里松否認工作量爲既定前提（他稱此前提爲「盧德派」），對他來說，總是會有更多市場——即更多的人類需求、欲求——可以投資。企業家總有妙方，可以找到賺錢新管道、提高市場占有率，他們還能利用從前未開發、被禁止或沒必要的事物來創造財富；若某企業的大門逐漸關上，明日該企業的窗戶便準備敞開。因此，科技資本主義的未來是累積而成：這個系統會繼續成長，企業家會企圖讓人類生活更多方面商品化。[26]他們將愈加嘗試用牟利動機來琢磨根據共同價值基礎而運作的人類社會，但此事卻被貼上一張不相稱的標籤，名爲「共享經濟」（sharing economy）。或者，他們會試圖創造無用的需求——「過度服務」那些可以付得起費用的階級中人——來賺錢。言下之意，在此過程中落後者都是因爲缺乏企業家熱情；科技資本主義早已凌駕人類所有其餘才能。

資本主義的生存，也需要仰賴科技盡可能自工人處搾取所求。企業投資科技，而科技則以數據驅動（data-driven）的排程減少勞力需求，但此種安排的代價卻由工人概括承受。該科技逐漸普及，導致數十年來勞動零工制的興盛，大約有六〇%的美國工人（約八千萬人）是領取時薪，[27]其中約有一半的人屬於即時化（just-in-time）排程系統，沒有確切工作時數或開工時間。在工作時，我們受到的監視是前所未見的密切。舉例來說，我們會攜帶連接至雲端的裝置，[28]這些裝置會監控所有任務及其時間。廣受嘲笑的消費者版「Google 眼鏡」（Google Glass）已化身爲工作場所的管理工具，[29]能更有效地追蹤分派給工人的各種工作。Amazon 正在申請一款手環的專利，[30]此產品可以引導工人的動作，使其打包物件的行動更迅速，以期從工人身上榨取更多力量。雇主充分利用科技，力求最佳化自身運用與監控勞力的效率。

在自動化所造就的世界裡，低技術工作被嚴格管理，而高薪工作則要求更加精緻而複雜的技能。[31]雖然這未必代表世界上的工作一定減少，但勞動市場所提供的工作性質及條件正在變化中。[32]勞動市場越來越多體力活、具危險性的工作，[33]需要認知思考與企業才能的高薪工作則越來越少。這就是二十一世紀資本主義呈現給我們的未來。

各方估計或有不同，但目前的數字顯示，全世界有近一半的給薪工作可能被自動化。[34]雖然很少會有職業完全消失，但近十分之六的工作，[35]其中至少三〇%會被自動化。此事的意涵衆多，包括要求員工使用電腦，甚至是完全替換員工，這樣一來，許多人會因此不充分就業或失業，造成勞動力過剩。根據統計，不充分就業與失業的規模正在增長，[36]現有工作的薪水降低，工作變得更辛苦。若勞動力過剩是自動化造成的結果，該現象其實一直是資本主義的重要目標。若有一群沒工作的人搶著無需技能的職位，[37]此事可用來逼迫工人屈從，讓他們接受低薪，創造求職需求。勞動力過剩代表人們被迫接受危險的工作環境，或承受被取代的風險。這種社會造就的失業程度，乃是公司和政府已然準備接受的結果，因爲這能對已有工作的人施加訓誡壓力。

此外，值得注意的是，自動化方面的投資並非線性發展的結果、亦非無法避免者。透過自動化提升效率並減少雇用的情事，似乎與經濟衰退相關。舉例而言，二〇〇八年金融危機時期，便有科技取代工人的情況，且當時還有提高新職務條件要求的現象，因爲新工人需要具備資訊科技專業，以便與新電子「同僚」共事。[38]傳統上的低技術工作被消滅，取而代之的是要求更高教育水準的崗位，此導致所謂的「無業型復興」（jobless recoveries）：[39]經濟已從衰退走向成長，但工作機會卻處於停滯狀態。受此趨勢影響的，是人口結構中較爲脆弱的一群，在系統性經濟壓力時期更加嚴重。這會釀成巨大的人類苦難；這也揭露了資產階級的懶散本性。他們並不積極善用最新、降低成本的科技（這原本是正統觀點中，預期他們對於市場力量的回應），[3]資產階級其實是頑固的，他們一直要等到經濟蕭條時，才準備投資於自動化，讓剝削行爲更加容易而正當化。這群階級人士眞的是遲鈍又貪婪。

科技資本主義所創造的未來，會有愈來愈多的商品化與剝削，我們不應將此和效率、進步混爲一談。資本主義推行的工作自動化過程，導致收入不均的情形加劇，工作壓力與工時一同增加。此事還塑造出一個逐漸增長的工人階級，他們的安全與權利都較從前更少；有時這群人被稱爲「險境中人」（precariat），在零工經濟（gig economy）時代求生，他們在沒有穩定安全保障、承受經濟變遷的處境下打零工維生。這套系統的運作，便是倚靠勞動力的過剩，來有效地威嚇勞工跟政治基進主義。有很多人（包括一些左派人士）喜好談論工作中心性（the centrality of work）[4]之於人的目的感和尊嚴，但大衛．弗萊恩（David Frayne）加以批評此論點，他剖析現代的工作概念頗有見地。工作讓我們獲得收入與尊嚴感、有所貢獻、得以歸屬共同體，但據弗萊恩所論，多數狀況是「工作已變得不再是上述諸事的穩固來源」。[40]

當前體制下的自動化同時造成科技與工人雙方面的浪費，因爲再培訓很貴，福利網（welfare net）也很小。此等自動化造成了生產力與貧困同時增長的矛盾現象。將工作外包給機器，尤其是那種無聊或危險的工作，這確實是值得追求的目標，但這不是我們目前體制所邁進的方向。在這一波波自動化衝擊下受苦的人，通常是社會中最脆弱的那群人，他們的薪資最糟、技術最低，

3 此處的正統觀點是指古典資本主義理論下市場的調節、驅動力。

4 工作中心性觀念強調，工作在人生中扮演重要的地位。

在危機時期所能依靠的資源最少。尼克．蘇尼切克（Nick Srnicek）和亞歷克斯．威廉斯（Alex Williams）強調，讓「全面自動化成爲一個『政治性要求』、[41]而不是假設自動化來自於『經濟必需』」，是非常重要的事情。科技並不能保證讓少數族群獲得大量財富，科技也不能保證讓這個世界不再需要工作。科技造成的影響將根據政策，以及爲政策目標奮鬥者而定。[42]可是，若要擁有人道與公義精神，就必須讓自動化一事的益處更能公平分配。

若要促進自動化並使該發展的益處讓衆人分享，我們應該制定什麼類型的政治計畫呢？各式觀點中有一大主張，認爲一定要讓工作減少：減少工時但不降低薪水。我們需要扭轉以下觀念——即把透過自動化所獲的效率，當作進一步剝削勞工的託詞。

一個工作減少的未來並不是什麼創新觀念。最有名的例子或許是約翰．梅納德．凱因斯（John Maynard Keynes）在一九三〇年的作品，他預測資本的累積以及科技的發展會引導人類走向全新的生存方式：「人類被創造以來，首次要面對他眞實而永久的問題：如何在免於經濟壓力後善用自由，如何利用科學與複利效應創造的閒暇時間，以及如何活得聰明、活得愉快、活得好。」[43]

凱因斯相信，我們即將創造出能切合人類生存需求的社會，在這樣的社會中，每個人都能擁有足夠的資源如食物、衣服、照顧。其結果是，生產工作會轉變成另一型態，工作會降到最低必要程度，不再是人類生存的主要部分。凱因斯預期每日工作三小時或每週工作十五小時，並盡可能分散建立富裕社會的集體任務。他將科技性失業（technological unemployment）當成工業化與科技發展的結果，不需要爲此哀悼惋惜，而是將此事視爲社會在通向減少苦工、增強產出的未來道路上的陣痛。

寫作早於凱因斯的馬克思對於生產工作的未來擁有類似抱負，他想像中的每日工時是六小時，而不是他所處時代常態的十二小時。就馬克思的構想，大規模工業機械化的結果是人類勞動角色的轉型，生產工作變成自動化機械的「機械體與思想體」之間「有意識的連結」。對馬克思來說，此情的後果將是：[44]

> 個性的自由發展，這不是以必要勞動時間的降低來造成剩餘勞動，而是整體社會必要勞動的最小化。如此一來，在時間解放之後，個性發展便能相應成就個人的藝術、科學等發展。

剩餘勞動現象之出現代表著勞動階級的問題，但這同時也象徵著解放的機會。馬克思所描繪的社會景象是「無人有特殊的活動範疇，但每個人都可以在他期望的領域有所成就」，易言之，在這個社會裡，人人都可以「早上去打獵，下午去釣魚、傍晚飼養牛隻、晚飯後說長道短……但並不需要成爲獵人、漁夫、牧人或評論家」。[45]生產工作越來越由機器代勞，人們依然在監督生產，但擁有更多自由，能在閒暇時培養興趣。

這些作者們代表了一種更廣大普遍的意識，即未來的領薪勞工會減少。正如我們在第五章所談及的科技烏托邦主義者，從前世代有許多人發現，一個工作更少、生產更多、足以符合社會需求的世界，是極有可能出現的。對於馬克思這等革命分子、對於凱因斯這種有意管制資本主義的人、對於支持每日工時八小時運動的數百萬人，以及其他無數的人們而言，工作減少是不證自明的，是邁向更好社會的前進步伐。

但是，我們並沒有向這個眞相靠攏，我們甚至離得更遠了。愈來愈多人的工作時數愈來愈久，工作量也愈來愈大。[46]資本主義下的自動化並沒有被導向使人「活得聰明、活得愉快、活得好」。反之，資本主義下的自動化創造一種深刻持久的道德秩序，將刻苦工作與美德結合在一起。這種文化起於最上層，二十一世紀的統治菁英已經不是邋遢的地主鄉紳或懶惰的鉅富繼承人；這些人極爲勤奮地工作，他們相信自己因此有資格獲得財富。一位匿名的華爾街交易員在二〇〇一年占領華爾街活動（Occupy）[5]的信件中，冷酷但具體而微地反映前述態度：[47]

> 這裡是華爾街……我們早上五點起床，工作到晚上十點後。我們在工作崗位上盡量不離開小

便，我們午餐休息時間不超過一個小時。我們沒要求工會，我們不會五十歲後就拿退休金離開。我們吃我們所宰的，❻如果剩下來唯一可吃的東西是你的晚餐盤，我們會把盤子吃了。

我們亦在新興的Soylent銷售當中發現這種態度。Soylent是一種營養均衡的代餐，❼讓那些忙碌的矽谷人士可以騰出煮飯時間。愛用Soylent忙人的養生、省時價值觀和華爾街交易員的咒罵似有異曲同工之處，[48]此即對生產力與自我價值之間的文化及道德性連結，有一種自我肯定式的信仰。凱因斯已經預見了這個問題，他寫道：「我們長久以來被訓練爲奮鬥求生，而非享受。」[49]唯才主義式的工作倫理觀極其穩固，任何不願意參與這種剝削式競爭的人，都會導致不幸、過度生產、不平等，最終被邊緣化。我們應當抵抗這種心態。

工人應該有能力抵抗。他們是資本主義生產的重要元素，他們也同樣擁有停止生產的力量。

---

❺ 運動者於二〇〇一年九月起聚集華爾街周圍，抗議經濟不平等、大企業恃強凌弱等議題，後來擴大為全球性的連鎖活動。

❻ 原文We eat what we kill。此語有靠自己謀生之意，但亦暗示弱肉強食的競爭。

❼ Soylent發明者是認為吃飯又貴又麻煩的軟體工程師，他於二〇一四年將各種營養物質混合推出此代餐產品，該名稱得自一九六六年科幻小說《騰出空間！騰出空間！》（*Make Room! Make Room!*）與一九七三年電影《超世紀諜殺案》（*Soylent Green*），其中有種以大豆與扁豆製成的未來食物就叫Soylent。

關於縮短工時、減少工作、公平工作的國際性追求，現在正是復興的時刻。我們的目標應是一天工作六小時、週末放假三天，最終目標則是一天五小時、一週工作三天。破壞性、剝削性的工作倫理宰制了目前關於勞動的討論，我們得從那裡將時間奪回來。

大衛．弗萊恩呼籲回歸「時間政治學」（politics of time）：「就社會內部工作時間分配量進行協調、開放的討論，讓所有人都能自由且自主自我的發展。」[50]這正好就是每日工時八小時運動的核心動力，該運動旨在透過領薪工作的公平分配，讓失業率降到最低。[51]一九〇三年紀念碑揭幕，[52]紀念半個世紀前墨爾本大學事件的歷史事蹟，工人組織領導者湯姆．曼恩（Tom Mann）宣示，該運動的目標是要消滅貧窮和失業問題，若欲成就此事，唯一的途徑就是減少工時（他喊出每日工時六小時的口號，報導顯示群衆開心地贊同）。今日再度起義時，此類運動還能爲那些被資產階級視爲不符要求的人們創造工作機會，從而減少資產階級利用備用工人逼迫有工作者服從的作法。換句話說，如同弗萊恩所言：「人人都該減少工作，以使人人都能工作。」[53]

傳統上，組織起來的勞力同時要求麵包與玫瑰——像樣的薪水、尊嚴與美。除了要求減少工時之外，墨爾本的石匠們還渴望將工作條件變得更合理，讓他們有足夠發展自我的條件。在澳洲嚴苛的氣候下，縮減每日工時是必須的。此外，據報導，這還能「給予工人閱讀研究、提升知識與道德的時間」，[54]讓他們成爲更好的人，能夠「自我尊重、尊重他人」，還能擁有「愛國情操與公民素養」。另一位作者則寫道，每日工時八小時運動是「公衆必需品」，「以此促進人們對於生命有廣泛的興趣，使人有機會提升文化，而且可以接受足以解決當前民主政治問題的教育。」[55]

我們可以從上述論調得到靈感。對於那種壓榨工人、傷害社會的工作場所組織科技，諸如數據驅動排成和監控技術，我們應當要求將之消滅。這類科技會爲瀕臨瘋狂的工人們製造工時不確定、不規律的嚴厲氛圍，其家庭甚至社區卻得承擔此後果。工作場所應當讓人們享有尊重，而不是以紀律加諸於人。我們應該確保，自動化在生產力上促成的進步，應當由所有工作者、對生產有所貢獻者分享，而不是化作雇主的利潤。

我們也能利用這段討論，爭取時間來實現其他追求，遠離領薪工作。[8]法律應當大量提高加班的成本，禁止工作超出每週上限規定。這件事情在數位時代尤其重要：近來法國已立法保護「離線權」（the right to disconnect），意義是員工在非上班時段並無責任寄送或回覆工作的電子郵件，執行方法包括夜間關閉伺服器、自動刪除非營業時間的電子郵件等等。[56]紐約市目前也在

---

[8] 'wage'一詞所說的薪資或工資，通常屬於體力勞動而非高知識、技術型的工資，此類薪水經常是按週計算的。

研擬類似法案。[57]在荷蘭，工人有權利要求減少工時，雇主不得在他們行使此權利時予以處分。[58]至此我們已可想像，其他的立法議案應可逐漸瓦解長工時文化，使工人有條件學習新事物，對公共政策討論有所貢獻，並更加投入其家族和社區。

減少工時並重新分配社會必要勞動的訴求，需要我們將其重新定位：從對於金錢價值的了解，轉爲衡量時間、好好活著、地球永續性的價值。已有可靠證據顯示，減少工作日數可以減少氣體排放量，[59]因爲通勤及工作場所所需的能源減少；美國猶他州曾進行一場實驗，[60]在數年之間減少州政府雇用員工的工作日數，而研究者記錄到溫室效應氣體排放減少了。關於時間政治學的公共討論也能幫助我們將無意義的工作降到最低，它能迫使我們去思考，哪些工作是社會良好運作下所必須，而哪些工作是——如同人類學家大衛・格雷伯（David Graeber）所說的——狗屁工作。這意味著，我們關於生產的集體決策，受到衆人所處的氣候環境與衆人所構成的社會所需之影響。從這個層面來說，市場確實是個很糟糕的決策者，如格雷伯所言：「在我們的社會中似乎有條普遍的規則，某人的工作越有益於他人，這個人就越不可能因此獲得報酬。」[61]這個世界上將會有愈來越多的護士與教師，愈來愈少的企業律師和股票交易員。[9]投機企業家會越來越少，而全球性或地方的人們會共同合作，處理如氣候變遷等重要、具體的問題。

正如爭取縮短每日工時的運動原型在工業革命後幾十年間開始出現，當科技發展提升人類集體生產能力之際，這個訴求的正當性在今日亦能展現。這是一個具有生命力的遺緒典範，它起自湯瑪斯．潘恩、由馬克思所呼籲、凱因斯所想像，這是一個能吸引千百萬追隨者，以每日工時八小時運動所持續的傳統。它會形成新的生產體系，至此我們可以鼓勵自動化、減少工時，卻不需以減薪爲代價；此體系有望造就臻於理想的社會，社會必要工作至此已降至最低程度。我們需要向前賢借鏡，調整他們的策略，套用於我們當前的處境；我們需要發起的運動，是推動數位科技，讓人們得以一口氣同時成爲獵人、漁人、牧人、評論家。我們需要的社會，是人類生活不受產能、收入、財富所評斷的社會，是科技被導向創造多元空間以使個人茁壯的社會。

自動化其實具備了讓這個世界減少薪資工作的潛能；此事使人雀躍，雖然目前我們只能瞥見小小的火花。數位科技的能力足以塑造世界，讓機器促進生產效率，然而達成該目標的關鍵部分，則是賦予工人執行職務的權力。如果工人有機會用有意義的方式從事工作，學習並實際操作技能，他們就能將此知識以高效率的方法投注回生產過程。透過自動化達成的工作轉型，未必表

9 此處的護士、教師、企業律師、股票交易員應是根據前文而來的比喻，而不是指實際的職業人，前二者是指人們時間解放之下的素養提升結果，後二者是資本主義（心態）者。

示未來注定是由機器人來吞噬工作，反之，此等轉型可以創造出吃掉富豪們的機器人。

詹姆斯．貝森寫道：「科技的落實頗具挑戰性，因爲有大量的工人必須獲取新技能與科技知識。」[62]在此脈絡下，最好不要把科技發展僅僅想像成如蒸汽引擎或微晶片這類聰穎點子，而是要將此發展設想成一個這些點子及其落實、維持之綜合體。[63]在此脈絡下，教育絕不只是學位或資格問題而已，而是可以投入於科技的技能與知識來源。用別的說法來講，歷史上從事新發明、科技發展的人們，往往能對這些發明的改善有所貢獻。倘若我們能與科技共同合作，我們就更有機會改進科技，並充分利用革新之精華。

工人合作社（worker cooperative）所提供的模式，揭櫫生產能有效地適應新科技。工人合作社有著各式各樣的型態，[64]但整體而言，它們就像企業，由工人集體擁有該行號的主要部分，管理決策由工人自身的民主式參與所決定。這類組織遍及全世界，尤其是北美洲、拉丁美洲與歐洲，其散布於諸多產業，規模有大有小。其中有個很好的例子是，二〇〇八年芝加哥的「門窗共和國」（Republic Windows and Doors）預計停業，[65]雖然其依然在獲利當中，但企業主想結束公司業務，再建立一個以雇用零時工爲主的類似商號。工人決定反擊，他們拒絕公司解散，最後他們竟湊足資本，把公司給買了下來。目前這是一家由二十三位「工人─業主」共同成功營運的公司，並重新命名爲「新世代窗戶合作社」（New Era Windows Cooperative）。

此等企業背後的驅動力，乃是工人在管理決策方面的積極參與。這不只是能集思廣益，結合眾人構想來組織勞動力，關鍵在於它能創造出工作上的知識共享。[66]這在一般公司結構中難以孕育，但其價值非常高。以此法來建構組織，[67]能對工作人員造成誘因，讓他們有創意、承擔責任、避免不必要的衝突、監督且增強表現；換句話說，這是在教育他們及彼此，如何才能最好地與科技合作。工人合作社讓工作者可以鍛鍊新技能，學習、練習並實驗新的做事方法，他們可以分享知識、可以回饋，自信能透過分享來促進更高的生產力。「新世代窗戶」的一位工人兼業主亞爾曼多・羅伯斯（Armando Robles）如此解釋：「如果出了錯，我們會彼此談一談，然後找到解決方法。我們試圖爲所有人做到最好。我們工作更加努力，因爲我們是爲自己工作，而且我們做得更加享受。」[68]

在這裡，我們再度看見未來的種子於現在萌芽。有太多所謂的共享經濟或零工經濟——諸如Uber、Airbnb、Zipcar、Task Rabbit 企業——適合建構爲工人合作體，而非追逐利潤的公司。這些工人本身了解自我組織得以創造的可能性。例如，Uber 司機的知識共享網絡能幫助他們探知其工作環境的複雜性，[69]也有助於研究者記錄這種雇用模式會面臨的挑戰，並讓公眾得以知曉。但這些公司企圖禁止或排擠這類行爲，其理由非常明白易見。現代勞工運動的一大任務，就是要鼓勵工人並提供法律上的保護。有些實驗會企圖將這類平台直接組織爲合作社，[70]其成果頗爲複雜，優缺點皆有，然其前景依然看好，特別是將主要管理決策權交付給工人的實驗模型成效尤彰。

零工經濟經常利用數位科技來強化特殊的社會價值觀，包括自我導向工作（self-directed work）[10]的價值、透過共享有效使用有限資源、信任的重要，以及對於打造社群的興趣。若我們將控制權交給工人，讓這些工作模式再社會化（re-socializing），想想這能創造出怎樣的可能性。我們在此窺見了未來工作的光明前程。

不幸的是，證據顯示，在我們目前的體系下，零工經濟裡充滿了高度剝削的公司，它們同時剝削仰賴其維生的人，以及它們所營運的社群。一旦談到賺錢，共享經濟的公司最後會甘冒毀滅其成功初心價值的危險，[71]這些價值包含了開放性、社群意識、善意、分享意願等等。問題在於，當公司將這些價值加以資本化來營利時，它們並不將利潤分給別人；它們根據市場原則來營運，而不是根據民主程序。這種結果之所以可能出現，是因爲某種特殊的歷史觀點已經滲透到數位科技時代。如湯姆．史歷（Tom Slee）所指出的：「共享經濟完全忽略合作及協作運動的歷史，這就是爲何共享經濟這麼容易被企業拉攏的原因之一。」[72]

我們已經來到這樣的一個世界，在此工作可以是彈性的、自我導向的、優先考量資源可持續性，並奠基於信任與構築社群之上。吾人可以想像，零工型企業如何能夠轉型爲工人合作社，確保如此一來工作的利益不只流向企業主，實際上工作的人們亦能享有。欲達成此目標，需要實施某些過渡政策，例如讓合作社享有稅率優惠，或在公司破產時由工人取得擁有權的轉移。又或者，轉型的方式可以是由工會要求取得某種所有權，甚至取得工作場所的控制權。一旦工人獲得參與決策的機會變多，吾人便很容易見到，最糟糕的工作類型會逐漸由自動化優先處置，「狗屁工作」——像是討好管理階層的馬屁精，或處理根本不存在問題的修理者——會被貶抑，而當決策者與工作者之間有更多彼此的回饋後，狗屁工作甚至會消失無蹤。適應新科技的必要技能將公開共享，此模式善用數位科技的優點，亦即強化信任感和社群感，再將此優點廣爲發揚，其規模遠超出現況。

工人合作社強勁的團結意識加上合作的本性，爲大膽積極的工人守護者創造了條件，提出自動化與重新分配的要求。傳統的公會依然有其批判性，但我們對於如何自動化時代進行組織一事需要更寬廣的思考。有很多在數位時代成長快速的公司，其實很適合工人合作社這類結構；仰賴共享經濟的企業依稀透露出未來的模樣，然這可不是那些企業執行長們所樂見的模樣。

---

10 傳統的工作模式，決策為上層制定，眾人有共同目標要加以達成；自我導向工作則與此相反。

以更民主的方式處置自動化，可使降低壓迫及不平等成爲優先的政治課題，並放眼在市場力量之外，確立我們該如何生產的決策。但是，即便是在一個薪資工作減少的世界，不平等依然存在，以生產條件衡量某些勞力還是較其他更有價值。我們需要擬定計畫，確保這個社會上的人們有公平的貢獻（在公平而非剝削條件下工作），且可以獲得適當的分配（根據需求而非市場誘因來重新分配資源）。減少工時是達成前者的正途；至於後者，湯瑪斯·潘恩可能會主張，現在正是我們爭取獲得「地租」的時刻。

關於這類地租的型態應當爲何，在左派內部有著分裂意見；意即，若要重新分配自動化生產的利益，哪種政策最合適呢？像尼克·蘇尼切克及亞歷克斯·威廉斯這樣的作者表示，應該加快全面自動化的歷程，這是現代左派後匱乏經濟（post-scarcity economy）[11]觀點的一部分；其他人如亞當·格林菲爾德等則對此等前景抱持較爲懷疑的態度。[73]格林菲爾德點出，工人階級最基進的某些部分，組成了經濟最能快速自動化的部分。若我們確實意在追尋減少領薪勞力工作的世界，那到底應該落實怎樣的重新分配機制，才能確定這件事情是「賦權」而不會「使人更窮」？邁向數位化未來的途中，地租的現代模樣會是什麼呢？

我認爲有三件事情應當考量：如何確保人們的薪資適當，如何組織生產工作並認知其他工作的重要性，如何確認人們的基本需求獲得滿足。有很多不同的觀點和意見，可以幫助我們思考如何達成這些目標。

基本收入（或通稱爲人類基本收入）的哲學根基，就在兩百年前潘恩提出的「地租」概念當中。丹尼斯．米爾曼（Dennis Milner）可說是第一個系統性闡述明確支持基本收入理論的人；寫作於一九二〇年，他的觀點以小冊子形式流傳於英國工黨（Labour Party）間。[74]文中寫道，慈善不是貧窮的解藥，若想達成更高級、更大量的生產，必得先滿足某些條件。米爾曼持論，人類有對「食物和自由」的雙重需求：人民需要食物及居所，還需要自由讓生活得以自主。而透過定期、無差別給付所有人民款項的作法，上述需求確實可以滿足。

近一個世紀之後，類似提議已經在好幾個國家立足。在英國、[75]加拿大，[76]主要的社會民主黨派已在考慮基本收入一事，且此事亦大獲群眾支持。[77]瑞士對該提議也在考量當中；[78]芬蘭大張旗鼓推動一項實驗性計畫，[79]後來卻選擇放棄（這項充滿爭議的決議衝擊許多評論者，[80]他們認爲爲時過早，其依據則是設計不良）。同時，類似的計畫在巴西已行之有年。[81]

基本收入概念亦有右派的支持者。米爾頓．傅利曼（Milton Friedman）便是其中一位，他認

---

11 「稀少性」（scarcity）為經濟學主要概念之一，意思是資源有限而人類欲望無窮，故有選擇與機會成本的問題。「後匱乏經濟」概念是學者預期未來社會或能克服資源稀少性的問題，故為度過「匱乏之後」的社會。

爲基本收入可以降低政府的角色。更近期的例子則是科技資本主義菁英[82]——馬克．祖克柏、馬克．安德里松和創業投資家山姆．歐特曼（Sam Altman）等人，他們也支持此政策。自由派人士的意見是全然反對福利國家（welfare state），取而代之的是單一、統一稅率的普遍薪資。[83]由此觀點切入的話，基本收入可以保障資本主義的長遠未來，促進投機企業精神。它是自由市場功能的促進器，[84]而不是市場極端化的限制器。由此，它有可能掩蓋科技資本主義加重不平等的結構性特徵。[85]消費主義的擴張不受節制，在市場成爲公共資源與集體問題決策的宰制因素後，永續性已非重要考量。願意付出此代價的，是那些組成剩餘勞力階級的人，是那些被市場視爲可消耗的人，這些人在破碎的經濟中掙扎著尋找工作。倘若基本收入取代了人類普遍社會計畫如教育、健康、福利，倘若基本收入成爲市場解放的一部分，它將是資本主義死亡崇拜的預兆。

前段所述取徑，象徵著矽谷人士對於貧窮的理解，意即將貧窮視爲一個設計問題，可藉由重新分配結構——卻忽視潛在問題——加以修補或解決。這些思想家迷戀自由市場，卻無視自由市場肅殺之氣會蔓延至人類生活的一切層面，並掩蓋其無能管理共同資源的缺陷，掩飾其將經濟、社會、環境成本外部化的結構傾向。科技資本主義菁英在科技變遷之際，希望利用基本收入來削弱勞動市場的優勢，如此他們便能夠繼續發揮自己的長處：剝削人們藉以牟利。

所以，基本收入究竟是一基進的重新分配計畫，抑或是讓資本主義者繼續保有權力的方式呢?答案將取決於誰在訴求此事,以及如何訴求。它可能是技術專家政治的生命線,[86]能補貼靠投資收益度日的資本主義者;或者,它可以賦予所有人在具持續性的社會裡,實質上平等分享其生產成果。無論是何者,這都是我們將進行的一場辯論。左派人士對此不能回絕,而是要回應基本收入提出的前景,也就是將其視作一個出發點,訴求更好、更精緻的財富重新分配之道。若左派人士失敗了,就等於讓這場辯論的輪廓改由菁英來定型,而後者將逐漸改用他們的方式進行討論。

於此背景下,我們亟需了解基本收入的益處。首先,這牽涉福利制度相關官僚獨斷且耗時的表現,造成政府的援助難以取得且令人感到羞辱。採用基本收入將能顯著改善目前的情況。[87]基本收入包含一種已被多次證明有效的福利措施:給窮人現金。[88]給付現金的效果極佳,尤其推行此事的成本頗低,而現金創造的乘數效應(multiplier effect)是提供物資、服務所沒有的,這讓福利供應與經費的中介者擁有賦權的潛能。

或許最重要的是,基本收入概念能爲更龐大的任務提供正當性,而這些任務在傳統上是被斥爲無生產力的。做爲一個推行於全世界的想法,基本收入並不像稅額減免或法定工作權利那樣附屬於薪資雇傭。家中的複製性勞動（reproductive labor）[12]如家務或照顧等，傳統上在經濟裡頭是隱形不見的。而基本收入可以成爲一種支付模式，讓複製性勞動首度獲得有意義的經濟衡量；基本收入具有解放大量人們（主要是女性）的潛能，因爲肩負複製勞動的責任經常讓他們陷於受虐、被控制、孤立的人生處境，無法獲得其他賺錢的機會。此外，類似論據也能適用於奮鬥進取的個人，使其能嘉惠社區及社群，諸如藝術創作、義工、政治性組織、公共參與決策等等，只要廣大民衆可以減緩其在財務安全方面對薪資工作的倚賴，公衆參與決策一事便可昇華爲各式各樣新穎而有趣的型態。

易言之，基本收入可以破解華爾街精神關於成長、職位、生產力、個人價值的魔咒。生產工作不是自我價值意識中不可或缺的部分，應該僅限制於社會必要的範圍。生產工作在人之所以爲人一事上所占的比例日益衰微，這便是基本收入的理論基礎。

同時，我們需要思考生產性薪資工作如何才能進行更民主化的組織，以符合社會需求而非私人公司的欲求。爲達此目的，一個被廣爲接受、代替基本收入的方案，就是就業保障（job guarantee）。[89]就業保障是由政府向任何有意願且有能力工作者提供職位，使其賺取最低薪資。舉例來說，這些工作可能與基礎建設計畫或看護事宜有關；而擴大公領域的政府花費，其功能類似某種凱因斯式的經費，可以刺激經濟並緩解人民受私人勞動市場波動的影響。模型模擬顯示，就業保障會比基本收入（經常被批評太昂貴）更划算，[90]也可以避免許多基本收入會遇到的通貨膨脹風險。就業保障可以幫助我們集體決定什麼工作是必要而緊急的，並由民主式代表將其列爲優先。

然而，相較於基本收入，就業保障亦有其缺點。就業保障會強化生產力與人類價值的相關性，此政策會造就狗屁工作現身的風險。此外，若就業保障實施不力，反而會阻礙人們從事其他事情——無論是照顧的責任或藝術性的追求——之時間。就業保障不理會無法工作的人，但這些人可能是殘障等健康因素所致；就業保障無可避免地含有道德教訓與紀律管教的成分。大衛・弗萊恩呼籲，政策的重點不應該「企圖將人民編列到預設好的烏托邦計畫中，而是要漸漸將人們從指定角色中解放，給予他們時間以成爲積極問政的公民。」[91]

不過，就業保障依然是個值得考慮的好方案，它具備很重要的意涵：社會必要工作的集中化組織管理。此概念之普及性具有其它吸引人的性質，它可以用來做爲某種可流通於雇主間的普遍假期（universal leave）權利之基礎，例如育嬰假、病假、長假等等；在就業保障下，所有工作者

12 複製性勞動一詞據說出自女性主義思想，指的是女性從事的家務、掃除、照護小孩、煮飯等工作不斷重複，有如複製，卻沒有合理報酬、不受重視。

以及符合工作最低要求之人皆可獲得以上權利，以自雇主處取得並由公眾管理的資金支出。就業保障創造了關於生產的集體決策前景，生產不再是基於利潤，而是依據人類需求、環境可持續性及工作尊嚴。

爲了解放，而非強加「爲取得福利而工作」（work-for-welfare）的範型，就業保障涵蓋的工作定義必須有彈性、夠廣泛，且能滿足涵蓋入計畫的條件。就業保障的工時應低於目前的週平均工時，它的目標是組織起社會必要工作，並將其分配給能執行工作的人。就業保障造就的世界，看起來會像是伯特蘭．羅素（Bertrand Russell）[13]所主張的，每日工時四小時，而工作「足以讓閒暇時間顯得令人歡欣，但工作量不會多到令人精疲力盡」。[92]簡言之，情況應該要更像是達成社會必要工作的基本收入。

在此種混合體之下，我們還需要考慮服務供應（service provision）的角色，因爲無論是基本收入抑或就業保障皆未提供此事。此概念被稱爲人類基本服務（universal basic services），[93]包括了健康、教育、居住、大眾交通、連線性（connectivity），及個人照顧服務之提供。服務供應的重點不在於財務金錢的重新分配，[94]而是轉型爲服務導向模式，更直接地滿足人們需求。服務供應能確保無能力從事社會必要工作之人也能受到適當照顧。每個人都繳納金錢並獲得社會保險的福祉，與福利服務相關的恥辱便可以降低。

到最後，我們需要將這些計畫綜合起來。[95]我們需要基本服務給予的自由，就業保障組織提供的可持續性，以及集中計畫的重點服務對尊嚴的保衛。這就像是自動化時代裡的新政（New Deal）[14]及數位革命時代的「地租」，於此快速生產力的效益可以讓眾人共同分享。「人人各盡所能，人人各取所需」（From each according to their ability, to each according to their need.）——這便是二十一世紀的社會主義前景。[15]在人類史上最具革命性的時期之一前夕，湯瑪斯・潘恩在《常識》的附錄中寫道：「我們自己擁有重新開始世界的力量。」如今，我們擁有類似的機運。

---

13 伯特蘭・羅素（1872-1970）為英國哲學家，持邏輯實證立場，然又同時表現和平主義等精神。

14 新政是一九三三年美國總統羅斯福（Franklin D. Roosevelt）應對經濟大恐慌提出的經濟政策，運用了凱因斯思想，其重點包括財政改革、以大型公共建設計畫提供工作機會，以及推行社會救濟與社會福利措施等等。

15 此語是馬克思在一八七五年提出的口號。

我們需要的不只是隱私權，而是數位自主權

法蘭茲·法農加以理論化的自由

法蘭茲．法農（Frantz Fanon）在其開創性作品《黑皮膚，白面具》（*Black Skin, White Masks*）中呼喊道：「噢！我的身體啊，造就我永遠是個勇於質疑的人！」[1]

法農做爲思想家，他從來不迴避關於權力、種族、身分認同的深奧問題。他生於一九二五年安地列斯群島的馬丁尼克（Martinique），[2]當時爲法國殖民地。法農在第二次世界大戰期間服役同盟國，原本在加勒比海地區過著中產階級生活，但軍旅生活粗魯地驚醒了他的人生：在同袍間，法農做爲黑人一事壓過了他的法國公民身分，他發現自己的身分已經預先被種族所決定了。戰爭結束後，法農到法國旅行，最後在里昂受訓成爲精神科醫師。一九五三年，法農被派去阿爾及利亞工作，不到一年阿爾及利亞獨立戰爭爆發。法農接觸到阿爾及利亞人所受的折磨，同情對方的目的，他選擇對抗法國殖民那一方。他放棄了工作，短暫回到法國，隨後前往突尼西亞擔任阿爾及利亞共和國臨時政府的職位，加入反殖民革命。[3]法農的職位最終讓他來到迦納，當時是非洲統合運動的社會與政治中心。期間他將自己所見所想加以理論化，並透過寫作呈現。

第一手的經歷，加上法農在理論方面的訓練、精神醫學科的經歷，以及寫作才能，他創作了精彩奪目、原創十足、衝擊深遠的作品。他的作品志向宏偉，卻平易近人，使用嚴密而動人的文字探討影響久遠的觀念。他的作品扣緊殖民主義和種族主義，探討經歷這些壓迫體系的人們可以擁有怎樣的未來。法農認知到「反黑」（anti-black）種族主義是一種扭曲的理性型態，一個體系性的問題，而不是人類社會的特徵。[4]他敍述出一整套探討此類概念的理路，將其理念加以理論化。

法農相信自決（self-determination）的理念。就算在一個人類被分類、監控、歧視的世界裡，我們依然可能刻劃出自我身分的空間，塑造我們的命運。雖然法農的分析來自於他做爲黑人身處種族主義社會的經驗，但法農的作品絕非失敗主義，他診斷種族主義複雜而根深蒂固的本性，但他並不呼籲採取防禦性的撤退策略，退回一種既定的認同感或種族民族主義（racial nationalism）之內。法農的終極願望是促成解放：他始終探問種族主義爲何存在，並追問如何超越種族主義。法農認爲，放失的尊嚴是可以求回的。[5]

法農旅行至迦納不久後患了白血病，爲了治療而跋涉一番，隨後於一九六一年過世。他的重要作品之一《大地上的受難者》（*The Wretched of the Earth*）在其死後出版，書名取自革命頌歌「國際歌」（The Internationale）的第一行。[6]法農的逝世，使他六年來身列法國流亡敵人名單、長年名列法國原型法西斯主義（proto-fascist）團體暗殺名單一事宣告終結。[7]

法農解釋殖民主義是如何運作的，包括殖民者與被殖民者雙方的角色，如何讓殖民主義看來不可或缺且無懈可擊。法農的解釋超越了他的時代，即便處在巨大壓迫的背景下，他依然認爲自由解放是可能實現的，該論點在他逝世之後依然適用。確實，我認爲可以重新導引法農理論作品之目的，套用於二十一世紀的數位生活。法農所掌握的問題至今依然存在，此即：當我們的身分在這個世界上已經被預定，我們該怎麼創造自我？當我們自我意識的歷史——我們的抽象身分——是由他人撰寫，我們要如何在數位環境中尋求自由？那些掌握權力、掌握我們數位生活的人，無論是私人企業或政府，其行事風格幾乎是霸權。如前述章節所示，科技資本主義之眼監視我們所做的一切，它們將資訊分享給隨時窺探的政府，我們的行為被追蹤、預測，我們受到分類、評斷。吾人要怎樣離開這個將我們分類成消費者、監控目標的範型，進一步定義自我呢？畢竟，這套範型的力量是如此強大，幾乎讓人無從逃脫。

可以肯定的是，我們心靈被殖民的經驗，絕對比不上實際被殖民的不義、暴力與恐怖，也比不上身處強烈種族主義社會的痛苦。要將法農連結到數位時代的問題，必須嚴肅看待他的作品，將其思想推展至當時的時空以外，[8]類似於我們處置其他思想家如馬克思、潘恩、佛洛伊德的方式。再者，我的觀點是，科技資本主義在主導歧視、貧窮問題時，利用科技的改造潛能引領一個新的鍍金時代（Gilded Age），[1]而這件事有其去人性化的成分。政府一方面宣稱自己的作為與武器是前所未有地精確而中立，同時卻利用科技來進行監禁與殺戮，極度暴力。我們對網路的依賴被監控國家加以軍事化，成為讓貧弱者身陷險境的網路戰備武器，這是何等不光彩的事呀。這些事情或許還在發展初期，但吾人應該嚴肅看待。哲學家路易斯・李嘉圖・戈登（Louis Ricardo

Gordon）曾說：「法農奉獻了他的生命，[9]要解放對意識缺乏自由者的沉重期望。」[2]此項目標應同樣適用於現代數位生活。

規避政府與企業監控的複雜程序，往往被定義爲隱私權。但第一章已經論及，隱私權很難把握住我們在數位生活中所需的自由類型。典型的「隱私」被認爲是保衛個人世界或家園的權利，可以與公衆隔離、免受窺視；但獨立性並不能等同於自由，我們需要設法創造以「自主性」爲優先的集體社會及政治生活，不能讓生活屈從於牟利者的審查之下。

吾人必須將數位自決權（digital self-determination）從監控資本主義及國家那裡奪過來。數位自決包括讓科技工具的通訊得以自由，且需要擺脫數據商、廣告商等龐大產業的操控，進而取得自主。我們應該改變數據運用管理的法律架構，並設計去中心化取向的資訊基礎建設；數位自決亦須設置能讓人自主控制其參與程度而非促進上癮的線上空間、裝置；數位自決是關於質疑的自由，可以使人——在數位環境內或外——自由定義自我意識。

---

[1]「鍍金時代」在美國史上所指的是十九世紀末期（約一八七〇至一九〇〇年），名稱來自馬克・吐溫同名小說。這段時期正是工業革命成熟促進全面進步的時代，科技、經濟、民生各方面皆有長足成長。

[2]「意識缺乏自由者」是指在強力外在因素控制或影響下，此意識缺乏選擇其他可能性的自由。而從此種意識出發的「沉重期望」，很容易是歧視、偏見、刻板印象等等。

法農的寫作關乎他看見自己爲一個黑人，身處在由白人霸權制定規則的世界中。他解釋道，他的身分不是屬於他自己的，白人是怎麼「從千千萬萬的瑣事、軼事、故事中把我編織出來」。他是透過白人霸權的稜鏡來觀看自我：[10]

> 同時，我必須為自己的身體、為自己的種族、為自己的祖先承受責任。我將自己屈從於客觀[3]的檢查下，我發現自己的「黑」、我的種族特徵；我被筒鼓、食人族、智能缺憾、戀物癖、種族缺陷、奴隸船擊中倒地，而最具打擊力的，莫過於「這東西混好吃」。[4]

簡言之，他是由白人霸權系統經驗中擷取的一堆刻板印象、假設湊合而成。自己身爲黑人，然身爲黑人的經驗卻不是一種經驗。種族主義的論調讓這種經驗無從存在，且竟是由他人所定義，而身爲黑人的主觀經驗竟無法傳達至眞實世界。[11] 在他的身分被定義時，沒有任何媒介居中，他無從逃脫加諸於他的評斷，連自主的微弱希望亦無。他的身分已經被「定」下來了：「我已經被外表（exterior）過度定義了。我不是他人對我的『觀點』——即對我外表的觀點——之奴隸。」[12] 這是殖民主義的理論基礎，這也是種族觀念如何進行社會性建構的情況。

這些概念亦能套用至生活在數位時代的經驗。我們在網路上的樣子——即我們的抽象身分——是由資料探勘產業所生成、訂定。抽象身分會將人們轉軌至「名聲孤立倉」，還會被政府用來進行與人們有關的決策。我們必須迅速設法擺脫分類與假設，設法限制監控資本主義與國家的雙重力量，並設法定義我們的自我意識。

現有的數位科技已可讓我們對權力施加一些限制。我們可以避免某些定義吾人抽象身分的侵犯性監控行爲。在科技層面，我們已經可以隱密且匿名地進行通訊：我們可以採用加密方式，或使用洋蔥路由器。加密已成爲非常普遍的做法，在愛德華・斯諾登揭露美國國家安全局的監控活動後，這已是郵件與網路瀏覽器的基本配備。不知這是好是壞，其實加密依然是一種資本主義的表現：因爲加密鞏固了國際銀行系統的運作，它在經濟領域上廣受採納。同理，（部分的）洋蔥路由器是一項軍用與匿名通訊的產品。用其他方式說明的話，增進隱私的工具通常具有多重目的，這也是爲何這些工具仍在進步當中，且越來越便於使用。倘若我們措意於此，左派在這方面還有長遠的政治路途要走。

---

3 此處的客觀（subjective）並不是一般所謂沒有偏見的客觀，而是不從自我主觀出發、不能表達自我感受的「客觀」。

4 法農使用的法文原文為'y'a bon banania'，'Banania'是二十世紀初法國人發明的巧克力飲品，具將黑人作為廣告形象，上頭那句話是該飲料的廣告標語，意即「好吃的巧克力飲料」，標語使用洋涇濱式法文，具有將黑人比為巧克力並指其口齒不清的歧視性意涵。法農引用此語，後翻譯為英文'sho' good eatin''，亦是使用了洋涇濱式英語。

若要追求加密一類科技更能廣泛運用，以對抗企業、政府定義吾人自我意識的權力，我們依然有許多努力的空間。科技人士應該以同情謙遜的態度，搭起衆人之間的橋樑，並提高這些工具的使用率。沒有科技背景的人們應當更加學習，了解自己要面對、抵抗的是什麼。左派人士的任務，則是打造可同時供人們學習與教導數位自我防衛策略的社群及組織。

在此，我的論點是，至少從「科技」的角度來看，某些隱私——即隱密性與匿名性——是可能的。然而，這某種程度上會遺漏重點：如果人們依然花費大量時間在會蒐集用戶數據且減損上述工具效用的社交媒體、應用程式或平台上，此事之意義便會大減。多數人並不會碰見如斯諾登洩漏美國國安局文件後所遭遇的困難，而極少人會在世界上最大情報單位的直接監視下企圖進行私密通訊。多數人是活在現實世界裡，大量日常交易需要人放棄某些隱私，這也是爲何在面對巨大的國家監控力量時，多數人想到欲躲避此監控時個人需付出的巨大心力，通常會選擇放棄。爲什麼不把你的資料交給 Facebook 呢，如果這會讓你獲得更好的廣告？爲什麼要爲了慢速又難搞的瀏覽器、複雜的密碼而煩惱，如果你是政府不太可能注意的小人物？如果你發現自己並無能力學習衆多看來專門爲科技通（tech-savvy）設計的隱私工具呢？出於上述理由，人們最後通常會選擇容忍監控，把它視爲一個中立且相對良性的現象，或把它視爲專門用來處置那些必須被看管的人——那種人老是遮遮掩掩的。隱私因此變得去政治化（depoliticized），隱私本該有的重要性開始萎縮。[13]

這種能以數位工具保護的隱私，僅反映出我們應當在數位社會裡享有自由的一小部分。離開單純個人性或簡單的科技隱私權，我們應該重新釐清吾人該怎麼理解監控問題。同時，爲了安全起見而必須放棄隱私的相關前提假設，我們得把這種想法當成垃圾倒掉。

提到自己在阿爾及利亞的經歷時，法農寫道，殖民關係「汙辱性、貶低性的結構」在獨立抗爭中是怎樣消失的：「阿爾及利亞人生成一種新的、正向的、有能力的人格，並爲此人格提供了豐富性……因爲阿爾及利亞人確定自己完成了民族自覺的關鍵時刻」。[14]法農以隱喻的方式運用這個觀念：阿爾及利亞人的新人格是他們自主定義的。離開壓迫性的殖民傳統，阿爾及利亞抗爭所啟發的社會關係概念，爲其新人格意識的浮現開闢了空間。

在阿爾及利亞，此事有其特殊的科技型態。法農曾寫道，在獨立戰爭之前，廣播對於阿爾及利亞人具有「非常巨大的負面影響」，阿爾及利亞人認爲廣播是「殖民架構的物質性呈現」；[15]但當革命爆發後，阿爾及利亞人開始製作自己的新聞，廣播成爲尤其重要的廉價傳播管道，將消息傳達給識字率低的民眾。廣播不只放送新聞，而且是「唯一能參與革命的訊息交流、與革命同在的途徑」。[16]廣播乃從壓迫者的科技轉型爲足以讓阿爾及利亞人定義自我意識的工具，「成爲因解放戰爭所創造的廣大意義系統當中之迴響性要素」。[17]

將這點重新運用於現代脈絡的話，數位性隱私及其哲學意涵上的兄弟——即自由——包含了匿名性、隱密性，以及自主性（autonomy）。自主性不僅是要避開監控而已，自主性意謂著擁有自由的行動，不受他人控制，不受隱匿影響的操縱。這種自由不只受到間諜、密探或警察的威脅，它還被科技資本主義的作爲所侵蝕。我們對隱私的了解，牽涉我們留在網路上的蹤跡，而這些蹤跡被企業加以蒐集、分類與操弄。如同阿爾及利亞人使用廣播科技來掌握自身的自我意識，今日的我們亦能在數位平台上達成同樣目的。

伯納德・哈考特曾談到，我們所有人都擁有數位分身（digital doppelangers），或說這是演算法配對後的自我版本。[18] 數位分身在數位空間裡跟著我們，提醒我們做了什麼，並將我們導引至一種特定的未來。這種抽象身分的形成過程，奠基於路徑依賴、無心之間累積數據、不受我們控制的前提，這件事越來越是身爲現代人無可避免的經驗。人們在網路上尋找約會，用社交軟體與親戚保持聯繫，造訪健康網站查詢一些令人羞赧的問題；人們購物，人們利用網路借貸（偶爾忘記繳錢）。我們不能期望以節制社交、生活不便來減少隱私受損的問題。要讓隱私富有意義，就需要衆人合作，搶回對吾人自我意識的控制權，一劍刺穿數位分身殭屍的核心。

我們所討論的「隱私」到底是什麼意思呢？比較好的理解方式，是把它視爲一種自決的權利。自決關乎自我管理，或說關乎決定自己的命運。自決做爲法律概念的起源，要追溯回《美國獨立宣言》，宣言表示政府「是從被統治者的共識中獲得正當權力」；在國際法領域，通常在民族性格（nationhood）架構與領土統治的範疇內，[5]自決一直被視爲某種權利。然而，在二十世紀後半葉後殖民時代所爆發的抗爭中，自決獲得了新的意涵；此事絕不止於法農所參與的阿爾及利亞獨立運動。[19]包括南非、當時還叫羅德西亞（Rhosdesia）的辛巴威，以及剛果共和國等地，出現了力爭殖民者移民國界以外地區認可的大型社會運動。後來，這些地區通常發現自己要承受後殖民系統複製出的類似階級體系，他們於是探問要如何對人民進行文化、社會、政治方面的賦權，不要理會空唱高調且正當化殖民主義的歐洲式理念。

前段後半所論的自決意涵，正是我們在二十一世紀應該採納的思維。不要將自決僅僅視爲投票權或民族政府，它可以在數位科技支援下找到新的意義。民族性格的理想跟數位環境之關聯性比較低（當然如此）。自決是集體權利亦是個人權利，它是一種更廣泛、更具政治導向的隱私觀念；自決可以使人們進行溝通、閱讀、組織、找出更好的做事辦法、跨越界線分享經驗、無需審查或設計，它屬於賽博龐克國際主義（cyberpunk internationalism）。[6]如果我們想一想本書前面

---

5 「民族性格」或稱「國家性格」，是指一個民族所以為一個民族、一個國家所以為一個國家之內涵。

6 「賽博龐克」是指電腦資訊科幻類作品，其背景經常是高科技與社會（次序）問題的衝突對比。

章節中討論的抽象身分作爲，那正是將我們——以法農的話來說——「從千千萬萬的瑣事、軼事、故事中」編織出來。我們需要思考，吾人怎樣才能奪回這些程序的控制權，並給予人們定義自我身分的權利，此即一種個資的主權。我們必須將監控及壓迫性科技加以轉型爲自由解放的工具，讓人們自主地定義自我。

所以，在實踐層面上，數位自決能有什麼意涵呢？首先，數位自決的要求是，讓公共與私人活動者符合有意義的公開準則，並規範公開資訊如何被蒐集、儲存、使用。所有人都應有查看數據的權利，檢視有哪些數據被加入數位身分的製作，並且讓人們擁有加以修改的權利。自決還應當包括認識自己數位分身的權利，做爲我們了解自己的途徑，以及我們重獲身分控制權的途徑。這種透明度意味著，公司必須更加遵守不可歧視的法律標準；就像是二十世紀中期，銀行成爲社區行動主義與法律改革處理「劃紅線」問題的焦點一般。

關於我們與蒐集並掌握吾人資訊的公司之間的關係，應當仔細思考，要如何重新設定此關係的法律性質。法學教授傑克．勃爾根（Jack M. Balkin）認爲，我們應該將這些掌握我們數據的公司，視爲等同於醫師或律師那樣持有我們的資料——也就是一種信託的關係，勃爾根寫道，「某些類型的資訊導致私人憂慮，卻並非其內容導致，而是造成該資訊的社會關係所導致。」[20]他主張我們應該把這些公司視作資訊受託者。正如我們不可能容許醫師或律師將我們的資訊販售給數據商，相同的限制亦應套用在企業上；在此法律領域內，受託者具有照看的義務與忠誠的義務，[21]破壞該義務者會受到法庭懲處。我們被企業所掌握的資訊是私人性的，公開此資訊可能導致傷害，所以理當也要適用類似管制。

我們不該容許公司將我們所提供的數據再提供給第三方，亦不該讓人們透過簽訂服務條款（provision of services）來接受此事。即便病人同意，醫生販售醫療資訊依然是非法的，此等規範應適用於我們的抽象身分。此辦法可以重創監控資本主義商業模式的核心，亦能打擊與此模式勾結獲取數據的國家監控相關科技。

重塑我們個人與資料探勘產業的法律關係，乃是非常重要的一步；但這一步必須夠基進，不能僅是權利的重新協商而已。法農寫道：「阿爾及利亞戰士不只要起而對抗虐人的傘兵。多數時間裡，他還要面對建築、組織、構想未來新社會等問題。」[22]光處置錯誤或節制惡化是不夠的：我們必須在思想上更有野心。數位自決會要求我們重新思考，該怎樣設計、打造能增進社會民主化的資訊系統。數位自決會迫使我們質疑，吾人容許誰來擔任我們的知識把關者，此等權力如何重新分配。我們必須積極組織、建構、發明一個新數位社會。

目前設計的系統頗爲脆弱。集中管理個人數據的方式會鞏固監控資本主義，讓企業得以累積數據，其所得之結論可用於區隔行銷（segregated marketing）。這不是消費者選擇的問題，因爲服務條款已被加諸在我們身上，而非自由參加。

然而，替代的選項依然存在。我們可能設計出一個去中心化的數據儲存系統，讓個人控制自己的資料、資料輸送，以及分享予第三方的方式。實踐這種概念的範例之一是Solid；[23]Solid旨在創造數據盒，[24]型態類似郵政信箱。7 這個概念是指使用者同意特定應用程式取得某些資訊，而不是把資料成批地交給企業，無論其方式是直接的，或是准許取用裝置。如此一來，各人便可創造出個人化的服務條款，這些類型的系統允許數據儲存在任何地方，無論是雲端或硬碟中，同時讓個人擁有全然的控制權。這就是數據主權（digital sovereignty）的範例，其意涵是控制自己的個人資訊，爲有意義的同意創建合理基礎。其他重視用戶利益之計畫的例子，[25]還包括自由盒子（Freedom Box）這個內建開放原始碼韌體的路由器，它可以讓用戶控制且保護其資料；此外尚有Diaspora，它是一個去中心化、聯合性的社交媒體平台。我們要像阿爾及利亞人對廣播重新定位那樣，將一個殖民計畫的平台轉化爲自由解放的工具。我們得把目前的數位基礎建設改造成去中心化的資料流，並將權力從企業及政府處取回來。

上述替代方案的目的便是要將網路重新去中心化（re-decentralize）[26]，也就是要回到網路原初的結構，回到它還沒被中央集權爲大型平台之前。這些計畫能造就「健壯而豐碩的實驗者社群」，[27]在這裡「開發有前瞻性的軟體」，實現「令人歡欣鼓舞的新點子」。但這些軟體計畫若要成爲具可行性的替代方案，尚須克服嚴重的障礙，包括適當的資源配給管理，以及大規模採用等等。即便如此，我們仍然從中看見了通往打造線上生活新道路的建材；這種新生活可以結合安全與自主性，這是一項涵蓋尊重隱私權的重新去中心化活動。

電子醫療數據亦可用去中心化的類似方式儲存，而不是儲存在政府單位所掌管的中央化伺服器。我們需要備份程序與安全儲存，而這種系統會消除「蜂蜜罐」，[8]降低駭客爲了報酬而竊取數據的動機，亦能降低網路攻擊如「想哭」蠕蟲之影響。原先，少數關鍵人士擁有監控我們的接入點，能迫使我們爲此支付贖金；今後，我們的數據將不再被集中於他們手中。我們可以根據自己所設的條件，分享我們想分享的東西，在自己的控制下更新自身資訊。

這樣一個去中心化系統需要策劃。這和某些個人資訊之上傳不同，舉例來說，醫療數據的可驗證性是極爲重要的，因爲這能限制「逛醫院」（doctor-shopping）[9]取藥的行爲，或是在特殊治療或醫療失誤發生時取得精確的事件全貌。在這方面，區塊鏈（Blockchain）科技具有深厚的潛力。[28]區塊鏈是種可記錄交易的數位分類帳本（ledger），其不需要將紀錄儲存在中央處，反

---

7 Solid是社會互連數據（Social Linked Data）的縮寫，為麻省理工學院所開發。

8 蜂蜜罐（honeypot）是引誘侵略者（如駭客）加以攻擊的目標。

9 逛醫院也可稱「逛醫生」，意思是病患一直換不同的醫生、醫院，好像在逛街購物般。

之，記錄或分類帳是分散的、儲存在許多地方。區塊鏈會創造一條交際數據「鏈」（或「塊」），這條鏈的證據會傳送至多台電腦。其結果是，不會有中央把關者或知識資料庫的存在，因爲分類帳的分散性，使得操弄之情事在理論上不可能或極難出現。

其中最著名的是，區塊鏈是比特幣（Bitcoin）的科技基礎。由於區塊鏈會設計分散的交易帳本，從而消除對中央帳本（以此例而言是銀行）之需求，因此在沒有國家的條件下創造貨幣是可能的。然而，區塊鏈科技運用的潛力絕不僅僅在於加密貨幣（cryptocurrency）；確實，比特幣跟區塊鏈在這幾年來被過度炒作了，但是區塊鏈依然有廣大的交易與記錄系統應用領域。

假設我們可以找到方法維護病患的匿名與保密性，並在告知他們後取得同意，吾人應可以用去中心化且可驗證的方式儲存醫療紀錄。將多項科技綜合起來，應可讓人們在線上執行諸多牽涉個人資訊取用的行動；舉例而言，人們可以將資訊打包後與銀行及保險公司分享。換句話說，數位科技能給予人們處理自身資料的權力，且其方法是可靠且有效率的。

「想哭」蠕蟲在全球各地許多大學、醫療系統、工作場所釀成巨大的恐慌。超過一百五十個受影響國家當中，有近二十五萬台電腦被感染。這項經歷突顯的，是大規模數據集中化的風險；由此，籌畫並打造受衝擊後能快速回復能力的系統，是刻不容緩的事情；能保護隱私（使人控制自身資料）的資訊系統，可以提升所有人的安全。我們確實握有足夠的科技，可以開始設計難以被攻擊滲透的網絡結構。

但是，爲何此種想法並未成爲主流呢？至少有部分原因在於，去中心化數據群或區塊鏈等科技的傳播，會損及科技資本主義對吾人數位行爲之監控及其營利。科技資本主義還限制了政府投入此基礎建設的能力，使其監控目的得以遂行。易言之，這種數據擴散的方式會挑戰吾人社會中兩大中央權力儲存庫：資方及國家。網路的重新去中心化或許是個科技設計的議題，但欲達成此目的，我們必須將其理解爲一項政治性目標。

於此，我們遇上了「典型的法農式議題」；如路易斯．李嘉圖．戈登所言，「沒有相互衝突（confrontation），就不會有雙向的尊重。」[29]用法農本人的話來說則是：「若你打從一開始就沒有決心粉碎所遭遇的一切障礙……那你就不要去瓦解社會。」[30]目前的社會環繞著數位分身與區隔行銷而建立，瓦解這等社會非常重要；但這件事不太可能自動出現，法農寫道：「我們總不能期望殖民主義自殺吧，它自然會瘋狂地保護自己。」[31]在此情況下，要仰仗國家及資方的善意重新架構數位社會，實是謬誤。如法農結論所說：「是被殖民者必須解放自己，脫離殖民統治。」

從法農的觀念來說，種族偏見的終結讓各種背景的人們得以「眞正成爲兄弟」。[32]被殖民者讓自己的存在得以顯形並被認識，他們所創造的條件可以將自己被抹去一事加以扭轉，而「被抹去」正是我們在歧視性演算法之下所遭遇的問題。數據歧視、抽象身分、隱密規則進行的分類，都讓人們承受獨斷式偏見與不必要之痛苦。即便我們打開了演算法的黑盒子，即便我們得知隱密法則爲何，吾人依然需要製作正確的輸入值，讓受壓迫者可以現身於數位社會，重獲對自身數據的控制權，以使此數據能精確地反映自我意識。法農寫到，若此等要求能夠推行，「兩種文化才能彼此相遇、[10]彼此充實。普遍性之達成，有賴於決策支持異文化間的互惠相對主義，而這在從前殖民時期是被強力排斥的。」法農將「衝突／相遇」視爲獲得彼此尊重的形式，是一種尊重歧異的普遍性。

如要產生能對抗偏見、緩解痛苦的數據，這看起來會是什麼模樣呢？透明清奈（Transparent Chennai）這個非政府組織便是很好的範例。透明清奈運用數位科技劃出印度貧民窟的地圖，同時標出貧民窟居民可以取得的公共服務所在，在此之前，貧民窟對於民選代表與政治決策者而言，幾乎像是隱形一樣。藉由開放原始碼科技與實地跟進的作爲，行動派人士竟「揭露」了五十萬人的存在。[33] 此案例極爲驚人，顯示基礎建設之進步對於被政府當局系統性忽略的人口有何影響。透明清奈是衆多基層數位製圖計畫之一，其要旨在於賦權而非商業利益，此外，開放街圖（OpenStreetMaps）計畫全是靠志願者支持，[34] 創建並提供免費地理資訊如街道圖給所有人，這些平台的產物有助於繪製人道危機爆發地的地圖，[35] 此事所能滿足之需求是私營部門絕不可能從事的。數位科技讓大規模高品質數據的製作比以往都更容易，而此一過程的參與度愈高，品質也愈好。

另一個擁有巨大潛力的領域，在於健康類數據之分享。電腦化的醫療數據使得研究者能對照或連結世界各地醫療紀錄的數據點，如此一來，隱晦模糊的病況便能容易辨識，而治療方面的發明也能更廣泛地分享，複雜的健康狀況亦能有較佳的管理。然而，這些數據若遭濫用，則反而有傷害貢獻者的風險。在許多地方，服務條款中對於基因數據的歧視行爲已被判爲非法，然管制作爲依然需要跟上科技變化的速度。舉例來說，美國地區的受雇者若參與基因測試計畫，他們往往會減少健康保險費，[36] 但參與計畫必須交出健康資訊；而在目前提議的司法改革中，[37] 雇主可以要求受雇者透露研究結果——受雇者經私人管道或參與研究而得，若受雇者拒絕，雇主可予以處罰。此舉將造成參與臨床研究的動機減少，私人尋求此類資訊的積極程度下降，可是得知這些資訊實有助於採取預防性措施。從該例可知，在醫療社會化的形態下，醫療數據的共享總能造成更好的結果，因爲敏感數據之分享並不會危及保險的涵蓋範圍或影響購買保險之花費。但姑且先不

---

10 此處的「相遇」與前段的「衝突」皆是‘confrontation’一詞，其本意為「面對面遭遇」，這可能形成對抗與衝突、然這也暗示真實面對彼此。

管背景，面對此類數據公開所引起的諸多歧視，建立堅強的防護機制至爲重要，尤其像是保險這類服務協議的範疇。

數位基礎建設若能集體分享數據而不服膺私人利潤，便可使社會多元性成爲一股助力，而不會淪爲被打擊、消滅的對象。群眾外包（crowdsourcing）製圖數據顯示，讓人們控制自己的資料、願意將其提供給開放原始碼企劃，此乃賦權之舉。醫療資訊的共享，意味著吾人可集體得益於治療方面的指數型成長，但這必須要有防護措施，避免資料被濫用害人才行。設計一個安全分享個人數據的辦法，能使廣大範圍的設定演算法隨時間進步。我們應當對環繞演算法、無歧視性數據處理的議題提出政治要求，要求其事有人負責且足夠可靠，進而歡迎數位科技的可能性。法農觀察到阿爾及利亞人對於廣播的運用：「阿爾及利亞社會自主決定要擁抱這項新科技。由此，這個社會調整自身配合革命所造就的新發信系統（Signalling System）。」[38]我們也需要調整自身，加入網路革命家們所打造的新發信系統。

法農在其首部作品《黑皮膚，白面具》中，自始便圍繞著一個問題開啟探索：「黑人想要什麼？」[39]由此，他讓我們思考，活在一個不是我們所選擇的人生，是什麼樣的經驗。你得透過那些壓迫你的人才能看見自己，而他們把你視作物品，完全不把你當人看，這就是法國控制下阿爾及利亞非白人的處境。此情使得要回答那個問題變得更加艱難了：你要怎樣將自己的欲望和加諸於你的憎恨分離？因爲你已必然將此憎恨加諸於己。此事迫使我們思考，是誰在控制我們，是誰在撰寫吾人自我意識的歷史，是誰企圖決定吾人自我意識的未來？若此等控制得以消滅，那我們希望自我意識變成怎樣？對於一個被殖民、被壓迫的人而言，主觀欲望（我們可能渴望什麼）與現實（社會結構要求我們渴望什麼）是割裂的。

吾人與數位社會空間之接觸，亦會產生類似的難題。我們經常使用這些平台來進行連結或逃脫，結果卻發現自己被滿足感的邏輯鎖鏈綁住，購買我們買不起的東西、消耗我們花不起的時間、成爲我們不覺得自己屬於的那種人。社群媒體平台將吾人的喜好拉扯到邊緣，[40]玩弄我們看好戲及偏見確認（confirmation bias）的欲望，[11]讓我們的自我意識產生突變，也使我們與他人的關係產生突變。

然而，這並不是我們眞實、基礎的本性展現，眞相是更加複雜的。上述經驗具有上癮性，理查．西摩爾（Richard Seymour）暗示，我們其實在爲這些平台工作（卽發布我們的經驗），但不是以領薪的型態進行。「倘若你的創作內容是由傳統媒體格式所發表，你的創作會獲得報酬。但

---

11 「偏見確認」指人們採取選擇性記憶、忽略不利於自己觀點的證據，來支持或驗證或合理化自己本有的偏差觀點。

與前者不同的是，你會獲得自我滿足感」。其結果爲：[41]

> 社群媒體讓自我成為一個永久、持續回應刺激的東西。人永遠無法真正拒絕或延遲回應；所有事情都必須趕在被遺忘之前，即時發生在時間軸上。要投入社群媒體，其實就會處在恆久的分心狀態，上癮成癖似地黏著社群媒體、知道它在哪、如何取得。

這種合法快克[42]——如 Facebook 前員工安東尼奧・賈西亞・馬丁尼茲（Antonio García Martínez）所形容——使得戒除線上生活的癮頭變得愈加艱難，線上生活不是設計來幫助我們離線的。我們目前的互動模式鼓勵人將時間花在裝置使用上，因爲企業在企圖賣東西給我們時，有其價值度量衡（metric of value）。此事會衝擊我們在線上社會空間中與他人的關係。於此，我們不應歸咎於某種無定形的人性本質或螢幕的某種特殊恐怖特質，比較明智的態度是運用娜塔莎・蕭爾對於博弈的定論[43]（見第二章）[12]，將該現象視爲裝置與人激烈互動之下的產物。然而，我們對於裝置的設計可以有所不同，讓使用裝置一事有其充實性與實用性。

由此，數位自決包括的自由，理當能使人自覺且有思考地參與數位社會。我們是以個人的形態存在，做爲群體的一份子，若要創造出足以享受自治數位生活的條件，就必須和自我的社群成分相互協調。我們必須設計出留有人類互動空間的線上經驗，停止不動腦的消費主義，讓人得以擁有自我（self-possession）而非逃脫避世」。

法農在《黑皮膚，白面具》一書之結論是確確實實的樂觀。法農勇於期望「決不讓工具掌控人類」。黑人與白人都應該：[44]

> 拒絕非人道的論調……使真正的溝通得以出現。在自由可以大聲用力呼喊之前，尚需努力反異化（dis-alienation）……其道是重獲自我、審查自我，人透過其自由的持續張力，便能創造出人類世界的理想生存處境。

法農的作品呼籲人們採取行動，亦同時建構出行動之目的。吾人若欲努力重獲自我，必先從自己開始，然此活動必須擴大。法農總是傾向於外在情況導引出的行動，而不是個人獨自反省。[45]我們必須在數位生活中創造出此等機會。

---

12 原文誤植為第一章，特此說明。

若要使人自覺且有思考地參與數位社會，這種能力正坐落在個人和集體的界線上，此事的前提是認同感。數位自決需要人們關心並確保數位空間的包容性與鼓勵性，網路的開放性本質是網路規範或不加以規範之圭臬所在，言論自由乃是許多社會空間的主要關注處。Facebook 與推特之間有一大差別，Facebook 在內容管理方面相對嚴厲，但其標準有時前後矛盾；推特則一直以來幾乎沒有審查，使它成爲其前員工口中的「混球的蜂蜜罐」（honeypot for assholes）。[46] Facebook 的內容調整原則看起來很複雜、[47]有時還自相矛盾；同時，「推特」公開發行股票之事一度遭到困難，其部分原因如其前執行長所說：「我們在處理濫用問題上表現得很遜！」[48]據稱該問題也對平台出售股票造成阻礙。[49]

數位社會的評論家經常宣稱數位科技是一面黑鏡（black mirror），會反映出人性本質的眞相；我們的線上空間之所以施虐又殘忍，因爲這就是人們本性所趨。但法農要提醒我們的是，我們如何指揮自我，與內在欲望的關聯較少，而與社會如何組織的關聯較深。在阿爾及利亞，法農親眼目睹這個現象以各種病理學型態出現，他寫道：「今日，帝國主義正在向人類解放運動開戰，它在各地種下腐敗的種子，而我們必須堅決地加以拔除，從我們的土地上、心靈中斬草除根。」[50]在《大地上的受難者》一書中，法農舉出帝國主義腐敗的例子，[51]包括暴虐、殘殺、折磨等等。法農的評論是：「榮譽、尊嚴、眞誠是民族統一及國際統合的脈絡中，唯一的眞實證據。

倘若你跟你的同伴被當成狗般打擊，不二之道就是盡全力重建自己做爲人類的分量。」[52]占據數位空間固然難以與民族解放的戰鬥相比擬，但即便如此，肯定法農的描述是很自然的事情，並可由此了解線上生活是何等去人性化的經驗，以及認知重建自己做爲人類之願望是何等的力量。

擁有不加排斥而歡迎眾人的線上空間，乃是眾人關心之事。我們必須建構足以處置引戰（trolling）、霸凌（bulling）問題——尤其牽涉尊重女性者——的系統。非常多的平台都很難處置這些濫用行徑；事實上，謾罵及濫用有時正是平台完全容許甚至期待的。研究者凱德・迪姆（Cade Diehm）主張我們重新思考用戶設計，[53]讓思想超越理想用戶、甚至典型用戶的經驗，去設想這些平台或產品是怎麼傷害脆弱的用戶。這件事情需要設計方法與安全研究的交集，凱德・迪姆寫道：「這兩種領域是截然相反的。設計是要爲使用者創造最佳的經驗；安全是要爲攻擊者創造最糟的經驗。」如此一來，安全偵查透鏡可以預測平台上的惡劣行爲，在事情發生前加以威嚇，藉此幫助設計之改善，以消除濫用行徑爲目標。若能做到這點，科技設計便可以強化我們的認同感，給予我們數位生活體驗的決定權。有許多設計者已經提出如何處理這些議題的具體建議，[54]所以問題不是出在點子貧乏，而是缺乏實踐點子的胃口。

或許，讓推特等平台轉爲公眾所有權（public ownership）的時機已經來臨，讓使用者擁有平台該如何運行的發聲權。鐵路等設施的國有化，如今已是某些社會民主政體國家的主流做法；像推特這樣的公司之所以能建立，是靠公眾在科技上的投資，其現今所提供的是某種形式的公共基礎建設，這類公司亦可以要求國有化。此等運動將能強化改善用戶經驗的呼籲，在促進交流與辯論的同時亦能抵禦濫用，並將使用者的控制權列爲優先。

法農在其最後一本作品《大地上的受難者》終章裡頭談及，歐洲所以成爲尊重人權的地方，實是透過使用暴力禁絕他人之權利，不賦予他人完整的歐洲式政治權。在歐洲人的啟蒙理性理想下，殖民主義是其醜陋的弱點所在，它無可救藥地與罪行相連，包括分裂、階級劃分、種族仇恨、剝削、奴隸，以及一場「不見血的種族屠殺；十五億人口就這樣被抹煞了」。[55] 法農警告他的非洲戰友們，切記要抗拒在非洲建立另一個歐洲的誘惑。

自由主義權利體制所遭受的批評是空洞，實在很恰當。在此體制下，有錢人跟窮人都可以睡在橋底下；[56] 有錢人跟窮人都可以交出自己的數據，受到「黑色行動」行銷操控、受到偏執警方的監視，這正是阿納托爾·法郎士（Anatole France）[13] 對法律控訴之重申。法農對歐洲的理解，聚焦在歐洲人做爲殖民者的歷史以及被殖民者的經驗，如今我們可從非常不同的脈絡注意法農之警語。權利若不與責任同存，權利將如同無物；我們不能期望掌權者尊重個人的權利，而是要將創造能推行尊重的系統一事視爲我們的責任；權利若要有其意義，我們便得要求有權力者必須負責、足夠可靠。

在接下來的篇章內我們可以看見，歐洲之概念及其霸權所籠罩的地區不只是非洲，還有世界上其他地區。歐洲人所剝奪的不只是自決權，還沒收世界上不同生活方式的可能性。澳洲原住民學者艾琳・華特森（Irene Watson）反省：「對歐洲霸權之信仰，正當化所有對原住民的暴力竊取──我們的土地、生命、法律、文化。這種了解世界的方式，等於繼續強化逼走原住民的作爲。」[57]若要瓦解此等觀念，便需思考如何實施不同的方案，使得管理人們及共有資源的作法有所更張，此課題將會於下一章進行探索。

在阿爾及利亞，法農親身目睹受壓迫的人們從殖民者的掌握中奪回科技，將其重新定位後，使此科技首先開始放送新民族、國家的話語，「民族的『言詞』、民族的『詁語』塑造了世界，同時更新了世界。」[58]現今，二十一世紀的科技也給予我們類似的機會。對法農來說，關鍵之處在於這些事情的實現是透過鬥爭獲致：「在被殖民者抵抗壓迫並自我支持時，他的內在同時發生一種基進的轉變，使維護殖民系統的企圖變得駭人且不可能。」[59]這便是今日數位自決的潛力所在。

---

13 阿納托爾・法郎士（1844-1924）是法國文學家，其人有左派取向，在十九世紀末支持德雷福斯（Alfred Dreyfus）事件之平反，於一九二一年獲諾貝爾文學獎。

10

數位世界的環境需要我們關心

古代政府統治與現代基礎建設相關

近一百五十年以來，紐西蘭北島的毛利人大族（iwi）旺加努伊（Whanganui）努力爭取其祖先能獲得承認；這位祖先不是一個人、一個名字或一個家族，它是旺加努伊河，紐西蘭國內第三大的河流。在二〇一七年的法律協議之下，[1]旺加努伊河被承認爲法人（legal person），這意味著該河擁有權利與責任。大族（或部落）的領銜協商者傑拉爾德·阿爾伯特（Gerrard Albert）說：「從我們的角度來看，將河當作活生生的實體、不可分割的整體，乃是對待河流的正確方式；而不應該採取過去一百年來的舊慣模式，以所有權及管理的方式對待之。」[2]

旺加努伊案例並非此類協議最早出者。在二〇一二年，大族圖活（Tūhoe）也就特烏魯威拉（Te Urewera）國家公園的土地達成類似協議，同樣獲得紐西蘭政府以經濟補償方式處理，[3]圖活族也確立了土地的自主權。他們尋求的不是權利或讓渡，而是自治。在世界上其他地區也有一些類似的法律地位先例存在：哥倫比亞最高法院在二〇一八年宣布，亞馬遜地區擁有保護的法律權利。[4]

毛利人處置土地問題的態度，與西方的所有權概念大相逕庭。他們並不將自然環境視爲可剝削的資源，[5]而是將人類當作這個宇宙的一小部分，與土地、河流、海洋共存。對圖活族來說，這種親密的關係幾乎可說是某種血緣——他們的祖先之一正是山與霧結合的子嗣。[6]關於圖活族的一切，都「深深地與特烏魯威拉糾結在一起」，[7]協商主事者塔瑪迪·克魯格（Tamati

Kruger）如此解釋道。

將河流或大地當成人，乍看之下似乎奇怪，但西方式的法律系統也同樣將人格（personhood）地位賦予各式各樣的事物。如果公司、企業可以是法人，[8] 那我們應不難想像將類似地位賦予河川，尤其考慮到環境健康對人類健康的重要性。然而，這在西方法律當中仍然屬於新穎的領域，圖活族的協定爲該領域首開新例，而旺加努伊的協定則象徵著這段紐西蘭歷史上最長久訴訟的終結。雖然這些案例纏訟多年，毛利人的立場依然堅定。旺加努伊地方代表亞德里恩・盧拉威（Adrian Rurawhe）論及此事說道：「我們並沒有改變自己的世界觀，而是別人終於趕上了我們看待事物的方式。」[9]

關於治理以及自然世界，毛利人和澳洲、加拿大等原住民社群有許多可教導我們之處。[10] 各族群間固然有所差異，但依然有共通處。橫跨全球的殖民計畫始終意在剷除這些族群的生存之道，並取而代之。[11] 用更積極的話來說，那些社會在殖民勢力到來之前，便已經擁有複雜的法律系統了，但他們卻沒有在主流歷史中得到應有的尊重。布魯斯・帕斯可（Bruce Pascoe）對殖民時代之前澳洲原住民的經濟社會有精彩的研究，他極力呼籲眾人注意他所謂「全世界最悠久的泛大陸安定狀態」，[12] 並且學習「合作，而沒有其他文明中常見的武力鎮壓與戰爭」。瑪莉撒・盧卡申科（Melissa Lucashenko）是一位澳洲原住民女性，她很有說服力地表示：「澳洲原住民口述歷史中有壓倒性的證據，再加上人類學與歷史記載的支持，傳統原住民成人的世界觀相對於當時歐洲人，具有高度的平等觀。」[13]她持論，在殖民勢力進入以前的數千年間，澳洲原住民在廣大土地與多種語言族群之間維持了「結構性的和平」。盧卡申科的結論是：「若要說這看起來不是民主，那還眞的很難說這是什麼。」

關於原住民律法與傳統習俗要怎樣的程度上如何有效且有意義地融入西方法律系統，確實是個問題。[14]關於原住民治理與去殖民化，當然有諸多不同觀點，主權與自治的理論也非常複雜，爭議之處經常反映在法律、政治如何施展權力上。在此，我的目標並不是要一舉解決上述問題，或暗示本書引用的作者們都是一致的。我是要使這些觀念成爲有助於討論吾人公共資源治理的論點。

在前一章中，我們看到法農處置殖民主義下的個人認同問題。根據塔瑪迪．克魯格所論，圖活族人對於此課題有他們自己的定義，他的說法頗有詩意：「自治」（Mana motuhake）是人活出夢想的能力，而不是被迫活在他人的夢想中。」[15]此等深刻觀念足以啟發出個人性追求，還能更進一步聚焦在自我意識上：去殖民化一事有其更廣泛的歷史，這是世界各地原住民群體爲自己土地奮鬥的常見作爲。法農警告要留意歐洲，且不要在非洲複製歐洲式社會，此主張在許多開始處理殖民主義遺緒之處繼續演化成新的形態。像旺加努伊河與圖活族這類故事所顯示的是，前殖民地能夠與其過去搏鬥，採取的是具包容性、建設性的方法。原住民的治理觀念並不是什麼歷史陳跡或反常現象；他們擁有的知識深具價值，能幫助我們在現代社會中邁進，應對諸多數位革命過程中出現的問題。

來自加拿大莫霍克族（Mohawk）的教授兼作家泰艾亞克・阿弗雷德（Taiaiake Alfred）曾分析「征服心態」如何造就人與土地的結構關係，而這「最終摧毀了所有涉入其中的人事物」。[16]了解且欣賞原住民的治理方法是一項重要任務，而這並不只是矯正歷史錯誤，或逐漸承認土地的文化重要性；更甚者，阿弗雷德相信，人類必須拯救世界免於資本主義發展的邏輯與動力。澳洲原住民學者艾琳・華特森用了另一種方式解釋，她寫道：「我們的生命是自然世界的一部分；我們身處在自然世界之中。自然世界即是我們。我們取自於環境者，不多於維持生命所必需……移民者社會活在『初民』（Nunga）的土地上，取用超出維生所必需，而我們知道其結果是耗盡『魯威』（ruwe）——即初民之地用盡了自然資源。」[17]除非事情有所改變，否則我們應該可以預見氣候大災難的爆發。

這些原則跟我們討論集體數位空間的管制一事有關。在此不是要競爭傳播理念的比賽，而是要說明吾人有許多可以學習之處，了解在共享資源管理的背景下，這些社會彼此如何彼此維持和諧，藉此試圖擺脫以歐洲法律、政府傳統為中心的前提假設，並認知該假設是如何排擠了其他觀點。正如華特森所論，「極少人問過這樣的問題：在殖民時代之前的法律是什麼？或者，這些法律系統發生了什麼事？」當我們進行探問時，人們會開始思考「最初民族」的法律擁有什麼「促進人類未來發展的潛能」。[18]與此相關的是，我們也可以汲取近來的環境保護運動，用以強化其力量、預測其弱點。網際網路是一種資源，既屬於歷史又屬於未來，故我們應當共同持有之。網際網路跨越國家界線，提供共同價值與共通智慧，它顯示了互聯性（interconnectedness）及互賴性（interdependence）的力量與價值；然而，網際網路也容易受剝削，受私有化的奸險影響，這是一個需要細心照顧的環境。

網際網路亦是一個讓我們越活越深入的「環境」（environment）。環境與本書之廣義目的在兩方面有其相關性。首先，這是一個比喻，數位網絡如同自然環境，屬於人類可以使用的共享基礎架構，網際網路的治理之道則反映我們與他人的社會連結。若我們將網際網路想成某種有實體的東西，需要在物質世界中加以管制、保護，那麼環保主義（environmentalism）的歷史乃是可以借鏡學習的對象，具體來說是指紐西蘭、澳洲和加拿大等地原住民族群與大地的關係。若以公正與尊重之態度，運用這些社群價值（觀）來規範網路，我們便可避免共同資源淪爲少數人的財富。此情若反映在環境議題上，結果便是氣候變遷的災難。

然而，「環境」的比喻亦有其限制，最明顯的地方在於，原住民看待大地、環境有其精神心靈上的巨大意義，但數位網絡並沒有，數位基礎建設乃是人類的創造物。[19]此類比絕無貶低之意，而是——一如與本書其他章節——從人與物質世界及其共享資源的另類關係中獲取靈感。阿弗雷德業已指出：「國際法領域的學者已然發覺，原住民政治哲學具備足以促成和平的龐大潛力。」[20]僅在此建議，數位社會領域的學者也能從善如流。

其次，此處尚有更多隨之而來的相關性：我們處理氣候變遷之能力，其實與我們善用數位革命之程度相聯繫。數位科技具有的潛能，足以讓我們以各種方法、以最大程度利用有限的物質資源，此中牽涉了糧食供應、能源生產、資源管理等等。目前為止，我們已經了解氣候變遷災難的恐怖前景，吾人或可將從中習得之教訓，套用至我們對網際網路的管理上。彼得·弗雷茲（Peter Frase）在其二〇一六年的著作《四種未來》（*Four Futures*）中談及此事，其書架構環繞著對生態災難與工作自動化兩者的雙重恐懼，他主張這兩個議題「在本質上與不平等相關」：[21]

> 此二議題關乎「稀少」與「充足」的分配，關乎誰來付出生態破壞的成本、關乎誰會得利於高生產性的自動化經濟。處理人類對地球氣候的衝擊，其實是有辦法的；想確保自動化能帶來繁榮而非貧困或眾人的絕望，其實是有辦法的。但想通向那些可能的未來，就需要非常不一樣的經濟體系，而不是二十世紀晚期以來宰制全球的那套系統。

吾人對數位社會如何進行討論或決策，會與我們的生態未來具有極大關連。我們不能再延後管理衆人資源的任務了，不能再維持現狀。

塔瑪迪·克魯格回憶道，在圖活族與紐西蘭政府的協商一度破局時，他領悟到，紐西蘭總理約翰·凱伊（John Key）誤解了圖活人的追尋爲何：[22]

所有權（ownership）是他的執念，不是我們的。所以我們並不使用那個詞彙。這不是圖活人的觀念。在談判協商的過程中，我必須去研究所有權這個歐洲式詞彙的意涵、起源。所有權代表你擁有此物且可販售之。所以這碼事跟怎麼把東西賣掉、怎麼透過它增加物資利益比較有關，而不是如何加以保存、保護。

泰艾亞克·阿弗雷德對感受發生共鳴，他認爲主權（sovereignty）是一個不當的政治性目標，[23]因爲主權正是建立在宰制的概念以及權力之上，完全浸淫在殖民心態當中。他的目的是要重建互相尊重的文化，使人能重視彼此、尊重周遭環境，並應用原住民運動人士所投入的工作成果，讓這種文化受人重視，「吾人的目的應是要說服他人接受原住民觀點中的智慧」。[24]處在二十一世紀的我們所需要的，乃是創造出不受任何人或實體所擁有或把持的數位環境，我們必須保存、保護之，以追求一個奠基於互相尊重文化之上、由眾人共享的未來。我們需要開始將網際網路想像成人們生存創造條件的大地；我們貢獻於網路、亦可取之於網路，此乃眾人的共同責任。

崔佛．帕格蘭（Trevor Paglen）拍攝看不見的東西。比較好的說法是，他的興趣在於將看不見的事物變成可見之片刻，在於將想像化為現實之際。帕格蘭已經宣告，即便不是重複陳腔濫調至極的數字或光線景象，[25]我們經常使用諸多神祕的譬喻來形容網路，就像是個糟糕版本的《駭客任務》（Matrix）電影。[1]但是，從情報單位或服務供應商的角度來看，網際網路的模樣則大為不同。這是一個由纜線、節點、匣口組成的基礎建設，藉此各大洲得以跨洋串聯，光纖纜線將各處的城市熔接起來。這項基礎建設的地圖描繪出我們是如何通訊交流的，但網路的組成部件全部是由特定群體所有或掌控。這種所有權——再加上從中取得物質性利益的權利，如同克魯格所言——意涵，是我們在描繪網際網路時經常遺忘或忽略的。

帕格蘭拍攝的照片包括系列水下景色，漆黑不起眼，唯有一條纜線橫越其中，這就是網際網路的真實樣貌。此景真是令人震驚，這項對今日人類生活如此重要的東西，卻在淒涼的海床上看

[1] 在電影中，'matrix' 一方面指的是控制世界的電腦「母體」，一方面是指人類世界其實是虛擬的符碼「矩陣」。

來如此微不足道。[26]纜線出奇地細，好像很脆弱，但人類知識的日常傳輸、必需的基礎設施、通訊都是以光速來往於這些陰沉的海蛇脊椎上。旺加努伊河的健康與人類維生息息相關，同理，這些纜線對人類的糧食及能源生產、個人安全、文化遺產等系統而言至為關鍵。這套系統被如何管理，對於個人或集體健康與生活皆具有影響。

帕格蘭所拍的照片，促使我們將網際網路視為互相連結的物體，而不是一種服務、空間或某種幻想的譬喻——名聲頗糟卻又相當精確的一例是「管子」(tubes)，[27]這可以幫助我們了解關於網際網路的嚴酷地理眞相。[28]這些照片迫使我們思考，吾人的數位社會是以眞實的物質形態存在，而這些物質條件是如何被管理的。這些纜線不可能憑空出現，它們是由人所架設、由人所控制。菲利普・霍華德 (Philip N. Howard) 教授的論點是，此等現實乃是科技大公司與政府間的契約產物，它反映出的乃是世界政治次序，他稱此為秩序為「科技和平」(pax techinica) 時代：[29]

> 海底主纜線連接各大洲。私人企業擁有並維護其中主要的纜線，這些企業的遊說人士企圖從政府處獲得更大筆、更大筆的契約。用簡單方式來描述這種關係的話，就是政治人物投資了監控企業，監控企業亦投資了政治人物。

網際網路的主要物質受益者是企業，它們積極利用科技來促進商業活動，另一受益者則是監控型國家的主事者。「科技和平」是一個政治概念，具體呈現的型態則在這些纜線之中，但因人們幾乎無法看見此景，所以很容易遺忘這件事。

若我們潛得更深一些，網路網路骨幹（Internet backbone）的歷史會告訴我們，此一具體眞相乃是由私人產業與政府所塑造的，但事情未必得如此。今日這些連結我們的管路及交換器，其實原本是爲了公共用途、由公共資金所建造。要將這些設施交付給商業體，是政治性的決策，而該決策的成立下，這些商業體又會配合監控型國家的要求。

這件事情是怎麼發生的呢？二戰後電腦網絡發展初期，有許多人們與組織逐漸看見大型電腦連結性的價值，期間發展出諸多不同的網絡，公共資金（透過美國軍方）與商業投資兩者皆有。最初且最重要的網絡不是由商業界或政府所建，而是由群體所造。密西根州立大學（Michigan State University）、韋恩州立大學（Wayne State University）和密西根大學（University of Michigan）一起構思出 Merit network，做爲彼此間投入研究的通訊方法。結果證明，它們眞行。

Merit network 在一九六〇年代末期開始接受密西根州議會及美國國家科學基金會（National Science Foundation, NSF）的補助，其中國家科學基金會屬於獨立性的聯邦機構，以促進科學進展、國人健康、國家繁榮、福利、以及鞏固國防爲宗旨。[30] 基金會底下有諸多類似計畫，其中包括網絡擴建與全國性網際網路基礎建設，以全國國民能使用網路爲目標，Merit 乃是計畫之一。在八〇年代早期，基金會打造了五座超級電腦中心之間的連結，還建立超過兩百座區域與校園網絡之間的高速骨幹連結。[31]此總體成果稱作國家科學基金會網路（National Science Foundation Network, NSFNET），或稱網際網路骨幹。

最後，隨著通訊量與用戶增加，維持網際網路骨幹一事已經超出基金會的能力，該會遂在一九八七年尋求協助管理全國規模的網路。Merit 投標取得此任務。其結果與各大學的普遍預測相反：相比於商界或軍方的運作，Merit 的表現非常良好。Merit 營運國家科學基金會網路達七年半之久，在此期間，該組織前任理事長艾瑞克·奧普厄（Eric M. Aupperle）的說法是：

> 骨幹網絡的傳輸規模增長約一千倍，達到平均每月一千億個封包，在骨幹上公開的網際網絡數量，從一九八八年寥寥可數的狀況，成長到一九九五年四月的五萬零七百六十六座，其中有兩萬兩千兩百九十六座並不在美國。網際網路包含的國家數量，從三個增加至九十三個。國科基金會網路計畫取得的浩大成功，造就了阿帕網（ARPANET）[2]、早期國科基金會網路研究及學院研發網路轉變為今日的全球商品化網路現象。

在該計畫結束十年後，奧普厄結論道：「Merit與我們的夥伴對於自己在此令人興奮的轉變過程中曾扮演關鍵角色，感到驕傲又欣喜。」[32]

所以，如果這個計畫運作如此良好，它爲什麼會終結呢？答案就是政治。

國家科學基金會網路興起之時，大型社會投資（social investment）在政治上逐漸被視爲是落伍的。新自由主義風氣在各大黨派間盛行，相信市場比政府或公家機構的龐大官僚體系更能提供服務；此種信仰再度興盛，重獲活力。政治階層內部形成逐漸強化的共識，認爲政府的職責是盡量減少對市場的管制，讓私營領域得以繁榮蓬勃，先前被認定爲公家機關的服務也應加以民營化。此一趨勢反映在骨幹網際網路的走向上，基金會網路不允許商業性的傳輸，而新自由主義觀念認爲禁止此事會導致商業網絡另外發展，由此揭櫫了後來網路商業化的長期計畫，其規模之擴張最終可能導致研究者必須緊抱著擴大的商業化網路。[33]

所有事情皆照計畫發展。供應商崛起，接下來的十年美國政府監督了骨幹網際網路的全面私營化，然其對網路基礎設施的使用與開發，並沒有具實質意義的管制規定。最終基金會網路的資

2 「阿帕網」全稱為「高等研究計劃署網路」（Advanced Research Projects Agency Network），是美國高等研究計畫署在一九六〇年代研發出的封包交換網路。

金補助宣告結束。

此事代表公共基礎建設的私有化，其結果影響了我們對何謂「集體」的了解。政府竟然將所有權概念加諸於實際上屬於公共責任的事物；同理，該事物因此卸除了共享性基礎建設的社會性取向與關係連結。如艾琳．華特森所點出，「『關係哲學』（relational philosophy）就嵌在原住民的知識系統中；知識屬於人們，而人們屬於大地」，此說足以昇華責任感的境界，而這正是尋求將公共資源私有化的新自由主義觀念所欠缺的。華特森又寫到：「原住民的知識與歐洲人不同，前者重視義務與責任諸如對『魯威』的監護責任，此事延及未來的世代。」[34]當立法者賣掉我們的數位基礎建設時，驅動他們的哲學理念是以財產、獲利的市場體系爲前提，認爲市場體系價值更優於人類集體發展。他們虧欠了所有人。

事情的結果是，美國本土的網際網路運作低於水平。美國雖然是網際網路的發源地，卻無法跟上其他已開發國家的速度，[35]平均排名在第十位。尤其，美國鄉村地區的網路速度特別慢，[36]私營市場中少有公司在此等區域競爭連線事業。根據美國聯邦通信委員會（Federal Communications Commission）表示，「尚有許多美國人缺乏管道取得高品質先進的語音傳輸、數據、圖形、影像服務，鄉村與部落地區尤其如此。」[37]大規模私有化歷程迅速創造了寡頭體制：少數特定公司得以在私營化歷程中鞏固其商業優勢，並對「有意義的競爭」加以障礙阻撓。骨幹網路破碎化所導致的情況爲，大型供應商達成協議管理網路流量，而這些都是不受規範的祕密協議，不須承擔任何實際責任。[38]於是，尋求進入市場的新企業無法獲得公平的競爭環境，而市場內既有的企業則非常穩固。既有企業控制了網路流量的流動方式，政府對此完全沒有監督、沒有標準，也沒有成效要求。

令人深切擔憂的是，我們甚至沒有公家單位製作的網際網路骨幹地圖。幸好有些學術單位承擔了這項任務，[39]但這十幾間學術單位也花了四年多時間蒐集各方資料，辛苦達成此工作。他們的結論是，此番製圖可以增進效率與健全性，並防範自然災害與犯罪攻擊；更整體而論，此事對網際網路治理一事至關重大。發人深省的眞相是：這項資源必須由學界建立，而不能依靠政府或產業界製成。

路易茲．蘇亞瑞茲維拉（Luis Suarez-Villa）在檢視資本主義與數位科技本質時，曾討論前述案例爲產業從事科技基礎建設的增長結果。蘇亞瑞茲維拉寫道：「公共科技基礎建設在二十世紀後半葉的增長極爲快速，此情強化了產業社團主義（corporatism）的力量，使其從新知識中汲取價值而變得更加有效率。」[40]此脈絡中所講到的「價值」，並不是對整體社會或人類的價值，而僅是對公司的價值。

整件事簡而言之，先是以公共資金投入一項關鍵的基礎建設發明及發展。然後，政府又採取新自由主義經濟哲學路線，無端將此建設外包給市場，目的只是爲了擴大規模。其實，政府可以輕易地繼續資助骨幹網路及其區域擴展，這絕對會是個宏大的計畫，但總不會比全國性鐵路或道路系統更龐大吧；更何況，骨幹網路已在運行當中，它幾乎必然成爲更迅速有效的網絡。關於網際網路的最佳特質，[41]網際網路具有連結衆人的能力、開放性及中立性，不需要利用工具來控制用戶，因爲其起源是非專利的，它源於學術機構而非企業。或至少，基金會網路的私有化，原本代表有機會將社會觀感納入一重大基礎建設的功能當中。可是，這些機會全都泡湯了。政府沒有對產業界施加任何有意義的規範，甚至沒有保有繪製產業地圖的權利；政府把這些全送出去了，因爲它們的意識型態使其相信市場的功能更勝於政府和公共機關。實際上，目前的事實全然與此牴觸。

有個悠久的觀念主張，市場價值需要被一舉拋棄。如班．塔爾諾夫（Ben Tarnoff）所論，骨幹網路的私有化根本就不是無可避免的，他寫道：「此事所反映者乃屬意識型態方面的選擇，這並不是科技上的必然。私有化並沒有處置公衆監督、可取得性的關鍵問題，反而阻礙了網際網路走向民主化的道路。」[42]菲利普．霍華德教授指出，科技主義者與創業投資者非常「酷愛將目前的網路情況比擬成『狂野舊西部』（Wild West），意卽衆人在電腦科學與工程的『邊疆』地帶，做著瘋狂而充滿創意的事兒。」[43]這項比喩眞是貼切地令人傷心。事實是，美國歷史上的「邊疆」

就是立基於掠奪原住民所有以獵取私人利益；同理，網際網路骨幹的私有化則代表著剝奪人民對於知識、社群之接觸，而將權力賦予特定少數人。

艾琳．華特森在其對原住民律法的分析中，重提了貪心青蛙的故事：[44]

> 從前從前，有隻巨蛙喝光了河流的水，土地都因此乾旱了。為了活下去，動物們必須設法讓巨蛙把吞下去的水吐出來。牠們認為最有可能成功的策略，就是使巨蛙發笑，讓它將水吐出。經過幾次搞幽默的嘗試，動物們讓巨蛙哈哈大笑，吐出很多水還諸大地，灌入了湖泊、溪流、河床。為了替未來著想，眾動物們決定，避免重蹈覆轍的防範作法就是減少巨蛙的力量。結果，巨蛙不見了，而是出現了很多小青蛙。蛙類再也不能壟斷水源。

這個故事要強調的，是權力集中化的危險；若中央集權宰制了人們維生所需的資源分配，情形尤爲危險。我們可將這個故事的教訓用於數位基礎設施治理的思維上。

有些替代性作法，可以專注於公共所有權（public ownership）概念，創造出區域性的數位基礎建設生態系統。雖然網路骨幹已大規模私有化，然而有些公共計畫的案例讓我們發現，事情本可做的不一樣，以及事情在未來可以如何不一樣。

美國的地方政府機構已開始自行投資數位基礎建設，而且成績斐然。MuniNetworks.org 是地方自立會（Institute for Local Self-Reliance）的一個計畫，該計畫整理了二十四個州內超過一百一十個社群的數據，並提供至少每秒十億位元（gigabit）服務的公有網路，這是全國網路速度中位數的二十六倍快。[45] 田納西州的查塔努加（Chattanooga）是一個例子，查塔努加市所擁有的電力局（Electric Power Board）在政府補助下設立自身的網絡，其提供的高速網路比當地所有私營公司還快，這是全美第一座擁有合理價格、速度每秒十億位元的全市光纖網路。[46] 據媒體報導，「此城市之建設使其成爲創新中心，且振奮那些受私營寬頻網路商高價低速所打擊的人們。」[47] 班．塔爾諾夫認爲，此等計畫等於跨出第一步，走向「逆轉私有化的公眾運動」之路。[48]

這些新興的作爲正是吾人之未來。寡頭網路時代的死期已經到了，私有化的實驗以及泰艾亞克．阿弗雷德所謂「資本主義發展的動力與要務」，都必須告一段落。我們必須爭取的是，人們應當擁有檢視網際網路管線及交換器的權利，人應當擁有繪製具體網路分布地圖的權利，如此一來，人們才能規劃良好的設計和重大的公共投資，以期擴展並強化網際網路。我們必須爭取的是，人們可以握有骨幹網路及其支線之共同公共責任的權利，如此一來，人們便可反過來擔起參與數位社會的共同責任。網際網路骨幹乃是公共經費的產物，公眾有權聲稱擁有之，政府們應該讓骨幹網路「社會化」，將其置於民主單位的公共權力之下，並允許自治性的地方投資計畫，以提供更快速有效的全球連結力。倘若縱容貪心的巨蛙繼續存在，其危機就是剝奪人們的未來，一個眾人共同負責、共同享有重要豐富資源的未來。

倘若那種知識與法則制定的傳統已經不符合普遍接受的範型，要將其取消其實是很輕易的事。然而，我們若理所當然地接受目前做法，視其具有普世性，我們可能會喪失重要的洞察力，並排除未來的可能性。面對各種不同傳統的人們，他們對身分認同有不同的表達、認知及決定方式，而我們如何找到一個共通基礎，卻又不至於掩蓋差異性呢？這是數位時代的關鍵問題，因爲每一個人的表達形式逐漸在增加當中。

泰艾亞克·阿弗雷德主張：「原住民經濟的主要目標便是環境可持續性，以及確保人的生活和健康。」[49]原住民與土地的關係是一種夥伴關係，這與移民者的作法正好相反。夥伴關係意味著觀點的差異會被承認，不會被忽視或駁回，原住民哲學的替代方案乃是基於以下的價值觀：「志在保護此等體制：願意重視各人良心的自主、有權者不採壓迫性手段、尊重人類與其他上天造物的關係。」[50]由此，原住民的政治觀念反對均質化（homogenization），他們「顯然容許差異性，讓人打造出可關照各種自治權力要素的完整關係。」[51]相較之下，西方的國家性格（statehood）概念簡直完全相悖。西方概念不是創造自下而上的有機性尊重，而是「創造能保證尊重的政治霸權或法律霸權」；這終究是不能長久的，阿弗雷德說道，「認爲看事情、做事情的正確方式唯有一種；這種前提假設的合理性已經站不住腳了。」[52]

此種型態的平等或對差異之尊重，在數位社會中看起來會是什麼樣子呢？當我們在第七章、第八章討論到數位網絡的普遍可取得性，其架構是環繞著可促進民主決策的公共空間及平台之平等性，這是一個權力系統——包括政治體與工作場所——內的賦權問題，但這種普遍性不可被用來當作抹平差異性的藉口。一旦我們在經濟與政治生活中取得民主的平等權，就應該開始思考如何尊重差異，就此建構起走向繁榮的基礎，而不是散播分裂的種子。欲達成此事，我們需要特別專注於打造數位社會的建材，將心思放到管線及交換器之上的網路層次，並保證網路能夠尊重差異性，不要反而鞏固歧視性。

舉例而言，建造中立的網路所需要的訓練，必須能明白承認、處置偏見問題，能夠容忍歧異、衝突或細微差異。詞嵌入（word-embedding）[3] 模型顯示了此事之重要性。這種模型的運作是將大量文章輸入電腦，[53] 讓電腦學習字詞彼此之間的關係，基礎架構是讓文章內位置彼此接近的字詞共享語義學內涵，這種空間關係（或稱向量）可以用於自然語言處理（natureal language processing），教導電腦如何在人類語言方面有所參與。長期以來詞嵌入模型被用於許多基礎電腦處理領域，其中最明顯的例子就是關鍵字查詢。

展現詞嵌入功能的一項做法，就是讓模型用類推方式顯示詞彙彼此之間的關係。舉例來說，電腦在閱讀諸多文章後，可以學到「巴黎之於法國」類似「東京之於日本」。[54]電腦利用關聯性發展出自身的特殊字典，便能根據不同的力度差異使詞彙彼此連結。

然而，若這個世界不是它該有的樣子——當某種普遍性概念已經損及特殊性，詞嵌入將會釀成問題。例如，研究者以詞嵌入模型之一的詞二向量（word2vec）進行實驗，[55]詞二向量利用Google新聞中三百萬個字詞來訓練，是一種流行且可自由取用的模型。研究者發現詞二向量製造了高度性別化的類推。舉個例子來說，該模型對於「男人之於女人」所產生的類推包括「電腦程式設計師之於家管人員」，或「父親之於母親」類似「醫生之於護士」。某種程度上，此結果並不令人驚訝，因爲男人執業電腦程式設計師的比例過高，而女人顯然做護士的比做醫生的多。此結果客觀地反映出一項偏見，而當我們操作電腦利用詞二向量而形成的自然語言，此等偏見便會複製產生，而且不難想像此模型可能有種族歧視問題，或把對其他族群的偏執加以內部化。自然語言的程式設計是非常龐大且複雜的事，舉例而論，中性的詞彙經常與（男）人（men）相連，例如演員（actor）一詞；而與女人（woman）相關的詞通常需要加上形容詞才能加以中性化，例

---

3 詞嵌入是一種電腦學習詞彙的方法，也就是將詞彙轉換為詞向量（word vector），再根據前後文的統計特性加以學習。

如男護士（male nurse）。此外，隱喻或諺語會採用性別化詞彙，例如祖父條款（grandfather a provision）是指不溯及既往條款，保持媽咪（keep mum）是指保持緘默。事實證明，繪製語言是一項龐雜的差事，其中混雜各式各樣的偏見歧視，且未必可以清楚地加以辨識。

該研究發現，這些偏見不只存在於訓練模型的語料庫（即Google新聞內容），在使用詞嵌入模型進行語言學習的過程中，偏見還會被放大。《麻省理工科技評論》（*MIT Technology Review*）曾指出：「如果『電腦程式設計師』一詞與『男人』的關聯性高於『女人』，那麼搜尋『電腦工程師履歷表』一詞的結果，排名結果便會是『男人』高於『女人』。」[56]當這種語言學習運用於醫療、教育、雇傭、政策決定、刑事司法等方面，那就不難想像偏見所釀成的禍患了。其他計畫如照片數據的研究者也遇到同樣問題，用於研究計畫的兩個影像資料庫出現一樣麻煩的性別偏見：「例如『購物』、『清潔』的圖像連結至『女人』，而『教練』、『射擊』的圖像則連結至『男人』。」[57]

這種問題其實頗類似本書已討論過的歧視性演算法，其中包括拉坦雅·斯葳尼本人遭遇的無犯罪紀錄事件，還有半島電視台分社長被美國國安局誤標爲恐怖分子的意外。自然語言或圖像處理在本質上也是演算法，達成結論的演算法邏輯乃是由人類所創造、改良。在某些層面上，這是具有潛在傷害的，因爲其失誤之處難以偵測，電腦學習語言的方式與人類截然不同。令人擔心的是，這表示錯誤可能出乎意料之外，且易受忽略。

然而，自然語言也有其特殊之處：所有語言都是一個隱喻；隱喻是以一個符號取代眞實。這並不是如同其他演算法一樣的「垃圾進、垃圾出」問題，因爲語言沒有替代方案，沒有更高級的證據或數據庫可以輸入中立性網路當中。語言反映的是這個世界的眞實狀態，而這個世界並不是我們許多人所期望的樣子。當吾人使用語言、以期了解這個世界時，我們是要了解世界的現實狀態（做護士的女人比較多），還是了解世界應該變成什麼樣子（護士這個職業理當免於性別汙名或關聯性）呢？

在此，還有其他會抹除差異的工程處理範例。米瑞安．波斯納（Miriam Posner）曾經論及此事，這是她數位人文學（digital humanities）工作的一部分。[58]波斯納以製圖學舉例，廣爲流行的Google 地圖鞏固了笛卡兒式（Cartesian）描繪空間的模式，[4]反而貶低了其他取徑，例如來自原住民社會者。蒐集與運用數據的模型將概念（譬如種族）予以簡化，將概念的本質掩蓋爲社會建構與持續自我定義的過程。波斯納斷言，「一般類型的資料視覺化（data visualization）對已知數的傳達非常快速，但對未知或衝突的選項卻處理得亂七八糟。」亞當．格林菲爾德警覺到，有種

---

[4] 此處是指法國哲學、數學家笛卡兒（René Descartes, 1596-1650）所發明的直角座標系。

趨勢是假設數位地圖爲「對環境的客觀說明」，他對此表示反對，主張事實全然不是如此：「吾人對世界的感受，很細微地受到呈現給我們的資訊所影響；這些資訊是出自利益理由而傳送，但該資訊卻沒有公布其中的利益。」[59]若去觀察廣告在製圖科技的組成，例如在Google Maps等應用程式當中扮演了什麼角色，最能發現格林菲爾德所言之正確。舉例來說，程式設計師重新命名了底特律或舊金山的整片郊區；[60]他們這樣施展權力，卻沒有透明度可言，亦不須負擔實質責任，而這究竟是蓄意所爲抑或軟體設計的功能，目前也不清楚。據信，同樣的問題幾乎存在於所有由演算法決定的呈現形式。

在我們的數位基礎建設中，上述層面很有可能導致不平等、抹除差異性，除非吾人願意努力辨認、處置問題。我們需要在電腦化處理過程當中建構更多空間來容納分歧與差異，我們得想辦法辨別並尊重歧異性，拋棄正確看法及做法只有唯一一種的前提。吾人必須了解這個世界是複雜多樣的，而蒐集與使用知識的方法應該有所改變，這又會影響我們在進行數位化設定時的呈現方式。電腦與數據能告知我們這個世界「是怎樣」，但我們應當運用所學，有意義地探討世界「該怎樣」。

班恩．史密特（Ben Schmidt）教授對於性別動力（gender dynamics）如何展現於評論教授的網站進行研究，他提供了一些見解。史密特運用詞二向量模式分析網站資料，他整理出的結果引人注目，但又詭異地不令人驚訝。其結論提及人們是怎麼評論男教授與女教授的，例如「學生用來批評女教授『不專業』所用的詞彙，比用來批評男教授的更多」。或同樣地，「學生會抱怨女教授發派的作業，不是因爲他們用別的語彙來批評男教授發派之作業，而只不過是女性教授的班級作業量似乎更值得被評論」。史密特指出，這些類型的程式會做出某些事；當我們把不屬於程式的屬性歸諸於它們時，尤其要小心謹慎。[5] 與馬克思的經典格言恰好相反，史密特談到詞嵌入時表示：「其重點不是要用各種方式改變世界，而是在於了解世界。」[61] 詞嵌入模型使我們理解語言影響吾人思維方式的細微差別，它能充實人們瞭解性別（同理，還有其他的社會分類）是如何深刻而複雜地影響人類的處世態度。

我們應當肯定此一深入理解的機會，這可以造就處理偏見、容納差異的實質方法。數位科技提供了眾多方法來蒐集這些理解並付諸實踐。我們可以處置語言中固有的性別偏見，以及被詞嵌入選出的性別偏見，批評詞二向量的研究者對此已有所建言，我們可以產生能表現空間的其他方案，還能創造各種線上平台的生活經驗。

一七六九年，詹姆斯·庫克（James Cook）船長從太平洋瑞亞特阿島（Ra'iatea）造訪大溪地

---

[5] 「不屬於程式的屬性」包括假設「詞二向量」模式本身具有批判力或創造力等等。

時，[62]遇見一位叫圖帕伊亞（Tupaia）的人。圖帕伊亞是個長者，也是航海專家，他最後加入了庫克的《奮進號》（*Endeavour*）任職。圖帕伊亞在船上時，努力與船員溝通，表達他所知玻里尼西亞（Polynesia）的廣闊，這是一段世世代代流傳下來的歷史。要傳達這些知識是件艱鉅的任務：定居移民至玻里尼西亞的人跨越了夏威夷、奧特亞羅瓦（Aotearoa，即紐西蘭）和拉帕努伊（Rapa Nui，即復活節島Easter island），他們是最後一批現代之前的大移民。葛列格．彌爾納（Greg Milner）在其全球定位系統歷史著作《精確定位》（*Pinpoint*）當中表示，「這項成就極其重大」。[63]此事如何達成至今依然成謎，即便是庫克船長這樣的專業航海家亦無法解密。

圖帕伊亞製作了一張包含東加群島、薩摩亞及紐西蘭的地圖。[64]在其中，他顯示了玻里尼西亞人是如何運用天文知識與季風，其航海技術遠超出庫克船長的想像；然而，庫克船長似乎忽略這份資料可以解開玻里尼西亞移民謎團的重要性。久而久之，圖帕伊亞爲船員所疏遠，他死於一七七〇年。船員認爲圖帕伊亞「既驕傲又嚴厲」，[65]用種族術語來說，這就是個社會污辱。庫克本身看來不太喜歡圖帕伊亞，因爲後者沒有表現出恭敬的姿態——此乃時人對非白人的期望。歷史學者丹恩．歐蘇利文（Dan O'sullivan）認爲，圖帕伊亞的自信心可能延及到地理知識上，而這在十八世紀的船艦上是一項「大罪」。[66]出於對其他觀點的不尊重，導致圖帕伊亞的整體知識被全然低估而且遺失了。

當人們賦予特定的知識形式或呈現特權，我們同時又喪失多少其餘形式的知識呢？當所有事物都是由Google以笛卡兒架構來製圖時，有多少差異或其他可能性因此被排除在我們對世界的理解之外呢？數位科技其實擁有增進我們理解其他觀點的潛能，但這需要對多元性的開放與尊重。米瑞安·波斯納建議我們的努力方向要「以激切的做法來抓住人們的生活經驗，激切做法必須有創造力、有生產性，還要怒氣沖沖」。[67]舉例來說，她認爲基進之道包括採納原住民用來描繪空間的夢歌途（songlines），[6]而不是使用格線。機會是無限的，只要我們首先同意偏見歧視確實存在，而且必須加以處理；處理之道是尊重立場差異，而不是加以掩飾。

保護數位網路正如保護氣候，對所有人類日常活動皆事關重大。數位網路如同自然環境，這是一個屬於知識、逸樂、自我探索的地方，絕非供人剝削的資源。網際網路的萌芽是依靠公共資金，它乘載了人類合作的努力及人類諸多領域成就的驚人發展，透過公共資金的投注與社會化，網際網路應該返回公眾所有。網際網路的治理規則應當在公開透明之下協定，以所有使用者的利益爲主。阿弗雷德寫道，在原住民的概念裡，責任或負責的「要求涵蓋了普遍的包容，以及負責

---

6 「夢歌途」又稱「夢之途徑」，是澳洲原住民信仰其祖先在澳洲各地散佈了話語、音符，然後把這個世界「唱出來」，擁有夢歌者可以根據歌內妙術的地理特徵，之道哪些土地是祖先所經過的、擁有的，這種擁有權不能販賣，但可以跟他人交換夢歌以行經他人土地。

決策者與其生活受決策影響者之間的強大連結。」[68]我們必須學習原住民之道，將這些流傳千載之教訓運用到二十一世紀的數位民主化運動中。

11

保衛數位共有財！

讓乳牛社會化

波士頓公地（Boston Common）是全美國最老的城市公園，它起源於威廉·布萊克斯頓（William Blackstone）這位怪怪的英國國會教士；他在一六三四年時將土地販售給波士頓市，[1] 爲此每一位市民捐獻了至少六先令。交易完成後出現了一場爭議，事關這塊土地應該切割分給居民還是由衆人共有，結果後者以極小差距獲勝，從此這塊地就由波士頓市所擁有。

從一六三〇年代此決議確立之後，波士頓公地有過各種用途，它曾經被當成垃圾場、絞刑刑場、運動遊戲場所，也是情侶約會的好去處。它曾經是第一次世界大戰時期的勝利菜園（victory garden），❶ 而它的鐵柵欄則在二次大戰期間被捐贈做爲廢金屬之用。馬丁·路德·金恩（Martin Luther King Jr.）在它的草皮上向廣大群衆演講，然後有數千萬民衆來此抗議越戰。在成爲官方公園之前，它曾是上述各活動的社群空間。「波士頓公地屬於全世界」，[2] 山謬爾·巴柏爾（Samuel Barber）在其一九一四年的作品《波士頓公地：重大事件與周遭消息日誌》（*Boston Common—A Diary of Notable Events, Incidences, and Neighboring Occurrences*）中寫道：「自此地發散的影響力促進了民主政治，阻撓了貴族統治。」

正如「公有地」或「共有財」（commons）一稱所示，此乃公衆所有的資源。❷ 共有財可能是具體的事物如公園或自然環境，也有可能是抽象的事物如人類的數學定律知識等等。當我們談到共有財時，其意是指不屬於任何個人的系列物品，或某些有價值的事物；雖然共有財被擁有或管理的方式有所差異，但共有財是由眾人共享的，其使用與保護將會影響全體社群。

講到共有財，幾乎不可能不談到「悲劇」。生態學家加勒特・哈丁（Garrett Hardin）在其廣爲人引用的論文〈共有財之悲劇〉（*The Tragedy of the Commons*, 1968）當中，用乳牛爲例來解釋問題。如果人人都能將他們的乳牛帶來公共地放牧，那麼就無法阻止更多乳牛被送來這裡。每個人都有動機向公共資源掠取可能的最大利益，然而資源是有限的。需求漸漸超過供給，增加乳牛放牧的利益流向個體牧人，而公共地的集體成本卻不被納入考量因素；每個人都在增加消耗的同時犧牲他人，直到最後沒草爲止。這是一個稀少性（scarcity）的問題，正統經濟學家講這件事已經講很久了。其假設是，人類並不是會互相合作或自我管理集體資源的物種；對有限資源的需求若無限制，資源必然會在過度消耗之下減少。公共草地逐漸荒蕪，共有財的結局是場悲劇。

哈丁這篇極具影響力的論文並不是最早發現問題者；這項難題及其可能的解決之道，[3]在千年之前便已出現。通常回應該現象的做法，是將公有地加以切割分配給各個牧人，人人各管各的草地，由總管當局負責監督。這樣的話，每個人爲了自身利益，就會善用自己那塊地，避免過度

---

1 「勝利菜園」是兩次大戰期間鼓勵人們在住家、公園、學校等地區種植作物以補充糧食的作法。

2 此概念根據脈絡亦可譯為「公有地」或「共有財」，本章會根據行文脈絡而選擇譯名，但原文皆是同一個詞。「公共草地」（common pasture）源自於歐洲中古莊園制度，所有村民都可以讓牲畜至公共草地上放牧。

使用導致土地貧瘠。具體來說，這就是十八世紀的圈地（enclosures）運動，歷史學者詹姆斯・波伊爾（James Boyle）總結此事為「將先前的公共財產轉化為私有財產」的過程。[4]公地私有化，這就是對於公有地受濫用的回應之道，於是，「公有物之悲劇」便經常被用來證明私有財產權（private property rights）的正當性。

確實，這種命運也降臨於早期的波士頓公地，當地家庭放牧的乳牛越來越多。對居民而言，將公地切割分配似乎是解決過度放牧問題的最合理思維，但波士頓避開了這場悲劇。市民集合起來決定放牧地的範疇限制，[5]並任命管理員加以監督。大衛・菲舍爾（David Fischer）在其公地歷史之著作中寫道：「人們經常對限制加以試探，但是這套系統運作了整整八個世代。它之所以能夠持續，是因為市鎮結合了公有財概念與市鎮集議的體制。」[6]這種集體管理共享資源的作法，正是諾貝爾經濟學獎得主伊莉諾・歐斯壯（Elinor Ostrom）長期研究的課題，她發現，若能用心思考並注意管理公有財的規則，悲劇是可以避免的。[7]歐斯壯的作品與我們的數位社會密切相關。

學者大衛・哈維（David Harvey）表示，他已經「數不清」有多少次，哈丁的論文被引用為「不可駁斥的論點，土地與資源使用方面的私有財產權擁有較高的效率，這便是私有化的正當性理據，令人難以反駁」。[8]然而主流經濟學者甚少注意、但同樣可以避免悲劇的論點，就是讓乳牛

「社會化」——正是此等思維造就了《共產黨宣言》（*The Communist Manifesto*）。這些反省應能讓我們重新檢視私有化的邏輯，共有財之命運是否眞的避無可避，以及圈地的合理性是否眞能成立。

圈地運動期間極不和平，圈地之於當時的社會是種暴力行徑，一位歷史學者形容這是「一場富人對抗窮人的革命」，[9]且是「一場漫長、緩慢、暴力的行動」。[10]這可不是一場溫文有禮的資源安排，更不是拯救窮人的文雅企圖。歷史學者彼得・萊恩堡和馬可斯・瑞迪克（Marcus Rediker）論道，圈地運動代表兩個階級間的衝突，也是廣義歐洲殖民計畫的一環：[11]

> 世界歷史上，自從人們執意要擁有自己的生計——無論是土地或其他財產——以取得經濟獨立後，歐洲的資本主義者就用強迫方式向百姓徵收其祖先的土地，百姓的勞動力於是重新配屬至新地理設定下的新經濟規畫。

圈地運動代表了人民日常活動傳統的斷裂。這絕不是朝向新興、有效率社會的平靜理性轉變，此事創造出一個缺乏政治力量的階級，此階級在歷史紀錄中被視爲是不守法、暴力的一群人。這段時期英國的暴動四起。[12]反對圈地運動的反權威暴動傳統起源於英國，[13]之後在美洲殖民地繼續蔓延。暴動是針對中央集權政策如糧食囤積、收稅、兵役的政治抗爭，波士頓公地在十八世紀不時出現此類事件，其中諸多事件被歸咎於某些團體，如一七四七年事件是黑人跟窮人引起，一七六八年則是工人階級。[14] 農業維生方式的消滅最終導致無土地的工人階級出現，公共地的消亡則標誌了封建制度過渡至資本主義的轉捩點。

共有財及其悲劇大部分被聯想至自然、具體的共有資源，但資訊共有財（information commons）[3] 概念的存在時間幾乎與波士頓公地一樣悠久。自十七世紀初期開始，智慧財產權（intellectual property）針對思想觀念而創設，最常見的就是技術人士的科技發明。[15] 詹姆斯．波伊爾談到，在智慧財產權概念發展之初，智慧財產法積極保護人類的共有知識，僅允許有限個人獲得智慧財產權，通常期限只有十四年。該法認知共同物資存庫的重要性，俾能使所有創作者及思考者取用之。涉及概念及知識的智慧財產權是少數例外，而不是常態。

然而，隨著時間變化，尤其是在二十世紀期間，越來越多的人類知識轉變爲財產。相較於過往，在數位時代的資本主義之下，資訊在創造價值方面的重要性愈加提高，我們可以在各種資訊平台及其中的資料探勘看見上述變化。更重要的地方或許是，在工業化背景之下，資訊已經變成更有價值的商品。電腦化的飛機、汽車與其它生產科技並不是獨立製造、測試、銷售的機械，這些科技的運作屬於持續將資訊傳回設計過程的網絡節點。[16]彙總資料（aggregated data）控制了研究或網絡的回饋，然無論其形態是否爲彙總資料，資訊在我們的經濟系統中已是越來越關鍵的部分了。

當資訊成爲更有價值的資源，智慧財產權法卽在現代資本主義關係下取得前所未有的巨大影響力。舉例而言，電子書及音樂方面的數位版權管理深入我們的裝置內，並控制著我們的消費方式。公司的資訊是由保密協議所封鎖，雖然公司的前任員工依然記得這些資訊。法院對於對等網路（peer-to-peer）分享網站發布撤除令。製藥公司競相爭取各種基因突變的專利，這樣它們就能獲得販賣突變診斷檢定的專利權。汽車製造商藉由許可執照之取得，[17]限制了診斷檢定其車輛方法的類型，此事尚與維修、調整的作法有關。二〇一八年時，有人還爲了做生意幫助客戶延長電腦使用壽命，[18]而被判處共謀輸送僞造商品與侵犯版權罪。艾瑞克・朗格倫（Eric Lundgren）做出了一種光碟，可以幫助使用微軟授權產品的舊電腦使用者，在電腦當機或需要抹除時重啟 Windows 作業系統，全然合法地重新啟動許可權。但朗格倫卻因爲這項付出而坐牢，微軟在此案中幫助檢察官起訴。智慧財產權法支配了社會，竟使那些幫助他人「再利用」的人們身陷囹圄。

3 又譯為「資訊共享空間」。

前述現象影響了我們生產的方式。財產權在資訊資源領域的擴張，象徵著詹姆斯．波伊爾所謂「對公有地生產力投下不信任票」；[19]換句話說，此事所象徵的假設是，私人利用資訊會比眾人更具生產力。一旦資訊共有財的內容被撤除，並置於私有財產權下，這項知識就無法被他人利用或發展。眾人都受知識庫萎縮所害，而知識庫本爲人類創發思想的泉源。波伊爾論道，智慧財產權日益擴散，涵蓋了所有事物，從軟體到人類細胞皆然；這是一場現代的重新分配過程，類似於幾百年前的土地私有化運動。易言之，思考數位世代智慧財產擴張的一種方式，是將其視爲「第二次圈地運動」。[20]

第六章所討論的開放原始碼軟體，可使我們想出一些改善生產的點子，而此模式甚至可能在其他背景下獲得成功。然而，人們需要促進共同工作環境，並保護這些勞力的成果。一定有方法可以避免這些工作被有意剝削共同資源的公司藏起來，用來促進其自身利益或強加極其浪費的消費系統。我們得讓乳牛社會化才行。

倘若私人握有資訊一事不是變成常態而是成爲例外，我們就必須思考如何能同時生產且保護共有財。我們正邁向一個時代，資訊是以各種形式（尤其是數位型態）存在；資訊是某種資本，也就是可以用來創造利潤的事物，資訊可以影響我們所學以及如何生產的方式。出於法律、政治與道德等多方面理由，公眾可以宣稱擁有這些東西。至於資訊能夠或應當歸屬於共有財的程度爲何，此問題我們甚至還沒開始適切地爭取呢。

有些資訊不應當包含於共有財內，有些資訊應當保留在個人手中。絕對徹底的資訊自由並不合理，尤其是本書前面章節中談到的隱私問題。不過，我們確實需要仔細思考，容許資訊私人化與商品化的限度何在。有些資訊若是受他人鎖鑰之封閉，可能會釀成巨大傷害。我們準備容忍數位共有財被「圈」起來服膺資本主義利益嗎，要忍到什麼地步？

當波士頓市民決定如何管理一六三四年所購買的土地時，原本的規畫是要切割土地，後來他們選出了一個負責分配土地予居民的委員會，約翰．溫梭普（John Winthrop）是當選委員之一，而此人反對割地的想法。根據大衛．菲舍爾的記載，溫梭普是將公地視為「連接人與人、世代與世代」的途徑，[21]溫梭普宣告：「大家在此任務中必須同心協力。我們應該對彼此感到愉悅，應該一起哀悼、一起勞動與受苦，並永遠將我們的委員會及社群放在心上。」[22]他設法獲取別人的支持，最後眾人共同決定放棄原本規畫，公地獲得拯救、免於圈地的命運，波士頓人皆大歡喜。正是這樣一股集體的精神，應當灌注於數位共有財之保護與權利重申。

數位共有財的概念，讓我們得以有機會重新思考乳牛的古老悲劇。首先可以考慮的是，哪種資源應該被包含在數位共有財當中；若將其包含於共有財中，是否會造成類似牛隻數量激增的問題？[4]創意性產品如書籍、圖像、音樂與軟體等應該會是個好的出發點，這些產品並不像其他多數資源——人類史上所使用或仰賴的那些資源——一樣，部分原因在於它們並沒有經濟意義上的稀少性；更精確地說，它們可能是無限的，某人的利用並不會減損他人的使用。對該資源來說，被觀賞、分享或複製多少次都是沒有差別的。《羅密歐與茱麗葉》（*Romeo and Juliet*）戲劇電子版若分享於公有領域上，這項資源並不會受到消耗，這是一項共有財的資源，卻不會出現悲劇（故事情節除外）。[5]

管制這些作品出產的典型作法，就是要求使用者付費給作者。在書店或唱片行這麼做當然很恰當，但在網路上此法可能發揮更強大的作用。整體上，著作權法愈來愈限制知識的取得，且越來越禁錮某些課題的集會結社自由與言論自由。打擊侵犯著作權行爲的提案[23]——其合理化基礎是作者有權利獲得適當報酬——通常賦予國家機構廣泛的權力，它們可以過濾網路並將內容限制於有付費的人或平台才能取得。

對於這些產品，我們應該採取不同的思維，因爲這些產品是無競爭性的。也就是說，使用特定作品的人們之間並無競爭關係，因爲該作品可以無限複製，且複製的成本是零。因此，要追蹤複製品的流向通常很困難，每一台連接至網際網路的電腦本身就是某種「印刷機」，能夠複製並傳播大量人類知識，而其需要做的事情竟只是點幾下滑鼠。波伊爾寫道：「一個產品單位便能滿足無限的使用者，而邊際成本竟爲零；要阻止這種事情發生若非不可能，至少也是困難的。」[24] 這個龐大的問題，一般稱之爲盜版；但從另一個觀點看來，我們或許能把盜版視爲傳播創意性產品的超級機制。

在此並不是要主張創意類產品在最初的創造階段不需要成本。數位型態的創意作品需要資源以製作或生產出第一份副本，書籍作者必須撰稿，就像那些ＭＩＴ電腦實驗室的極客們得爲電腦遊戲《太空戰爭》撰寫原始碼。製作第一份複製是個挑戰，但重點在於，經過人們最初投注的精力、時間與部分設備後，接下來製作的每份創意複製品都是零成本的；光纖電纜將檔案上傳至共有空間所費的極小光能，很可能是產品複製過程中唯一的成本。

這便是爲什麼，數位世界的創意產品看來與乳牛進食的草地差異這麼大。數位共有財並不會遭受公共草地所遭遇的傷害，過度使用它也不會導致悲劇發生。事實上，將這些產品保留在共有領域供人自由取用，將會是最有效率的傳播方式，而這便是將創意產品留在數位共有財領域的有力論點。

---

4 牛隻數量激增的問題，便是前述的公地過度放牧現象。

5 這是作者開的一個笑話，因為《羅密歐與茱麗葉》是莎士比亞四大悲劇之一。

有沒有什麼其他產品，其複製的邊際成本也是零呢？某些類型的資訊確實如此，某些由有價值資訊所製成的產品也是。舉例說明，製藥公司進行研究與實驗，找出化學物質的特殊組合來治療某種疾病，製作藥品本身的直接成本可能相對低廉。然而，藥品售價會反映製出第一份藥品時所投入的研究與時間。生產一個藥丸的邊際成本趨近於零，可是製藥公司會將製作首份藥品「副本」的成本或其所投入的資訊，再加上淨利率，全部反映到藥品價格上。

於是，與文化產品的情況相同，無怪乎智慧財產權法加強對製藥企業生產過程的掌控。智慧財產原本理當是養成動力、促進革新的方法，結果卻完全相反：變成牟利的機會來決定要生產什麼東西。製藥公司經常竭盡所能地擴張專利，這種作爲被稱作長青化（evergreening）；6 根據產業內部人士透露，要做到此事需要「好幾層樓的律師們」。[25] 喬爾·雷克斯金（Joel Lexchin）教授如此表示：「一般來說，當你要把某個東西長青化時，你根本沒有在追求任何治療上的進步，你只是在追求公司的經濟進展。」[26]

從這方面而論，軟體跟製藥頗爲類似。自由軟體運動講求的是「言論自由的自由，而非免費啤酒的免費」，因爲在不久之前，所謂的自由軟體確實是有價格的——硬碟跟郵資的錢。然而，隨著網路促進更爲迅速的傳播，自由軟體的具體成本大多消失了（固然還是有很多人捐錢給其使用的程式）。把自由軟體拿來跟製藥比較仍有些許差異，但兩者相較之下，我們便可辨別「是什麼造就價格之設定」與「價值本身的來源」二者。自由軟體有價值的部分，是時間之投入和原始碼所呈現出的人類智慧；藥物固然有生產成本，但其眞正價值是來自於研究藥方所投入的時間與精力。

事實上，以專利或著作權型態顯現的智慧財產權法，取走了應當屬於數位共有財的有價值事物，造就國家准許的壟斷方式並加以銷售。此舉使得要取得這些產品的難度大爲增加，限縮了他人使用該產品以增進人類集體知識的程度。此等保護的結果乃是天文數字般的利益，靠著智慧財產權創造出的壟斷，這些公司賺進大筆財富。科技公司如蘋果與微軟、[27]製藥商嬌生（Johnson and Johnson）都位列《財富雜誌》（*Fortune*）全球五百大企業中的前十名。平均而言，製藥公司是五大製造業領域中淨利率最高的，甚至高過了石油天然氣與銀行業。[28]

此事反過來造就了競租（rent seeking）行爲：智慧財產權之擴充，變成握有該權利的公司所從事的牟利行動。不只是製藥公司以鉅資雇用律師團來保護它們的專利，大型文化業者如迪士尼與華納兄弟也在進行遊說以延長著作權期限，如此雖迎合擁有者的利益，卻沒有實踐著作權的核心目標——誘發新的文化創作並獎勵創作者。軟體公司利用開放原始碼軟體來創作自己的產品，

---

6 「長青化」是對專利即將過期的藥物稍作調整，然後再度申請專利，繼續賺取利潤。

然後加以包裝販售。於是，智慧財產法變成了掠奪資訊共有財的工具。

這個問題到後來變得更加嚴峻：這不僅是大量知識的喪失──此等知識本可能是自由取用──還會耗竭共有財的生產力。數位共有空間應當是研究計畫開展之處，應當是史上共有財與更近代的創新相互整合的所在。數位共有空間讓人們可以搜索人類心血的歷史，看看過去的人怎麼解決問題，看看那些思維怎樣有效地運用來處置現代的難題。此外，數位共有空間能推進人們以不同方式工作的自由，將各自心力與時間花在特殊計畫的各種要素上。然而，當資訊共有財被私有化之後，上述工作方式的能力會大受減損。

當我們使用數位共有空間的資源時，付出的代價是要將工作成果奉獻予數位共有財。此等奉獻──來自於人們各自的能力技術，所奉獻的對象則根據不同計畫之需求──喚醒了過往革命的士氣。倘若我們要思考自由軟體運動中有哪種開放原始碼模型適合在其他背景脈絡下付諸實現，我們還需要了解，此事之所以可行，主要原因在於現已有豐富且日益增加的數位共有軟體足堪利用。

網際網路本身就是一種實際的展現。網路奠基的科技標準，以及最終全球資訊網的基礎，全部都屬於數位共有財、完全開放的，任何人都可以在這些協定所提供的基礎上創造新的程式或專題，完全不需事先獲得他人准許。正如瑞貝卡．麥金儂所寫的：「網際網路的內在價值與力量，源自於它可在全球內互相操作，而且是去中心化的。」[29]但事態也可能相反：網路的建材可能會被私有化，或因授權而封閉。最近似的類比就是有線電視（這也是爲何有線電視經常被當作想像世界缺乏網路中立性的隱喻對象）。不過，有線電視是以訂閱的做法來限制可取得性，而我們所擁有的網際網路是個能促進雙向參與的系統，所有人皆可免費創建自己的廣播平台。網路標準的開放使其用處極爲廣泛，網際網路的協定與標準寄存於數位共有空間中，更能夠促進其使用的擴展。

所以，數位共有財的目標有二。其一，它促成某些產物的有效分配，當產物的邊際成本爲零時尤其如此；其二，它能促進集體合作的生產力，使其效率大增。共同的資訊體系能避免重複，且可創造規模經濟。它能接受開放資源或對等的網路工作方式，類似我們先前看到自由軟體運動採取的有效做法。共有財的概念有可能被剝奪，犧牲上述目的而改爲追求利潤，智慧財產法會阻礙數位共有財此二目標之實現，而我們必須大力挑戰此事。

假使我們退一步，想想看如何以最善用資源、且以人們自主決定的方式來設計社會，其測驗可能是：若產品複製的邊際成本爲零，該產品便屬於數位公有領域。現在，先把生產第一份副本的問題擺到旁邊，這裡有很好的理由可以證明，將那些產品置於共有空間，足以造就極佳的傳布效果。

當然，這並不永遠意味著這些產品必須由眾人集體製作。舉例而言，沒有人會主張偉大的文學作品能透過設計為開放資源格式而獲得改善；《白鯨記》（*Moby Dick*）很難透過群眾外包，對捕鯨一事詩意般的深思而更加改進吧。傑夫．巴克利（Jeff Buckley）或凱蒂蓮（k. d. lang）唱的《哈利路亞》（Hallelujah）版本，是不是比李歐納．柯恩（Leonard Cohen）更好；雖然柯恩是歌曲作者，但眾人對此事的意見有嚴重分歧。於此，署名（attribution）一事在數位共有財的時代遂更具重要性。所以，副本的製作與散布可以是零成本，人們應該被容許繼續研發或使用創意性作品，而署名是使創意的追求獲得承認的關鍵作法。有些獨特的創意眼光理當受到尊重，那是其個人追求的成果；不過，這並不代表我們在共有空間環境中不能——透過閱讀與分析——受益於這些作品。如果人類的重要創作與公眾相互隔離，這個世界只會愈加萎縮而已。

可是，對非創意性產品來說——諸如關於健康問題或自動駕駛安全措施的研究成果——合作是非常關鍵的，相關資訊若能標準化且共享，我們便可避免重複製造過去已曾造就的作品（與錯誤）。對許多人而言，這是非死即生的問題，此事不該被犧牲，用來保障把持專有權的公司之競爭優勢。此等資訊可以由公共信託（public trust）保有，讓有民主監督的委員會主持，並訂定相關取得資訊的規範。

談到共有財的生產潛能，能補充上述觀點的另一項測驗為：若共有資源握有資訊比私人持有更有價值，那麼該資訊就應該成爲共有資訊。電腦化飛機的安全數據若能共同由航空產業所享有，其價值會大於私人持有，如此頗能提升安全性與效率；自病患處蒐集的數據可以顯示醫療突破的成敗，應該要讓公衆能夠取得，如此則可提高研究進步的速度及成績。個資固然應謹愼處理，但工業生產與製造目標所產生的數據對於衆人是有價值的，數據商品化的論調已日漸難以正當化。

共有財悲劇是屬於二十世紀的經濟學教訓。正如圈地象徵了封建制度的終結與資本主義的興起，數位共有財的發展也應當標誌著吾人政治經濟歷史新階段之濫觴。

倘若我們欲以資訊與創意產品使共有財更加充實茁壯，關鍵問題便是如何資助第一份副本的產出。首份副本或許是藝術品，或許是治療癌症的解藥，它還可能是自動駕駛車輛的軟體原始碼。此問題事關重大，因爲製造首份副本並不像是邊際副本的生產，前者必須要有一定的資源，亦卽人力。人們必須投注時間心神來創造產品，然後此產物才能更輕易地在數位世代裡被分享。如果我們想用這些產物來打造數位共有空間，吾人對於革新的驅動力又了解多少呢？

首先，我們必須拋棄以下觀念，亦卽智慧財產法是一套驅動首份副本製作的良好系統。比爾・蓋茲曾經對愛好者同伴們所謂的「剽竊」行爲表示遺憾，因爲該行徑造成他無法從個人投資中獲得預期的利潤；然而，可以肯定的是比爾．蓋茲個人是個例外，不是準則。自由軟體運動就是活生生的例證，志願者們在無利可圖的情況下編寫出大量的原始碼版。人們參與開放資源計畫的原因有很多，[30]包括個人聲譽、解決個人遭遇問題之渴望、成就動機，甚至是單純的喜悅。有項研究發現，人們參加開放資源開發計畫項目的最常見原因（占回應者的四四％），是知性刺激的樂趣。[31]認定利益是革新關鍵誘因的老舊思考方式，在現代世界已無容身之處。

論及創意性產品時，任何人都能理解誘因並不僅是金錢，藝術家和極客傾向看重其他的獎賞。然而，人們經常將創意性產品與資訊產品之間劃下界限而對比二者。舉例來說吧，從事醫藥研究據說比藝術創作或開放資源軟體製作更具功能性。我們被告之的是，為了確保人們有動機從事此類研究，智慧財產權法是必要的，醫藥研究的樂趣可不能與作曲、寫文章、寫軟體相提並論。好的，把這種話拿去跟成功研發出第一份小兒麻痺疫苗的約納斯．沙克（Jonas Salk）說說，他完全不在乎自己的疫苗有何獲利前途。有人問過沙克，誰擁有疫苗的專利權，沙克著名的回覆是：「嗯，我會說是大家。這沒有專利，你能讓太陽有專利嗎？」[32]現實上，沙克不能宣稱自己擁有其發明的相關權利，因為疫苗研發使用的是公家經費。然而，他的觀點已經明示，醫療研發的獲利並非該領域最高級研究者的關鍵動機所在。在本質上，人類努力的動機——無論是否屬於創意、無論是否屬於科技或科學——其實較其最初顯示的更具普世性。

當然，有人是完全受金錢驅使。然而，或許令人驚訝的是（因爲此乃關乎人類生存的深切課題），有項研究表示這樣的人只占了約三〇％，[33]而至少有一半的人「是系統性地、顯著地、可預期地表現合作行爲」。[34]尤查．班克勒（Yochai Benkler）教授曾廣泛研究這個課題，他的意思是，我們都知道有人當老師，我們知道有人做股票經紀人，所以若假設金錢是人類行爲的唯一誘因，這當然是種錯誤，甚至在更具功能性的活動領域亦是如此。智慧財產權法並不能保證各種產品的首次副本製造在本質上具有效率或必然有用。

以上所說之一切，並不是要宣稱人不需要賺錢來養家餬口。無庸置疑地，這便是左派人士爲何對宣揚前述主張感到遲疑的主因之一：人們擔心，若我們堅持人類勞動力超越了其貨幣價值，會導致貨幣價值貶至零。該怎麼滿足人的物質需求欲望是個嚴重的問題，此事必須細細審視（有些建議在先前章節已經提及），其中包含了徹底的資源重新分配、公共服務的普遍提供，還有思量如何確保人類基本收入。爲創意人士或他人提供補助，使他們有條件從事重要的工作，而衆人皆可從中獲益，這件事並非空想。同時必須加以拒絕的，則是華而不實的資本主義者思維邏輯對我們的推銷；那種思維企圖讓吾人擁抱智慧財產觀念，並在共有財遭到瓦解時俯首屈服。

創造、培育數位共有財無法解決我們所有的生產問題。某些生產需要專家，某些則需要專業設備。要如何將其整合入開放原始碼的生產過程，是一個既有趣又複雜的問題。然而，幾乎所有的生產都會某種程度牽涉人力時間，這點可從出發點便證明，各種生產確實應建構爲公開資源，並由數位共有空間予以支持。

還有件重要的事情，那便是思考根據共有財而出現的生產涉及個人資料一事，具有什麼樣的涵義。擁有在數位時代裡蒐集此等資訊之能力，有機會創造出更好的資源配置，爲研究者提供豐富的資源。舉例而論，人類整體如何購買食品、消耗能源或交通，將能夠被分析而用於增進生產程序或減少浪費。目前健康資訊的蒐集規模已超出人類史上的任何時刻，而我們能從這些資訊中推斷出趨勢，此事爲醫藥知識的進展提供了前所未見的機會。然而，重要的是，這些數據必須是人們爲特定目的而志願貢獻，不可用於販售或再利用。我們應該重視人們對於個人資料之主權，同意資料的分享是立基於信賴與共善。再者，開放性資源生產的益處容易在理論上有爭議，在落實方面也有些問題存在。以軟體領域而言此事尤其眞確。其中某些問題是來自於開放原始碼設計的既有特質，會讓人對於唯才主義產生執念。參與者受到的評斷幾乎是根據其成果而定，他們並不瞭解其中的結構性眞相。[7] 如我們所知，由於某些明顯的原因，早期的自由軟體運動中，幾乎所有投入其中的駭客都是白人男性，[35]他們廣受西方世界的讚許，[36]且通常與強大的企業或大學有關。自由勞動力的奉獻其實是項奢侈品，不是每個人都能夠輕易負擔的，若人們發現不平等現象也同樣存在於數位環境複製的世界裡，應該也不會太驚訝。可是，我們仍應積極創造能辨別且克服此種不平等的空間。

思考這些難題需要透過公開透明的作法，而我們也必須認知，數位共有財是值得加以捍衛的事物，應當使其能夠盡量擴充。接下來，我們需要找到途徑，將這種資訊保存在共有空間，同時不損及個人隱私。此外，針對開放原始碼計畫，我們還需要促進廣泛而具涵蓋性的參與，以能夠善用共有財。這一切的前提共識是，共有財是基礎建設的重要部分，使我們能發揮數位時代的最佳效用；若不如此，我們將永遠受到將共有財私有化牟利者的侵占。

維基百科是全世界最熱門的網站之一，它是各式各樣學習的管道；雖然如此，維基百科卻經常被視爲無政府狀態的空間且缺乏專業性。它是諸多關於網路不可靠的笑話譏嘲對象，但若取消維基百科的這些條件，我們其實會失去一些東西。眞相是，該網站受到一套複雜且在演進中的規則所治理，這些規則廣泛且具彈性，然其運作基礎是平台貢獻者可以討論內容且改編之，以符合特殊的情況。尤查．班克勒曾舉過一個例子，[37]其牽涉的是「創造論與演化論」文章內容的爭論。

---

7 這幾句話的意思是，參與者認為自己所受之肯定完全是因為其工作成果，殊不知此外還有結構性的因素如性別與種族。

文章中兩位貢獻者的觀點差異被廣爲辯論及討論，參與者使用維基百科要求觀點中立與來源可靠的各項規則來反覆檢視，最後衆參與者達成妥協，沒有訴諸更高權威或官僚式仲裁者。維基百科貢獻者的成果是自我管理的，其結果則是透過透明的手段來達成（讓許多讀者產生足夠興趣去查閱檔案文獻）。

維基百科的網站也有其缺點。其中最急迫的一點，研究者稱之爲「不公平的參與地理」（geographies of participation）：[38]發表文章的貢獻者大部分來自於北半球。這是一個可取得性的問題，然此事亦代表了，對於特定歷史、事件、歷程的關注，經常是以犧牲邊緣者爲代價。而如同研究者之結論所指出，這些問題並非不可克服，這只是反映「維基百科的民主化潛力尚未落實」。[39]更有甚者，維基百科本身雖然有其侷限，相較之下，還比某些帶有內部化偏見卻不承認的單一學者著作更加民主。這麼說不是要鼓吹人們否定專家，也不是要無視資訊把關者以數位格式複製的問題；反之，此論點是要呼籲，我們需要一個供人以審愼、通達、透明的手段取得人類知識的所在。維基百科顯示了，要做到此事是可能的。

維基百科是個現成的例子，它顯示公共持有的資源如何在參與性規則下被有效管理。這是一部自由、合作撰稿的百科全書。諾貝爾獎得主暨政治經濟學家伊莉諾．歐斯壯的作品在這方面頗有啟發性，她一生都在研究如何治理共有資源，並提出了一系列指導原則，[40]確保這些資源能夠被適當管理，其中有頗多項原則可應用到開放原始碼生產與數位共有財領域。尤其特殊的是，她列出的指導原則包括下列幾項：受到規則規範者能參與規則的制訂與更改；規則可以配合特定的需求或條件；行為監管乃是由成員社群所執行；擁有低成本的解決爭端方式。[41]以上諸要素都在維基百科呈現；它為數位時代與共有資源管理方面的數位民主落實提供了良好指導。

更精確地說，維基百科能幫助我們構想出取用共有資源的開放原始碼計畫若要成功所需的一些結構性條件，而其中有許多條件其實可在《敏捷宣言》的管理語彙中找到。此已廣泛在軟體產業中施行，如本書第六章所論。舉例來說，這包括了將計畫項目分解成更小部分的能力，[42]如此一來參與者就可以從事小部分的工作，符合他們的技能與動機層級（motivation level，以「敏捷」術語來說就是「使用者的故事」）。班克勒還談到，要設法讓人們認知其作品「品質保證」的重要性，這可能包含某種兩度處理（double handing，即某些工作重複兩次），或參與者願意接受隨機檢查，這些策略透過結對程式設計（pair programming）在「敏捷」中廣泛運用。此外，在軟體開發過程中，這些策略也會以合併請求（pull requests）的型態出現，編碼者用此方式將自己所做的變更通知他人，讓該變更可以被檢查。班克勒認為，這些社會性準則必須是被同意而非強加，方有可能運作。易言之，正如歐斯壯所主張，在減少階級次序的模式下，這些規則由集體共同訂定才比較可能被遵循；合作的人們若能了解自己的工作準則，並對於準則之制定擁有發言權，他們的工作表現便能青出於藍。

另一值得思考的範例則是GitHub。GitHub是一個主辦或管理軟體開發的線上平台，從事原始碼工作的人們可以追蹤版本和更新。這個空間使人能主持軟體開發計畫並輕易地與他人合作，平台上原始碼的集中與交換，使科技人士、產業巨人或用戶可以從事不同類型的持續溝通。進行原始碼實驗、提交合併請求，以及透明化的評價系統，三者結合提供了證明概念、建立聲譽、分享與測驗點子的機會。同儕給予編碼的星等評價便是一種證據，由此可估量此處有多少分支（fork），或衡量有多少人正在使用、複製、建立或更改原始碼。這是一項大規模的操作，儲藏了大量原始碼，此種資源所遵循之規則是自外於標準市場作爲而訂定。它之所以能運作，是因爲人們願意了解、欣賞並接受規則。

於是，運用共有財且採取共同工作風格之計畫，是具有生產力與效能的；但之所以如此，並不是因爲無政府狀態。它能夠運作良好是因爲它有規則，而規則頗爲精確，能夠適切相應於協同工作的情況。如亞當．格林菲爾德所論，我們需要守住共有財的此種「邀請性質」（invitational quality），[43]保有能鼓勵開放性與孔隙性（porosity）的做法與規則，他認爲「封閉參與機會將導致新陳代謝的死亡」。我們應該創造出能促進自由參與的結構，而不是以玩世不恭的態度去認知驅策人們的動力，又或者以此心態鼓勵人們儲藏自己的成果並拿去市場競爭。本任務的核心，就是一套打造與使用共有財的規則。

GitHub並不是存在於虛空之中，它並不能免於市場法則的影響。它在二〇一八年被微軟買下，前途未卜。[44]確實，GitHub的命運反映了共有財的重大問題之一，那就是身處資本主義之下的共有財始終處在被掠奪的威脅當中。我們在第六章時已知，開放原始碼的生產可以創造比私人企業更好的產品，而共有的原始碼儲存庫可以從各方面加快生產程序。但是，這一切並沒有躲過科技資本主義者的視線；他們得利自這種由志願者勞力貢獻的資源，卻不用付費。一旦共有資源存在於資本主義的範型之內，其無可避免的風險是該資源將被封閉，並被牟利動機以某種方式納入。

這是個難以處置的衝突，尤其是人們對徹底的社會變革並無立即興趣。然而，在我們到達那個時機前，這種衝突可以成爲組織或煽動的軸心。如同伊莉諾．歐斯壯之觀察，參與式規則制定在管理共有資源方面具有何等力量，保衛共有財一事也可被視爲進階行動，以創造保護它免於牟利動機侵害的必要社會條件，並由此決定共有財的最佳用途。倘若我們讓乳牛社會化，那乳牛就屬於所有人，這不只是在保護草地免於耗竭，這還意味著牛乳與奶油不會被特定少數人所囤積。

當加里．卡斯帕洛夫（Garry Kasparov）在西洋棋比賽中輸給IBM的超級電腦深藍號（Deep

Blue）時，他對事情始末感到很樂觀：「量越大則質愈佳。」[45]換句話說，深藍號龐大的電腦技能打敗了卡斯帕洛夫所有靠經驗、創意、直覺所造就的素質。

很諷刺的是，深藍號所下的關鍵棋步之一，可能是電腦程式錯誤的結果。這台電腦選不出下一手，似乎是隨機做了選擇，其效果根據某位評論者所言，「直接把加里弄得頭暈目眩」。[46]此事所彰顯的是電腦與人類關係中的某些動能：人類有時候「想太多」，而電腦則可以立即根據自身所知及所不知的完整衡量作出抉擇。電腦沒有情緒，但電腦可能有「蟲子」；人類充滿情緒，而這可能釀成人類的失敗。電腦咀嚼資訊的能力日益強大且已然超越人腦，但電腦終究是根據人類輸入的內容來運作。電腦很有用，令人驚異；而在解決問題方面，人類擁有一些同樣不可或缺的技能。有些任務明顯比較適合人類，有些則適合電腦。

如果數據是良好的，其來源恰當且由眾人共享，此時電腦的工作狀況最棒，此若屬實，那必須有繁榮而受人尊重的共有財存在才行。共有財是一切善用人類才能的生產方式之根基。伊班・莫格倫稱此為「莫格倫對法拉第定律的比喻性推論」（Moglen's Metaphorical Corollary to Faraday's Law）：[47]

> 如果你把網際網路繞在每個地球人身上，然後旋轉地球，這樣子軟體就會在網絡裡流動。這

是人類心靈互連之下的重要財產；人們為了彼此的樂趣，並為了克服孤獨的不安感受而進行創作。

人類社會已經到達生產關係阻礙生產力量發展的階段。透過專屬軟體賺錢、將資訊商品化以保有其價值等等做生意的老派作風，已在拖累人類的腳步。尼克．蘇尼切克和亞歷克斯．威廉斯解釋道，資本主義「錯誤地認定科技發展的源起，並將創意置於資本主義者的桎梏中，把社會的想像力限制在成本效益分析的界線內，並對會破壞獲利的革新之舉加以攻擊」。[48]國家在其中亦扮演角色：假使這些革新不是被私人企業商品化，它們亦會被國家加以掌握、控制，並爲後者的目標效勞。這會引導我們走向壓迫性的科技，科學知識會消失於公共領域，並封閉在分類化的世界中。[49]

數位科技與資訊共有財結合，能夠賦予我們增進思考、學習、解決問題的機會。我想像著，未來的數位空間是所有人都受鼓舞而承擔共同責任之處，而我們能同時擁有草地和乳牛。

結論　歷史是為未來而存在

另一個世界即將到來

「曾經有段時期，機器的操作令人憎恨，令你打從心中作嘔，而你無能參與」，基進派學生馬里奧・薩維歐（Mario Savio）在加州柏克萊大學斯布勞爾樓（Sproul Hall）的階梯上如此宣示：

> 然後你必須把自己的身體弄到齒輪上，放到輪子上……弄到槓桿上，放到所有的器械上，然後你要讓它停止。然後你要告訴那些運轉機械、擁有機械的人說，除非你自由了，否則機械將永遠無法運作。

我們目前所面對的未來，是最了不起的科技研發攸關戰爭或商業，而非自由與賦權。數位科技已成爲一種製造億萬富翁的設備，而不是促成億萬人們的生命尊嚴。衆多決策乃是由科技資本主義者所定，他們人在加州，但決策的結果卻影響全世界——從中國大陸深圳的工廠到剛果民主共和國的礦區，從倫敦的街頭到新德里的火車站。數位時代的機械不是由我們設計，而是爲我們設計；這在一方面是壓迫的來源，但另一方面也是力量的泉源。

數位科技籠罩我們、爲我們思考、使我們的工作自動化，但它依舊依賴我們的操作。數位科技並不是什麼神祕不可解釋的機械，它所創造的空間可以形塑我們，但同時也可以由我們來形塑。數位科技由人們所創造，由人們的決策所指導，人們亦能使數位科技停止運作。我們有機會重新取得科技的權力，我們能適當運用機械，使用它的齒輪、輪子與槓桿，使用它的矽與玻璃，重新賦予它目標，追求衆人之善而非少數人之福。

在這由蜉蝣（ephemera）[1]主宰的時代中，爲數位科技設計「可用歷史」，藉此將傳統賦予數位科技，如此便能爲理解複雜的現實提供一套理論，爲狂熱追逐未來的世界提供一段歷史，它有可能爲原子化的社會創造出共同目標。

吾人需要衡量科技發展與比較的準繩，以便將其放到歷史脈絡當中。科技越來越深入我們定義自我意識的私人空間，我們應當追問，這種侵入是操弄性的，抑或是在促進數位自決。我們應當考慮，科技的進展是否重新分配財富，科技的進步是否能導致共有財之創造以促成進一步的革

[1] 'ephemera' 是指事物的存在極為短暫，曾不能以一瞬，突然出現又快速消失。

新。當我們繼續在爲人類線上生活打造科技基礎建設與法律架構時，應當確保人們能夠集體討論這些發展，以探索能如何保衛自主性，同時又能使這些架構值得信賴。進步的衡量標準，應當根據人們保護數位環境的能力，而我們必須跳脫傳統的管理模式，方能成就此事。我們應該充實生產的合作型態，使集體知識的運用不受阻礙。就像是「可用歷史」當中那些基進派思想家與行動主義者那樣，我希望我們能挑戰資本主義下的集權，不讓權力流向統治階級與他們的政府靠山。

光憑科技決不可能解決我們的問題。可是，透過理論與歷史所滋養的政治行動主義（political activism），便足以推動科技發展服務人類，而非服膺利益。數位行動派人士無法獨力完成此事，他們必須與其餘領域的追求公義者共同合作。在社會運動及社會組織上，我們需要這些人，行動主義的夥伴們一同根據基進及民主原則來設計科技與法律。在社會運動中，各種進步主義政治觀的參與者們不可能知悉科技設計課題的瑣事，可是他們應當要知道能去問誰。他們應該更廣泛地面對數位科技造成的政治性難題，因爲其後果與所有人都是息息相關的。創作科技者需要用戶的回饋，如此其產品才能獲得廣大人類經驗的支持，而能更有效地服務眾人。大家一起合作，我們便可動員社會的科技複雜性來瓦解資本主義，重新創造出具有眞正民主性、代表性的結構。只要人們願意團結起來，我們就眞正能創造出屬於眾人的「奢侈品」。

我們的優先任務是搭起橋樑，讓人們對科技、政治、歷史、數據科學、藝術與行動主義產生興趣。無可否認，前途諸多艱難險阻。然而，一個富有公平、賦權、同樂的未來絕非不可想像，若能善用數位科技的潛力爲公衆共有財付出，這種未來成眞的可能性絕對高於從前。此等未來將會充滿了美麗機械、好奇的「城市漫遊者」、「吃富豪的機器人」、「社會化的乳牛」，它們自在逍遙地在我們的想像世界與資訊空間中悠游。

致謝

當然，這本書若沒有許多人的付出是不可能問世的，我們全都一起爲此努力。謝謝你們，讓我把你們都套了進來，然後幸好我沒有讓你們丟臉（嗯，至少沒在這裡丟臉）。若本書有任何錯誤，絕對都是我的錯，不過就像是許多創作者身分的例子，這依然是集體努力的成果。

我非常感謝我的編輯Jessie Kindig，她和我一起面對困難，投入許多時間以使草稿終能出版，她是一位思考深入而慷慨的評論者，經常在我的作品中看出我自己都沒看見的東西，這項技能眞是太棒了，爲此我感激不盡。我也同樣感謝Anthony Arnove，他爲我承擔了風險，還有Roisin Davis在過程中以善意及鼓勵幫助我。謝謝Leo Hollis的支持，他對我的觀念保持開放態度。謝謝Antony Loewenstein，他提供了意見，以及在我寫作和出版各階段給予鼓勵。謝謝Lorna Scott，他有耐心而痛苦地編輯我的文字，本書因而改善許多。謝謝Mark Martin耐心與周到。編輯鮮少被給予適當的評價，他們經常都是在書籍沒做好的時候才被注意；正好相反，我覺得他們做得非常好，由此我想要雙倍感謝他們。

Eben Moglen，是你讓我開始做這一切的，我要求你負起法律責任。

看過草稿諸版本的讀者們，包括了堅定勇敢的Felicity Ruby，他飽滿的熱情與大度總是讓我驚訝。謝謝Keith Dodds和Alex Kelly的幫助與知性評論。謝謝Amy McQuire，所有力量與你同在。Jane Brophy，你眞的很聰明，尤其擅長以鼓舞的方式分享知識。我非常感謝你們爲我無私付出的時間與正面能量！Scott Ludlam，你的鼓勵我充滿感激地收下了，對於你善意的評論，我覺得很有價值。Jacinda Woodhead，你是一位傑出的編輯與女性，充滿知性動力，始終善心滿滿且從不氣餒。謝謝你Joe Shaw，你已經沒多少空閒卻還是撥出時間。謝謝你們Rebecca Giblin和François Petitjean，謝謝你們的心意與認可。謝謝大家，親愛的讀者們，我欠你們很多，你們的精彩表現上讓此事足以成形，你們值得獲得的功勞，遠比你們收到的更多。

我很幸運，可以擁有這麼多絕妙的、寬宏大量的朋友，我得歸功於你們。我把Alexa O'Brien拉了進來，他對於我的能力始終充滿信心，他平常展現的勇氣深具啟發性。Liz Humphries、Kathleen MacLeod、Michael Brull、Brami Jegan、Scott Cosgriff和Katie Robertson都給予我珍貴的幫助，他們經常不知道這對我來說有多珍貴。Jacob Varghese，你花了很多時間來探索細微差異的諸多論點。Brooke Dellavedova，你一直是頂尖的工作對象，你教導我如何優雅地把事情完成。Kimi Nishimura，你眞是令人印象深刻，我很高興有你在身邊。Kelly Matheson，謝謝你照顧我，你是一位正直而有同情心的領導者。我有幸可以擁有這些朋友，如Nicole Papaleo、Michael Stevens、

Justin Peysack、Jeff Sparrow、Guy Rundle、Tim Singleton Norton、Tom Sulston、George Newhouse、Arundhati Katju、Annie Mulroy、Gulika Reddy、Mary Kostakidis、Ian Wilcox、Pauline Spencer、David Yarrow、Ying Qian、David Brophy、Charles Livingstone、Angela Rintoul、Asher Wolf、Leanne O'Donnell、Suelette Dreyfus、Peter Fitzgerald、Giordano Nanni、Meribah Rose和Benjamin Laird，他們在不同的情況下聆聽我的話、啟發我、鼓勵我、忽略我的缺點，或只是進行一場很棒的對談。謝謝所有在「莫里斯．布萊克本律師事務所」（Maurice Blackburn Lawyers）的可愛同事與朋友們，他們日日盡力能夠不辱那位偉大的先生及其堅強的妻子之名。[1] Doris. Paul Bendat，我很遺憾你不能在這裡讀到或聽到我對你的感激。Grace Gotham夫婦（David及Sarah Liston），我撰寫此書過程中與你們的相處，讓我覺得精神煥發。致我所有線上的夥伴們，他們很可能不知道自己對我的書有何等重要性，謝謝你們在網路上分享這麼好的東西，請繼續加油。各位：對於你們對我的鼓勵與啟發，我非常感恩，尤其是在我進度落後的時刻。我擁有一群太美好的朋友！

我愛大英圖書館（British Library）、巴特錫公園圖書館（Battersea Park Library）、紐約公共圖書館（New York Public Library）、維多利亞州立圖書館（State Library of Victoria），以及眾多未經授權的線上圖書館和各地的圖書館。在圖書館裡做事真是太美妙了！若沒有圖書館，我們會變成怎樣呢？圖書館員真是世界上重要的一群人。我要感謝我聰明、熱心、睿智、從不無趣的父母

Bill與Anne，他們很熱情，談話很精采。我也要感謝兩個最棒的姊妹Katherine和Louise，他們隨時樂意辯論，又隨時是可靠且忠於情誼的。感謝我姊妹們的伴侶Ralph及Steph，及他們漂亮的孩子Martha、Ben和Jean。謝謝Tony Randle、Ashlea Randle、Amit Maini給我的愛，事實上，我們整個O'Shea家族、O'Brien家族、Randle家族及Rao家族都還蠻不賴的。我想念我的祖父，想念他犀利的智慧及對語文的熱衷。我想念我親愛的祖母，她活了九十九歲，但卻從來不對生命感到厭倦；雖然沒有機會完成學業，她卻始終熱愛學習。我最爲感激的就是我絕妙的伴侶Justin Randle，他是我的頭號粉絲，能有這樣的人在身邊真是一種榮幸；當我陷入自我作對的情況，他給我信心，甚至保護我免於我對自己的敵視。他讓我想要成爲最好的自己，而他從未對此事有任何懷疑。在我面對幾千個法律專業人士，講了一個關於柴契爾夫人（Margaret Thatcher）過世的笑話時，多數人都在發出噓聲，而他很可能是唯一發笑的人。如果我要與最恐怖的資本主義吸血烏賊與生化人軍團作戰，我會希望有他在身旁。拳王阿里（Muhammad Ali）曾說：「如果你能做到，這就不算吹牛。」我沒在吹牛，他是最棒的。[2]

---

[1] 莫里斯・布萊克本（1880-1944）是一位澳洲律師，主要是為工人權益與社會問題所奔走。

[2] 作者引用此語的雙重含義是，自己沒有在吹牛，且堅信自己的理念、勇於作戰；同時，阿里跟Justin Randle真的是最棒的。

譯後記

首先要感謝的是本書作者莉姿．歐榭，我在翻譯期間與她數度魚雁往返，將自己不甚確定的字句進一步請教，而她始終以充滿耐心的態度細細向我解說，直到我的困惑釐清，中譯本的一些譯者註內容可以呈現此番溝通之成果。

莉姿是爲衆人寫作此書，但這不意味著相關領域的人們不適合閱讀此書。據此，我在中譯本當中也增添了不少歷史、文化背景差異之下的補充性註釋，希望讀者更能夠閱讀順暢無礙。

科技沒有偏見，但科技是人所使用的，正如刀劍沒有偏見，但刀劍是人在揮舞的。科技資本主義披著科技的外衣，其內在依然是資本主義的心態，但衆人卻基於對科學科技爲客觀之信心，對此情缺乏充分警覺，於是在有意無意之間，人們逐漸陷入偏執、蒙蔽、歧視乃至於仇恨的慘況，網路「同溫層」便是最常見的例子之一。「以史爲鏡可以知興替」已是學史者的陳腔濫調，其實踐的困難處在於，當代社會變化快速而劇烈，數位時代更是數千年未有之大變局，「歷史」與「未來」的聯繫還需有牽線者方能接上。由此，無論讀者是否同意本書作者的觀點，但書中所提出之問題與歷史教訓，則是人人皆應該深思者。

我期許自己的譯文可以如實呈現原書風貌與精神，使讀者有所收獲，且不被不佳的譯文打擾自己的讀書興致。最後由衷感謝臺灣商務印書館，尤其謝謝編輯們的協助支持，我會繼續努力。

韓翔中

原書註

1 Henry Kamen, *Philip of Spain*, Yale University Press,1998, 120.

2 Andrew Villalon, “Putting Don Carlos Together Again‥Treatment of a Head Injury in Sixteenth-Century Spain,” *Sixteenth Century Journal* 26‥2, 1995, 350; Elizabeth King, “ClockworkPrayer‥A Sixteenth-Century Mechanical Monk,” *Blackbird*, Spring 2002.

3 Villalon, “Putting Don Carlos Together Again,” 355.

4 Ibid., 356.

5 Ibid., 361–2.

6 King, “Clockwork Prayer,” 1.

7 Ibid., 18.

8 Ibid., 47.

9 Ibid., 61.

10 Villalon, “Putting Don Carlos Together Again,” 363.

11 James R. Vitelli, *Van Wyck Brooks*, Twayne, 1969, Preface, i.

12 Van Wyck Brooks, “On Creating a Usable Past,” *Dial*, April 11, 1918, 337.

13 Raymond Nelson, *Van Wyck Brooks: A Writer's Life*, E. P. Dutton, 1981, 210.

14 Vitelli, *Van Wyck Brooks*, 36.

15 Karl Marx, *Speech at Anniversary of the* People's Paper, 1856, marxists.org.

16 Saroj Kar, “The Best of Mark Zuckerberg,” *SiliconANGLE*, May 23, 2012, siliconangle.com.

17 John Patrick Leary, “The Poverty of Entrepreneurship‥The Silicon Valley Theory of History,” *New Inquiry*, June 9, 2017, thenewinquiry.com.

18 Van Wyck Brooks, “On Creating a Usable Past,” *Dial*, April 11, 1918, 341.

19 梵谷寫給他兄弟Theo的信件內容，The Hague, December 29, 1881, webexhibits.org/vangogh/letter.

第二章

1 Corinne Maier, *Freud: An Illustrated Biography*, Nobrow, 2013, 22.

2 Walter Kirn, "If You're Not Paranoid, You're Crazy," *Atlantic*, November 2015, theatlantic.com.

3 參見Colin Bennett, *The Privacy Advocates*, MIT Press, 2008, 3–6，其中有對於不同隱私意義的細膩討論。

4 此比喻改編自Matt Taibbi, "The Great American Bubble Machine," *Rolling Stone*, April 5, 2010, rolling stone.com.

5 Charles Duhigg, "How Companies Learn Your Secrets," *New York Times Magazine*, February 16, 2012, nytimes.com.

6 Ibid.

7 Ibid.

8 Katy Bachman, "Big Data Added $156 Billion in Revenue to Economy Last Year [Updated]," *AdWeek*, October 14, 2013, adweek.com.

9 Casey Johnston, "Data Brokers Won't Even Tell the Government How It Uses, Sells Your Data," *Ars Technica*, December 21, 2013, arstechnica.com.

10 參見Antonio García Martínez, *Chaos Monkeys*, Harper Collins, 2016, "The Great Awakening."

11 Richard L. Tso, "Retail's Next Big Bet··iBeacon Promise Geolocation Technologies," *Wired*, May 2014, wired.com.

12 Kim Komando, "These 7 Apps Are among the Worst at Protecting Privacy," *USA Today*, September 18, 2015, usatoday.com.

13 卡內基美隆大學的研究有一項稱爲「隱私評分」（Privacy Grade）的計畫，根據某種評判標準爲應用程式給予等第評分，其中一項標準是，使用者是否知道該應用程式會獲取數據，結果地圖應用程式得分較高，因爲用戶知道其位置資訊被使用，但許多免費遊戲、工具——最惡劣的是手電筒應用程式——得分出奇地低。可見privacygrade.org.

14 Dan Goodin, "Beware of Ads that Use Inaudible Sound to Link Your Phone, TV, tablet, and PC," *Ars Technica*, November 13, 2013, arstechnica.com. 亦可參見Lily Hay Newman, "How to Block the Ultrasonic Signals You Didn't Know Were Tracking You," *Wired*, November 3, 2016, wired.com.

15 美國廣告業協會表示：「定位尋址數據所驅動的電視在提供影音訂閱者數據方面有非常高的效率，可以辨認出收入、種族、是否養寵物，甚至是家庭或有線電視區域級別的特定區域內的購買行爲，其成績大大超過了預期目標。」AAAA, *Data Driven Video: What Will It Mean to the Future of Video*, 2015, aaaa.org.

16 參見Adam Greenfield, *Radical Technologies*, Verso, 2017, 27.

17 Center for Digital Democracy, *Big Data Is Watching: Growing Digital Data Surveillance of Consumers by ISPs and Other Leading Video Providers*, March 2016. See also Cracked Labs, *Corporate Surveillance in Everyday Life*, June 2017, crackedlabs.org.

18 Yinzhi Cao, Song Li Lehigh, Erik Wijmans, *(Cross-) Browser Fingerprinting via OS and Hardware Level Features*, yinzhicao.org.

19 參見Cracked Labs, *Corporate Surveillance*.

20 洋蔥瀏覽器用戶皆有此問題、Dan Goodin, "How the Way You Type Can Shatter Anonymity—Even on Tor," *Ars Technica*, July 28, 2015, arstechnica.com.

21 Chris Frey, "Revealed‥How Facial Recognition Has Invaded Shops—and Your Privacy," *Guardian*, March 3, 2016, theguardian.com; Max Nisen and Leo Mirani, "The Nine Companies That Know More about You than Google or Facebook," *artz*, May 27, 2014, qz.com.

22 Shoshana Zuboff, "Big other‥surveillance capitalism and the prospects of an information civilization," *Journal of Information Technology*, 30‥1, March 2015, 75–89. 「高度蓄意及隨之而來的新興累積邏輯，我稱爲『監控資本主義』，而大數據則是其中的根本要件。這種新資訊型態的資本主義，其目的在於預測並改變人類行爲，以藉此作法來創造利潤並進行市場控制。」

23 可見stopdatamining.me.

24 Center for Digital Democracy, *Big Data Is Watching*.

25 Latanya Sweeney, "Simple Demographics Often Identify People Uniquely," Carnegie Mellon University, Data Privacy Working Paper 3, 2000, 2.

26 參見Greenfield, *Radical Technologies*, 232–3.

27 參見Bernard E. Harcourt, *Exposed: Desire and Disobedience in the Digital Age*, Harvard University Press, 2016. He calls them "digital doppelgangers."

28 Yohana Desta, "Read Edward Snowden's Moving Speech about Why Privacy Is Something to Protect," *Vanity Fair*, September 16, 2016, vanityfair.com.

29 Sigmund Freud, "Beyond the Pleasure Principle," in the *Standard Edition of the Complete Psychological Works of Sigmund Freud*, vol. 8, Hogarth Press, 1962, 7.

30 Ibid., 16, see also 17, 35.

31 Mladen Dolar, "Freud and the Political," *Unbound*, 4, 2008, 25.

32 參見Luis Suarez-Villa, *Technocapitalism*, Temple University Press, 2009. 蘇亞瑞茲維所說的*technocapitalism*是一種資本主義的型態，其根基於企業力量，特別注重於利用科技創造力。我的觀念則更加精確一些‥我企圖要劃分出的產業界限，則是指該產業環繞著數位科技來組織生產及社會性活動。

33 可見Richard Seymour, "Ubercapitalism and the Trillion Dollar Reward," December 27, 2017. "They streamline capitalism

by *reorganizing it around the format of the computer*," patreon.com/posts.

34 請注意，Facebook從數據仲介商處購買其用戶的資料，包括貸款歷史以及其他的購物習慣等，參見Julia Angwin, Terry Parris Jr. and Surya Mattu, "What Facebook Knows about You," ProPublica, September 28, 2016, propublica.org.

35 Adam Tanner, "Different Customers, Different Prices, Thanks to Big Data," *Forbes*, April 14, 2014, forbes.com.

36 Becca Caddy, "Google Tracks Everything You Do‥Here's How to Delete It," *Wired*, January 20, 2017, wired.co.uk. Google在二〇一四年取得Nest（該公司以智慧恆溫器起家）之後，也開始能蒐集你在家時候的數據了。參見Casey Johnston, "What Google Can Really Do with Nest, or Really, Nest's Data," *Ars Technica*, January 15, 2014, arstechnica.com.

37 Tom Simonite, "Facebook's Like Buttons Will Soon Track Your Web Browsing to Target Ads," *MIT Technology Review*, September 16, 2015, technologyreview.com.

38 Cracked Labs, *Corporate Surveillance*.

39 Martínez, *Chaos Monkeys*, "The Great Awakening."

40 Angwin, Parris and Mattu, "What Facebook Knows about You." ProPublica製作了一種工具，你可以用來偵測Facebook認爲你喜歡什麼，其推論是根據Facebook對你個人數據的蒐集而設。可見google.com/ webstore/detail/what-facebook-thinks.

41 Joseph Turow, *Niche Envy: Marketing Discrimination in the Digital Age*, MIT Press, 2008, 2.

42 Kaveh Waddell, "Incessant Consumer Surveillance Is Leaking into Physical Stores," *Atlantic*, October 20, 2016, theatlantic.com.

43 Michael Fertik, "The Rich See a Different Internet Than the Poor," *Scientific American*, February 1, 2013, scientificamerican.com.

44 George Anders, "Inside Amazon's Idea Machine‥How Bezos Decodes Customers," *Forbes*, April 4, 2012, forbes.com.

45 Natasha Singer, "A Data Broker Offers a Peek Behind the Curtain," *New York Times*, August 31, 2013, nytimes.com.

46 Harcourt, *Exposed*, 94.

47 Joseph Turow, *The Daily You: How the New Advertising Industry Is Defining Your Identity and Your Worth*, Yale University Press, 2011, Introduction. 亦可參見Turow, *Niche Envy*.

48 Ibid., Introduction.

49 Julia Angwin, Terry Parris Jr. and Surya Mattu, "When Algorithms Decide What You Pay," ProPublica, October 5, 2016, propublica.org.

50 Turow, *Niche Envy*, 3.

51 Jane Jacobs, "Downtown Is for People," *Fortune Magazine*, 1958, fortune.com.

52 Jane Jacobs, *The Death and Life of Great American Cities*, Vintage, 1992, 39.

53 參見Harcourt, *Exposed*, passim.
54 Ibid., 127.
55 約會網站OkCupid利用數據的過程已受檢視於Mara Einstein, *Black Ops Advertising*, OR Books, 2016, 146–7.
56 Christian Rudder, "We Experiment on Human Beings!" July 27, 2014, theblog. okcupid.com.
57 Einstein, *Blackops Advertising*, 146–7. Match Group 在二〇一五年尾進行股票發售，估計價值共有二十九億美金，Leslie Picker and Mike Isaac, "For Its I.P.O., Square Scales Back Valuation by $3 Billion," *New York Times*, November 18, 2015, nytimes.com.
58 Match Group Business Overview, November 2016, ir.mtch.com.
59 Einstein, *Blackops Advertising*, 12.
60 Sigmund Freud, *Civilization and Its Discontents*, Hogarth Press, 1930 (trans. James Strachey), 14.
61 上網成癮或強迫症的研究也經常引用此種比較。參見Elias Aboujaoude, Vladan Starcevic, "The Rise of Online Impulsivity‥A Public Health Issue," 3, November 2016.
62 Ibid., 151. 軟體設計師大肆宣揚，當賭場使用了他們的產品之後，才僅僅八個月光景，營收就增加了五分之一。
63 Natasha Schüll, *Addiction by Design*, Princeton University Press, 2011, 179.
64 Ibid., 145, 149, 152, 154.
65 Ibid., 56.
66 Ibid., 20. 在娜塔莎．蕭爾的觀察脈絡中，我注意到關於上癮性質及其作用的研究似乎一直在演進當中——至少對個外行觀察者而言。隨著此領域的研究越來越多，我們應可對此要素在數位環境下的作用有更深入的理解。
67 Martínez, *Chaos Monkeys*, "Monetizing the Tumor."
68 Greenfield, *Radical Technologies*, 22.
69 Tristan Harris, "How Technology Hijacks People's Minds—from a Magician and Google's Design Ethicist," May 18, 2016, medium.com.
70 參見 Audrey Watters, "The Tech 'Regrets' Industry," February 16, 2018, audreywatters.com; and Jacob Silverman, "The Techies Who Said Sorry," *Baffler*, March 20, 2018, baffler.com.
71 Harcourt, *Exposed*, 45–6.
72 Martínez, *Chaos Monkeys*, "The Various Futures of the Forking Paths."
73 Neil Postman, *Amusing Ourselves to Death: Public Discourse in the Age of Show Business*, Penguin, 2006, 36.
74 Ibid., 281.

75 Anthony Paletta, “Story of Cities #32・・Jane Jacobs v Robert Moses, Battle of New York’s Urban Titans,” *Guardian*, April 28, 2016, theguardian.com.

76 Ashlee Vance, “This Tech Bubble Is Different,” *Bloomberg*, April 14, 2011, bloomberg.com.

77 “Taking 1 Million Cars Off the Road in New York City,” Uber News Room, July 10, 2015, newsroom.uber.com.

78 Lauria Bliss, “How to Fix New York City’s ‘Unsustainable’ Traffic Woes,” CityLab, December 21, 2017, citylab.com.

79 Emma G. Fitzsimmons and Winnie Hu, “The Downside of Ride-Hailing・・More New York City Gridlock,” *New York Times*, March 6, 2017, nytimes.com.

80 Sam Knight, “How Uber Conquered London,” *Guardian*, April 27, 2016, theguardian.com.

81 Tanya Powley, Madhumita Murgia, Robert Wright and Leslie Hook, “How Uber and London Ended Up in a Taxi War,” *Financial Times*, September 28, 2017, ft.com.

82 參見Jacobs, “Downtown Is for People,” and Jacobs, *The Death and Life of Great American Cities*, 755.

83 Charles Baudelaire, *The Painter of Modern Life and Other Essays*, trans. Jonathan Mayne, 9. “The artist, man of the world, man of the crowd, and child,” columbia.edu/itc.

84 Jacobs, “Downtown Is for People.”

85 Bijan Stephen, “In Praise of the Flâneur,” *Paris Review*, October 17, 2013, theparisreview.org.

第三章

1 Peter Linebaugh, *The London Hanged: Crime and Civil Society in the Eighteenth Century*, Verso, 2003, 425.

2 Ibid., 406.

3 參見John Harriott, *Struggles through Life*, vol. 2, C. and W. Galabin, 1807, 335–7; Linebaugh, *The London Hanged*, 427. 彼得・萊恩堡是如此形容卡洪的・・「若要說有哪個人是大都市階級鬥爭的計畫者、理論家，那便是這位了。」

4 Linebaugh, *The London Hanged*, 433.

5 Harriott, *Struggles through Life*, 337.

6 Linebaugh, *The London Hanged*, 427.

7 Patrick Colquhoun, *A Treatise on the Police of the Metropolis*, 7th ed., Bye and Law, 1806, Preface.

8 Patrick Colquhoun, *A Treatise on the Commerce and Police of the River Thames*, 6th ed., Baldwin and Sons, 1800, 265–6.

9 Adam Smith, *An Inquiry into the Nature and Causes of the Wealth of Nations*, Lincoln and Gleason, 1804,169, 172.

10 Linebaugh, *The London Hanged*, 434–5. 彼得・萊恩堡寫道：「歷史上泰晤士河警力的功能比較不是逮捕罪犯或偵查犯罪（卡洪對此認識甚深，他一直在強調的乃是『預防』犯罪或道德『革新』），反而比較是在——這看來是矛盾衝突的——創造犯罪或重新定義犯罪的意涵……在私有財產的生產中創造、然後維持此種階級關係。」

11 Ibid., 426.

12 Alex Vitale, *The End of Policing*, Verso, 2017, 35.

13 Ibid., 36.

14 Ibid., 27.

15 Chris Taylor, "Through a PRISM, Darkly：Tech World's $20 Million Nightmare," *Mashable*, June 7, 2013, mashable.com.

16 Glenn Greenwald, *No Place to Hide: Edward Snowden, the NSA and the Surveillance State*, Penguin, 2014, "Collect It all."

17 Ibid. Janus Kopfstein, "The NSA Can 'Collect-It-All,' But What Will It Do with Our Data Next?" *Daily Beast*, April 16, 2014, dailybeast.com.

18 Greenwald, *No Place to Hide*, "Collect-It-All."

19 Ibid.

20 Karl Marx and Friedrich Engels, *Manifesto of the Communist Party*, 1848, chapter 1, marxists.org.

21 關於研究報告的清單，可參見Karen Gullo, "Surveillance Chills Speech—as New Studies Show—and Free Association Suffers," EFF Blog, May 19, 2016, eff.org; Elizabeth Stoycheff, G. Scott Burgess and Maria Clara Martucci, Online Censorship and Digital Surveillance：The Relationship between Suppression Technologies and Democratization across Countries," *Information, Communication and Society*, September 14, 2018.

22 Paul Ohm, "Don't Build a Database of Ruin," *Harvard Business Review*, August 23, 2012.

23 Sidney Fussell, "British Cops Bought Marketing Data to Help Profile Criminal Suspects," *Gizmodo*, April 14, 2018, gizmodo.com.

24 Rebecca Robbins, "The Golden State Killer Case Was Cracked with a Genealogy Website," *Scientific American*, April 28, 2018, scientificamerican.com.

25 Clara Jeffery and Monika Bauerlein, "Where Does Facebook Stop and the NSA Begin?," *Mother Jones*, November– December 2013, otherjones.com.

26 Human Rights Watch, "China：Police 'Big Data' Systems Violate Privacy, Target Dissent," November 19, 2017, hrw.org.

27 Josh Chin and Liza Lin, "China's All-Seeing Surveillance State Is Reading Its Citizens' Faces," *Straits Times*, July 8, 2017, straitstimes.com.

28 Ibid.

29 Anna Mitchell and Larry Diamond, “China’s Surveillance State Should Scare Everyone,” *Atlantic*, February 2, 2018, atlantic.com.

30 Mitchell and Diamond, “China’s Surveillance State”; Scott Cendrowski, “Here Are the Companies That Could Join China’s Orwellian Behavior Grading Scheme,” *Fortune*, November 29, 2016, fortune.com.

31 Mara Hvistendahl, “Inside China’s Vast New Experiment in Social Ranking,” *Wired*, December 14, 2017, wired.com.

32 “Planning Outline for the Construction of a Social Credit System (2014–2020),” *China Copyright and Media*, June 14, 2017, chinacopyrightandmedia.wordpress.com.

33 Kopfstein, “The NSA Can ‘Collect-it-All’.”

34 舉例可參見Sam Biddle and Spencer Woodman, “These Are the Technology Firms Lining Up to Build Trump’s Extreme Vetting Program,” *Intercept*, August 7, 2017, theintercept.com.

35 Astra Taylor and Jathan Sadowski, “How Companies Turn Your Facebook Activity Into a Credit Score,” *Nation*, May 27, 2015, nation.com; see also zestfinance.com.

36 Yasha Levine, “Surveillance Valley,” *Baffler*, February 6, 2018; Kate Conger, “Google Is Helping the Pentagon Build AI for Drones,” *Gizmodo*, March 7, 2018, gizmodo.com.

37 Ava Kofman, “Amazon Partnership with British Police Alarms Privacy Advocates,” *The Intercept*, March 9, 2018, theintercept.com.

38 Julie Bort, “The Valley’s Most Secretive Startup, Palantir, Booked $1.7 Billion in Revenue in 2015 but May Not Be Profitable,” *Business Insider*, July 21, 2016, uk.businessinsider.com.

39 Shane Harris, “Palantir Technologies Spots Patterns to Solve Crimes and Track Terrorists,” *Wired*, July 31, 2012, wired.co.uk.

40 Michal Lev-Ram, “Palantir Connects the Dots with Big Data,” *Fortune*, March 9, 2016, fortune.com.

41 Spencer Woodman, “Palantir Enables Immigration Agents to Access Information from the CIA,” *Intercept*, March 17, 2017, theintercept.com.

42 Peter Theil, *Zero to One*, Crown Business, 2014, chapter 12.

43 Last Week Tonight with John Oliver, “Government Surveillance,” April 5, 2015, youtube.com.

44 Stoycheff, Burgess and Martucci, “Online Censorship and Digital Surveillance,” 4.

45 Greenwald, *No Place to Hide*, “The Harm of Surveillance.”

46 S. Gürses, A. Kundani and J. van Hoboken, “Crypto and Empire··The Contradictions of Counter-Surveillance Advocacy,” *Media, Culture and Society* 38··4, April 2016, 586.

47 Stoycheff, Burgess and Martucci, “Online Censorship and Digital Surveillance,” 3.

48 Patrick Colquhoun, *A Treatise on the Commerce and Police of the River Thames*, 6th ed., Baldwin and Sons, 1800, 385.

49 David Garland, “The Limits of the Sovereign State‥Strategies of Crime Control in Contemporary Society,” *British Journal of Criminology*, Autumn 1996, 448.

50 在其基礎警務教科書著作當中，羅伯特．雷納爾（Robert Reiner）描述了「現代社會特質如何受到戀警癖（police fetishism）的影響，此意識型態假設警察是社會秩序的必要前提，若沒警察則混亂必然相隨。」Robert Reiner, *Politics and the Police*, Oxford University Press, 2010, 4.

51 舉例來說，微軟於二〇一五年時宣布其將會與警方合作發展用於警務目的的預測性科技。Kirk Arthur, “Supporting Law Enforcement Resources with Predictive Policing,” Microsoft Blog, January 7, 2015, enterprise.microsoft.com.

52 Stuart Wolpert, “Predictive Policing Substantially Reduces Crime in Los Angeles during Months-long Test UCLA-led Study Suggests Method Could Succeed in Cities Worldwide,” UCLA Newsroom, October 7, 2015, newsroom.ucla.edu.

53 例子可見HunchLab，hunchlab.com以及 PredPol，predpol.com。亦可參見Maurice Chammah and Mark Hansen, “Policing the Future,” Marshall Project Blog, February 3, 2016, themarshallproject.org.

54 參見Pedro Burgos, “Highlights from Our Justice Talk on Predictive Policing,” Marshall Project Blog, February 25, 2016, themarshallproject.org.

55 William Isaac and Andi Dixon, “Why Big-Data Analysis of Police Activity Is Inherently Biased,” *Conversation*, May 10, 2017, theconversation.com.

56 *Floyd et al. v. City of New York, et al.*, Center for Constitutional Rights, Case Summary‥ccrjustice.org.

57 *Perpetual Line-Up*, October 16, 2016, perpetuallineup.org.

58 Steve Lohr, “Facial Recognition Is Accurate, if You’re a White Guy,” *New York Times*, February 9, 2018, nytimes.com.

59 George Joseph, “The LAPD Has a New Surveillance Formula, Powered by Palantir,” *Appeal*, May 8, 2018, theappeal.org.

60 James Bridle, *New Dark Age: Technology Knowledge and the end of the Future*, Verso, 2018, 144.

61 Joseph Heath, “The VW Scandal and Corporate Crime,” *In Due Course*, October 2, 2015, induecourse.ca.

62 “SKYNET‥Courier Detection via Machine Learning,” *Intercept*, May 8, 2015, theintercept.com.

63 Ibid. 亦可參見Christian Grothoff and J. M. Porup, “The NSA’s SKYNET Program May Be Killing Thousands of Innocent People,” *Ars Technica*, February 16, 2016, arstechnica. co.uk.

64 參見Ahmad Zaidan, “Al Jazeera’s A. Zaidan‥I Am a Journalist Not a Terrorist,” Al Jazeera, May 15, 2015, aljazeera.com.

65 Ibid.

66 Wadah Khanfar, “They Bombed Al Jazeera’s Reporters. Now the US Is after Our Integrity,” *Guardian*, December 11, 2010,

theguardian.com; Matt Wells, "Al Jazeera Accuses US of Bombing Its Kabul Office," *Guardian*, November 17, 2001, theguardian.com.

67 Greenfield, *Radical Technologies*, 52.

68 Bridle, *New Dark Age*, 40.

69 Vitale, *The End of Policing*, 27, 29.

70 參見*Civil Rights, Big Data and Our Algorithmic Future*, September 2014, bigdata. fairness.io, chapter 3, "Criminal Justice."

71 參見Andrew Guthrie Ferguson, "Predictive Policing and Reasonable Suspicion," *Emory Law Journal*, 62‧‧2, 2012–13, law.emory.edu.

72 Greenfield, *Radical Technologies*, 252.

73 Burgos, "Highlights from Our Justice Talk on Predictive Policing." 亦可見Isaac and Dixon, "Why Big-Data Analysis of Police Activity Is Inherently Biased."

74 Lois Beckett, "How the Gun Control Debate Ignores Black Lives," ProPublica, November 24, 2015, propublica.org.

75 Ali Winston, "Palantir Has Secretly Been Using New Orleans to Test Its Predictive Policing Technology," *Verge*, February 27, 2018, theverge.com.

76 Ibid.

77 Garland, "The Limits of the Sovereign State," 462.

78 Colquhoun, *A Treatise on the Commerce and Police of the River Thames*, 245.

79 Brad Smith, "The Need for Urgent Collective Action to Keep People Safe Online‧‧Lessons from Last Week's Cyberattack," Microsoft Blog, May 14, 2017, blogs.microsoft.com.

80 Philip N. Howard, *Pax Technica*, Yale University Press, 2015, "Building a Democracy of Our Own Devices."

81 Ibid.; Kim Zetter, "Report‧‧NSA Exploited Heartbleed to Siphon Passwords for Two Years," *Wired*, April 11, 2014, wired.com.

82 文字紀錄‧‧Edward Snowden speaks at the first annual K(NO)W Identity Conference, May 15, 2017, oneworldidentity.com.

83 Bruce Schneier, "Cyberwar Treaties," *Crypto-Gram*, June 15, 2012, schneier.com.

84 *Evening News and Post*, August 26, 1889, portcities.org.uk.

1 *Grimshaw v. Ford Motor Co.* (1981) Cal. App. 3d, vol. 119, law.justia.com.

2 Richard T. De George, "Ethical Responsibilities of Engineers in Large Organizations··The Pinto Case," *Business and Professional Ethics Journal* 1··1 (Fall 1981), 1. 亦可參見John R. Danley, "Polishing up the Pinto··Legal Liability, Moral Blame, and Risk," *Business Ethics Quarterly* 15··2 (April 2005), 208ff.

3 Mike Dowie, "Pinto Madness," *Mother Jones*, October 1977, motherjones.com.

4 Dowie, "Pinto Madness."

5 Henry Petroski, "Engineering··Backseat Designers," *American Scientist* 100··3 (May–June 2012), 194–5.

6 Ralph Nader, *Unsafe at Any Speed*, Grossman, 1972, 3–4.

7 Ibid., xxxiii.

8 Ibid., xxvii.

9 Ibid., xxxi–xxxii.

10 Ibid., 324–5.

11 Petroski, "Engineering··Backseat Designers,"194.

12 Dowie, "Pinto Madness"; see also Danley, "Polishing Up the Pinto," 206.

13 Nader, *Unsafe at Any Speed*, 9.

14 Ibid., 19.

15 Nick Srnicek and Alex Williams, *Inventing the Future: Postcapitalism and a World without Work*, Verso, 2015, "Building Power."

16 Latanya Sweeney, "Discrimination in Online Ad Delivery," *Communications of the ACM* 56··5, dataprivacylab.org.

17 Ibid., 4.

18 Ibid., 22.

19 Ibid., 34.

20 Chris Mooney, "The Science of Why Cops Shoot Young Black Men," *Mother Jones*, December 1, 2014, motherjones.com.

21 Cathy O'Neil, *Weapons of Math Destruction*, Crown, 2016, "Sweating Bullets··On the Job."

22 Ibid.

23 Ibid., "Ineligible to Serve."

24 Indiana University Bloomington, "New Research Uncovers Hidden Bias in College Admissions Tests," January 25, 2016, news.indiana.edu releases.

25 Nicholas Diakopoulos, "We Need to Know the Algorithms the Government Uses to Make Important Decisions about Us,"

Conversation, May 24, 2016, theconversation.com.

26 Jessica Guynn, "Google Photos Labeled Black People 'Gorillas'," *USA Today*, July 1, 2015, usatoday.com.

27 O'Neil, *Weapons of Math Destruction*, Introduction.

28 Josh Harkinson, "Walmart Ads Target "Low Income" Consumers with Junk Food," *Mother Jones*, November 13, 2013, motherjones.com.

29 Kaveh Waddell, "How Big Data Harms Poor Communities," *Atlantic*, April 8, 2016, theatlantic.com.

30 Olivia Solon, "Elon Musk··We Must Colonise Mars to Preserve Our Species in a Third World War," *Guardian*, March 11, 2018, theguardian.com.

31 Kate Crawford, "Artificial Intelligence's White Guy Problem," *New York Times*, June 25, 2016, nytimes.com.

32 Greenfield, *Radical Technologies*, 299.

33 Pew Trusts, *Payday Lending in America*, 2012, pewtrusts.org, 4.

34 Consumer Finance Protection Bureau, *CFPB Data Point: Pay Day Lending*, March 2014, consumerfinance.gov.

35 Upturn, *Led Astray: Online Lead Generation and Payday Loans*, October 2015, upturn.com.

36 David Graff, "An Update to Our Adwords Policy on Lending Products," *Google Blog*, May 11, 2016, blog. google.

37 US Senate Committee Report, *For Profit Higher Education: The Failure to Safeguard the Federal Investment and Ensure Student Success*, 2012, gpo.gov, 758.

38 Ibid., 1–4.

39 Ibid., 766.

40 O'Neil, *Weapons of Math Destruction*, "Propaganda Machine··Online Advertising."

41 Ibid.

42 Turow, *The Daily You*, Introduction.

43 Julianne Tveten, "Digital Redlining··How Internet Service Providers Promote Poverty," *Truthout*, December 14, 2016, truth-out.org.

44 Julia Angwin and Terry Parris Jr., "Facebook Lets Advertisers Exclude Users by Race," *ProPublica*, October 28, 2016, propublica.org.

45 Julia Angwin, Noam Scheiber, and Ariana Tobin, "Dozens of Companies Are Using Facebook to Exclude Older Workers from Job Ads," ProPublica, December 20, 2017, propublica.org.

46 Danley, "Polishing Up the Pinto," 209.

47 *Grimshaw v. Ford Motor Co.* (1981), 119 Cal. App. 3d 819.

48 Lawrence Lessig, *Code Version 2.0*, Basic Books, 2006, 5. Lessig describes this as code being a "salient regulator."

49 Ibid., 6.

50 Ian Tucker, "A White Mask Worked Better··Why Algorithms Are Not Colour Blind," *Observer*, May 28, 2017, theguardian.com.

51 Nader, *Unsafe at Any Speed*, 332–3.

52 Lizzie O'Shea, "Tech Has No Moral Code. It Is Everyone's Job Now to Fight for One," *Guardian*, April 26, 2018, theguardian.com.

53 Cherri M. Pancake, "Programmers Need Ethics When Designing the Technologies that Influence People's Lives," *Conversation*, August 8, 2018, theconversation.com.

54 Letter to Satya Nadella, int.nyt.com; Sheera Frenkel, "Microsoft Employees Protest Work with ICE, as Tech Industry Mobilizes over Immigration," *New York Times*, June 19, 2018, nytimes.com.

55 Mark Bergen, "Google Engineers Refused to Build Security Tool to Win Military Contracts," *Bloomberg*, June 21, 2018, bloomberg.com.

56 Jordan Kisner, "How a New Technology Is Changing the Lives of People Who Cannot Speak," *Guardian*, January 23, 2018, theguardian.com.

57 Elise Thomas, "Why the Internet of Things Matters in the Fight against Domestic Violence," November 17, 2015, medium.com.

58 National Center for Injury Prevention and Control of the Centers for Disease Control and Prevention, *The National Intimate Partner and Sexual Violence Survey: 2010 Summary Report*, 2010, cdc.gov.

59 National Network to End Domestic Violence, "A Glimpse from the Field··How Abusers Are Misusing Technology," 2014, static1.squarespace.com.

60 Aarti Shahani, "Smartphones Are Used to Stalk, Control Domestic Abuse Victim," *All Tech Considered*, September 15, 2014, npr.org.

61 Spencer Ackerman and Sam Thielman, "US Intelligence Chief··We Might Use the Internet of Things to Spy on You," *Guardian*, February 9, 2016, theguardian.com.

62 Evgeny Morozov, twitter.com.

63 Nader, *Unsafe at Any Speed*, 337–8.

64 Reveal (Center for Investigative Reporting), "Here's the Clearest Picture of Silicon Valley's Diversity Yet··It's Bad. But Some Companies Are Doing Less Bad," June 25, 2018, revealnews.org.

65 US Equal Employment Opportunity Commission, *Diversity in High Tech*, May 2016, eeoc.gov.
66 Greenfield, *Radical Technologies*, 41.
67 Olivia Solon, “CES 2018：Less ‘Whoa,’ More ‘No!’—Tech Fails to Learn From Its Mistakes at Annual Pageant,” *Guardian*, January 10, 2018, theguardian.com.
68 推特用戶Aziz Shamim偶然聽來的，twitter.com.
69 Claire Stapleton, Tanuja Gupta, Meredith Whittaker, Celie O’Neil-Hart, Stephanie Parker, Erica Anderson, and Amr Gaber, “We’re the Organizers of the Google Walkout. Here Are Our Demands,” *Cut*, November 1, 2018, thecut.com; Michael Walker, “The Google Walkout Is a Watershed Moment in 21st Century Labour Activism,” *Conversation*, November 8, 2018, theconversation.com.
70 參見Catherine Ashcroft, “10 Actionable Ways to Actually Increase Diversity in Tech,” *Fast Company*, January 26, 2015, fastcompany.com.
71 Nathasha Singer, “Tech’s Ethical ‘Dark Side’：Harvard, Stanford and Others Want to Address It,” *New York Times*, February 12, 2018, nytimes.com; Simone Stolzoff, “Are Universities Training Socially Minded Programmers?,” *Atlantic*, July 24, 2018, theatlantic.com.
72 Dan Graziano, “Disable This Feature to Stop Your Samsung Smart TV from Listening to You,” *Cnet*, February 10, 2015, cnet.com.
73 Whitney Meers, “Hello Barbie, Goodbye Privacy? Hacker Raises Security Concerns,” *Huffington Post*, November 30, 2015, huffingtonpost.com.
74 Nader, *Unsafe at Any Speed*, 333.
75 Matt Shaer, “The False Promise of DNA Testing,” *Atlantic*, June 2016, theatlantic.com.
76 Ibid.
77 Andrew Keshner, “Judge Rejects Medical Examiner’s DNA Technique,” *New York Law Journal*, July 15, 2015, legal-aid.org.
78 Renate Lunn, “The Public Defender’s Fight for Justice,” *New York Law Journal*, March 21, 2017, legal-aid.org.
79 Keshner, “Judge Rejects Medical Examiner’s DNA Technique.”
80 參見lrmixstudio.org.
81 參見Corina C. G. Benscho, Jeroen de Jong, Linda van de Merwe, Vanessa Vanvooren, Morgane Kempenaers, Kees van der Beek, Filippo Barni, Eusebio López Reyes, Léa Moulin, Laurent Pene, Peter Gill, Titia Sijen, Hinda Haned, “SmartRank：An Open Source Likelihood Ratio Software for Searching National Databases with Complex DNA Profiles,” International

Symposium on Human Identification News, July 29, 2017, ishinews.com.

82 *AI Now 2017 Report*, assets.contentful.com. 亦可參見Tom Simonite, "AI Experts Want to End 'Black Box' Algorithms in Government," *Wired*, October 18, 2017, wired.com.

83 Cade Metz, "The Battle for Top AI Talent Only Gets Tougher from Here," *Wired*, March 23, 2017, wired.com.

84 見partnershiponai.org；亦可參見 Tim Simonte, "As Artificial Intelligence Advances, Here Are Five Tough Projects for 2018," *Wired*, December 21, 2017, wired.com; James Vincent, "Elon Musk, DeepMind Founders, and Others Sign Pledge to Not Develop Lethal AI Weapon Systems," *The Verge*, July 18, 2018, theverge.com.

85 Katharine Dempsey, "Democracy Needs a Reboot for the Age of Artificial Intelligence," *Nation*, November 8, 2017, thenation.com.

86 Matthew T. Lee, "The Ford Pinto Case and the Development of Auto Safety Regulations, 1893–1978," *Business and Economic History* 27:2 (Winter 1998), 391.

87 David E. Broockman, Gregory Ferenstein, Neil Malhotra, "Wealthy Elites' Policy Preferences and Economic Inequality: The Case of Technology Entrepreneurs," Working Paper, September 5, 2017, 4–6, gsb.stanford.edu.

88 Nader, *Unsafe at Any Speed*, 343.

第五章

1 Edward Bellamy, *Looking Backward*, Project Gutenberg, gutenberg.com, 14.

2 Ibid., 14–19.

3 Bertell Ollman, "The Utopian Vision of the Future (Then and Now): A Marxist Critique," *Monthly Review* 57:3 (July–August 2005), monthlyreview.org.

4 Bellamy, *Looking Backward*, 53.

5 Ibid., 23.

6 Ibid., 56, 28.

7 Oscar Wilde, *The Soul of Man under Socialism*, Arthur L. Humphreys, 1900, 40.

8 Howard P. Segal, *Technological Utopianism in American Culture*, Syracuse University Press, 2005, 10.

9 Joseph Corn, *Imagining Tomorrow: History, Technology, and the American Future*, MIT Press, 1986, 219–23; and Howard P. Segal, "The Technological Utopians," in Corn, *Imagining Tomorrow*, 123, 130.

10 Segal, *Technological Utopianism in American Culture.* 在其開創性作品中，他檢視了許多此時代科技烏托邦主義者的作品。

11 Segal, *Technological Utopianism in American Culture*, 21.

12 John Macnie, *The Diothas, or, A Far Look Ahead*, Putnam, 1883, 123.

13 Henry Olerich, *A Cityless and Countryless World: An Outline of Practical Co-operative Individualism*, Gilmore & Olerich, 1893, 122; Herman Hine Brinsmade, *Utopia Achieved: A Novel of the Future*, Broadway Publishing, 1912, 39–40.

14 Macnie, *The Diothas*, 15, 21.

15 Olerich, *A Cityless and Countryless World*, 53.

16 Macnie, *The Diothas*, 43–51; Olerich, *A Cityless and Countryless World*, 86–9.

17 Segal, "The Technological Utopians," 120.

18 Olerich, *A Cityless and Countryless World*, 97, 110.

19 Bellamy, *Looking Backward*, 23; see also Segal, *Technological Utopianism in American Culture*, 22.

20 King Camp Gillette, *World Corporation*, New England News Company, 1910, 9. 吉列提出了一項轉型計畫，類似於貝拉密的小說情節，由大型企業逐漸鯨吞小企業而形成普遍性的產業組織系統。Jack London, *The Human Drift*, Macmillan, 1894, 131.

21 參見George S. Morison, *The New Epoch as Developed by the Manufacture of Power*, Arno Press, 1903.

22 Ibid., 75–6.

23 Gillette, *World Corporation*, 132.

24 Macnie, *The Diothas*, 12.

25 Bellamy, *Looking Backward*, 50.

26 Olerich, *A Cityless and Countryless World*, 74.

27 Bertrand Russell, *In Praise of Idleness*, Allen & Unwin, 1935.

28 Olerich, *A Cityless and Countryless World*, 273–4.

29 Segal, *Technological Utopianism in American Culture*, 31.

30 Macnie, *The Diothas*, 18, 45–8.

31 Gillette, *World Corporation*, 54.

32 Harold Loeb in *Life in a Technocracy*, Syracuse University Press, 1933, 75.

33 Gillette, *World Corporation*, 9, 132.

34 Ibid., 176.

35 Bellamy, *Looking Backward*, 25.
36 Olerich, *A Cityless and Countryless World*, 163.
37 Segal, *Technological Utopianism in American Culture*, 165.
38 Alec Berg speaking on *Fresh Air*, NPR, June 9, 2016.
39 *Silicon Valley*, season 2, episode 1.
40 Eric Schmidt and Jonathan Rosenberg, *How Google Works*, Grand Central Publishing, 2017, "Big Problems Are Information Problems."
41 Harcourt, *Exposed*, 127–8.
42 Ibid., 128.
43 Richard Barbrook and Andy Cameron, "The Californian Ideology," *Mute* 1‧‧3 (September 1, 1995), metamute.org.
44 這是後來一篇文章的化身（incarnation）表現，Richard Barbrook and Andy Cameron, "The Californian Ideology," *Science as Culture* 6‧‧t1 (1996), 44.
45 Meaghan Daum, "Elon Musk Wants to Change How (and Where) Humans Live," *Vogue*, September 21, 2015, vogue.com.
46 Lev Grossman, "Inside Facebook's Plan to Wire the World," *Time*, December 15, 2014, time.com.
47 Jane Bird, "How the Tech Industry Is Attracting More Women," *Financial Times*, March 9, 2018, ft.com.
48 Nicola Bartlett, "Facebook Bans ANOTHER Breastfeeding Photo—after Complaints from Men about One Nipple," *Mirror*, 13 February 2015, mirror.co.uk.
49 Sam Levin, "Too Fat for Facebook‧‧Photo Banned for Depicting Body in 'Undesirable Manner'," *Guardian*, May 23, 2016, theguardian.com.
50 Kevin Rennie, "'Nude' Photos of Australian Aboriginal Women Trigger Facebook Account Suspensions," *Global Voices Vox*, March 16, 2016, advox. globalvoices.org.
51 Julie Carrie Wong, "Mark Zuckerberg Accused of Abusing Power after Facebook Deletes 'Napalm Girl' Post," *Guardian*, September 9, 2016, theguardian.com.
52 Schmidt and Rosenberg, *How Google Works*, "Big Problems Are Information Problems," "The Role of Government."
53 Michiko Kakutani, "Glimpses of Obama among Friends," *New York Times*, September 18, 2011, nytimes.com.
54 Andrew Sullivan, "Democracies End When They Are Too Democratic," *New York Magazine*, May 2, 2016, nymag.com.
55 Balaji Srinivasan, "Silicon Valley's Ultimate Exit," genius.com.
56 Christian Davenport, "Elon Musk Provides New Details on His 'Mind Blowing' Mission to Mars," *Washington Post*, June 10,

2016, washingtonpost.com.
57 Peter Thiel, "The Education of a Libertarian," April 13, 2009, *Cato Unbound*, cato-unbound.org.
58 Kyle DeNuccio, "Silicon Valley Is Letting Go of Its Techie Island Fantasies," *Wired*, May 16, 2015, wired.com.
59 參見Kristin Ross, *Communal Luxury*, Verso, 2015, 1.
60 William A. Pelz, *A People's History of Modern Europe*, Pluto, 2016, 79.
61 "Your Commune Has Been Constituted," March 29, 1871, marxists.org.
62 Rev. William Gibson, *Paris During the Commune*, Haskell House, 1974, 212–13.
63 參見Juliet Jacques, "Returning to the Commune of Paris," *New Statesman*, November 13, 2012, newstatesman.com; Paul D'Amato, "The Paris Commune," *Socialist Worker*, December 13, 2002; Flick Ruby, "Louise Michel," spunk.org/library.
64 John Merriman, *Massacre—The Life and Death of Paris*, Basic Books, 2014, 63; Pelz, *A People's History of Modern Europe*, 80.
65 Gibson, *Paris during the Commune*, 136.
66 Merriman, *Massacre*, 66.
67 Ross, *Communal Luxury*, 27.
68 Pelz, *A People's History of Modern Europe*, 81.
69 Merriman, *Massacre*, 61, 66.
70 Ibid., 54.
71 Ibid., 53.
72 Karl Marx, "The Paris Commune" [1871], marxists.org.
73 Ollman, "The Utopian Vision of the Future."
74 Ross, *Communal Luxury*, 79.
75 必須說的是，暴力行為在巴黎公社成立期間確實存在，然而與法國將領的暴虐相較，其比例差距懸殊。打從一開始，提耶爾政府就沒收巴黎人的火炮，企圖讓他們解除武裝，結果有幾位法國將軍遭到槍擊，國民衛隊在接下來的衝突中也受到攻擊。Carolyn J. Eichner, *Surmounting the Barricades: Women in the Paris Commune*, Indiana University Press, 2004, 25; Merriman, *Massacre*, 26–9.
76 Eichner, *Surmounting the Barricades*, 35.
77 Ibid.
78 Chris Anderson, "The Man Who Makes the Future‧‧Wired Icon Marc Andreesson," *Wired*, April 24, 2012, wired.com.
79 Tad Friend, "Tomorrow's Advance Man," *New Yorker*, May 18, 2015, newyorker.com.

80 Marc Andreesson, “This Is Probably a Good Time to Say That I Don’t Believe Robots Will Eat All the Jobs,” June 13, 2014, blog.pmarca.com.

81 Friend, “Tomorrow’s Advance Man.”「當我提出大量資料，指出國內的不平等情況正在加劇，雖然全球平均不平等狀況正在下降，美國的貧富鴻溝是有政府有紀錄以來最大的。而安德里松改變了討論的走向，他說這種鴻溝只是『技術性問題』，當機器人吞掉了老舊而無聊的工作時，人類便應當要重組。」

82 Ibid.

83 Ollman, “The Utopian Vision of the Future.”

84 William Morris, “Bellamy’s *Looking Backward*,” *Commonweal*, June 21, 1889.

85 Ross, *Communal Luxury*, 61.

86 見w3.org/Consortium.

87 Prabir Purkayastha and Rishab Bailey, “US Control of the Internet,” *Monthly Review* 66‥3 (July–August, 2014) monthlyreview.org.

88 Matt Bruenig, “The Amusing Case of Tech Libertarians,” June 6, 2015, mattbruenig.com.

89 Gary Wolf, “Why Craigslist Is Such a Mess,” *Wired*, August 24, 2009, wired.com.

90 Charles Arthur, “NSA Scandal Delivers Record Numbers of Internet Users to DuckDuckGo,” *Guardian*, July 10, 2013, guardian.com.

91 Rebecca MacKinnon, *Consent of the Networked: The Worldwide Struggle for Internet Freedom*, Basic Books, 2012, 231.

92 Ben Tarnoff, “Trump’s Tech Opposition,” *Jacobin*, May 2, 2017, jacobinmag.com.這類組織不只是有它們而已，可參見Chi Onwurah, “All Workers Need Unions—Including Those in Silicon Valley,” *Guardian*, January 31, 2018, guardian.com.

93 Vinita Govindarajan, “From War Protestors to Labour Activism‥India’s First IT Workers Union Is Being Formed in Tamil Nadu,” May 22, 2017, *Scroll.In*, scroll.in.

1 Sydney Padua, *The Thrilling Adventures of Lovelace and Babbage*, Pantheon Books, 2015, 34.

2 Ibid., 34.

3 Ibid., 267，引用自一封奧古斯特．德摩根寫給拜倫夫人的信，內容是討論勒芙蕾絲的數學教育。

4 Ibid., 25.

5 Luigia Carlucci Aiello, “The Multifaceted Impact of Ada Lovelace in the Digital Age,” *Artificial Intelligence*, 235 (2016), 60.

6 Padua, *The Thrilling Adventures of Lovelace and abbage*, 26.

7 Ibid., 25.」

8 James Essinger, *Ada's Algorithm: How Lord Byron's Daughter Ada Lovelace Launched the Digital Age*, Melville House, 2014, xiv.

9 Padua, *The Thrilling Adventures of Lovelace and Babbage*, 27.

10 Essinger, *Ada's Algorithm*, 184–92.

11 Melvin Kranzberg, “Presidential Address, Technology and History··‘Kranzberg's Laws,’” *Technology and Culture* 27··3 (1986), 557.

12 此概念源自於一句倫敦科學博物館（Museum of Science in London）二〇一七年機器人展覽中寫在牆上的話··「當我們打造機器來做人類的工作，人類工人會覺得自己像是機器人。」

13 Kevin Binfield, ed., *Writings of the Luddites*, Johns Hopkins University Press, 2004, 3.

14 Richard Coniff, “What the Luddites Really Fought Against,” *Smithsonian Magazine*, March 2011, smithsonianmag.com.

15 一八一二年拜倫勳爵的初次演講，收錄於Robert Charles Dallas, *Recollection of the Life of Lord Byron, from the year 1808 to the end of 1814*, lordbyron.org, 206.

16 Binfield, ed., *Writings of the Luddites*, 1.

17 Robert Tucker, ed., *The Marx–Engels Reader*, Norton, 1978, 76.

18 Marx and Engels, *Manifesto of the Communist Party*, chapter 1, marxists.org.

19 Amy E. Wendling, *Karl Marx on Technology and Alienation*, Palgrave Macmillan, 2009, 2.

20 Karl Marx, *Economic and Philosophical Manuscripts of 1844*, “Estranged Labour,” marxists.org.

21 Wendling, *Karl Marx on Technology and Alienation*, 2.

22 Ibid., 9.

23 Raúl Rojas, “Encyclopaedia of Konrad Zuse,” *Konrad Zuse Internet Archive*, zuse.zib.de.

24 James Bessen, “What Good Is Free Software?” in Robert Hahn, ed., *Is Open Source the Future of Software?*, AEI-Brookings Joint Center for Regulatory Studies, 2002, 14.

25 Eben Moglen, *Anarchism Triumphant*, Columbia University Press, 1999, emoglen.law. columbia.edu.

26 Stephen Levy, *Hackers: Heroes of the Computer Revolution*, Dell Publications, 1984, 53.

27 Ibid., 8.

28 Ibid., 8–9.

29 Ibid., 10.
30 Ibid., 98–105.
31 Ibid., 72.
32 Claire L. Evans, *Broad Band⊠ The Untold Story of the Women Who Made the Internet*, Penguin Random House, 2018, "Tower of Babel."
33 Holly Brockwell, "Sorry, Google Memo Man‧‧Women Were in Tech Long Before You," *Guardian*, August 9, 2017, theguardian.com.
34 Owen Jones, "Google's Sexist Memo Has Provided the Alt-Right with a New Martyr," *Guardian*, August 8, 2017, guardian.com.
35 James Damore, "Google 's Ideological Echo Chamber," July 2017, assets.documentcloud.org.
36 Levy, *Hackers*, 30.
37 Donald Knuth at ACM Turing Award Lecture, *Communications of the ACM* 17‧‧12 (December 1974), 668, 670.
38 Bessen, "What Good Is Free Software?" 14.
39 Bill Gates, "Letter to the Hobbyists," *Homebrew Computer Club Newsletter* 2‧‧1 (January 31, 1976).
40 舉例來說，可以看看Jim Warren的回應信件內容‧‧「目前有個其他方案，可以處理比爾蓋茲生氣地致信電腦愛好者涉及『軟體偷竊』所提出的問題，一旦軟體是免費或廉價的，讓人們比較容易購買而無須複製，那麼軟體就不會『被偷』了。」Jim Warren, "Correspondence," *SIGPLAN Notices* (ACM) 11‧‧7 (July 1976).
41 Glyn Moody, *Rebel Code*, Penguin, 2002, 18; Johan Söderberg, *Hacking Capitalism: The Free and Open Source Software Movement*, Routledge, 2008, 20.
42 Moody, *Rebel Code*, 18.
43 Richard Stallman, *The GNU Manifesto*, gnu.org.
44 John Zerzan and Paula Zerzan, "Who Killed Ned Ludd? A History of Machine Breaking at the Dawn of Capitalism," *Fifth Estate*, no. 271 (April 1976), fifthestate.org.
45 Moody, *Rebel Code*, 26.
46 Preamble to the GNU Public License v3, gnu.org.
47 GNU Public License v3, gnu.org.
48 Söderberg, *Hacking Capitalism*, 19,23; Moody, *Rebel Code*, 33.
49 Moody, *Rebel Code*, 49.
50 與林納斯・托瓦茲面談，*First Monday Club*, March 2, 1998, firstmonday.org.

51 Söderberg, *Hacking Capitalism*,9.

52 Ibid., 24.

53 與林納斯・托瓦茲面談，*First Monday Club*.

54 參見Bessen, "What Good Is Free Software?" in Hahn, ed., *Is Open Source the Future of Software?* 17. 微軟顯然也承認此事，其內容記錄在所謂「萬聖節備忘錄」（Halloween memos）——一九九〇年代末期微軟內部備忘錄洩漏系列事件——當中。

55 Guilbert Gates, Jack Ewing, Karl Russell and Derek Watkins, "Explaining Volkswagen's Emissions Scandal," *New York Times*, April 28, 2016, nytimes.com.

56 David Gelles, Hiroko Tabuchi and Matthew Dolan, "Complex Car Software Becomes the Weak Spot under the Hood," *New York Times*, September 26, 2015, nytimes.com.

57 Nicole Perlroth, "Security Researchers Find a Way to Hack Cars," *New York Times*, July 21, 2015, bits.blogs.nytimes.com.

58 Ibid.

59 Andy Greenberg, "Hackers Remotely Kill a Jeep on the Highway—With Me in It," *Wired*, July 21, 2015, wired.com.

60 Alex Davies, "The EPA Opposes Rules That Could've Exposed VW's Cheating," *Wired*, September 18, 2015, wired.com.

61 Geoff Colvin, "Volkswagen's Scandal Management‥Needs Improvement," *Fortune*, September 24, 2015, fortune.com.

62 Graham Ruddick, "Volkswagen‥A History of Boardroom Clashes and Controversy," *Guardian*, September 23, 2015, theguardian.com.

63 James B. Stewart, "Problems at Volkswagen Start in the Boardroom," *New York Times*, September 24, 2015, nytimes.com.

64 Marc Meillassoux, "Mood in Wolfsburg, City of Volkswagen's Headquarters, Gloomier than Ever," ABC News, September 25, 2015, abcnews.go.com.

65 Damian Carrington, "Four More Carmakers Join Diesel Emissions Row," *Guardian*, October 9, 2015, theguardian.com.

66 Eben Moglen, "When Software Is in Everything‥Future Liability Nightmares Free Software Helps Avoid," 位於Scottish Society for Computers and Law年會的演講，June 30, 2010, softwarefreedom.org.

67 艾瑞克・史蒂芬・雷蒙（Eric Steven Raymond）在《大教堂與市場》（*The Cathedral and the Bazaar*, 1997）中談到此事，其以對比方式描述專有軟體是「安靜、崇高的大教堂建築」，Linus社群的組成則是「存在各種議題、做法的嘈雜大市場」。不幸的是，雷蒙此後在一些課題上表達了駭人的觀點，使他的信譽受損，但這並不損及上述文字的文獻價值。參見Sarah Jeong, "Meet the Campaign Connecting Affluent Techies with Progressive Candidates around the Country," *Verge*, March 8, 2018, theverge.com.

68 Ibid.

69 自由原始碼與開放原始碼兩者之間有些差別，開放原始碼軟體淪為科技資本主義的奪取對象，由此喪失了屬於自由軟體運動的政治性意涵。於此，我使用該詞彙的方式是描述性的而非意識型態性，以方便閱讀。

70 Agile Manifesto, 2001, agilemanifesto.org.

71 Wendy Liu, "Freedom Isn't Free," *Logic*, Failure edition, 2018, logicmag.io.

72 例子可參見*Caldera, Inc. v. Microsoft Corp.*, United States District Court for the District of Utah, 72 F. Supp. 2d 1295, November 3, 1999, law.justia.com.

73 "Microsoft Emails Focus on DR-DOS Threat," CNet, January 2, 2012, cnet.com.

74 Moody, *Rebel Code*, 28.

75 Karl Marx, *Economic and Philosophical Manuscripts of 1844*, "Estranged Labour," marxists.org.

76 Essinger, *Ada's Algorithm*, 230.

第七章

1 Eric Foner, *Tom Paine and Revolutionary America*, Oxford University Press, 2005, 3.

2 Sean Monahan, "Reading Paine from the Left," *Jacobin*, March 2013, jacobinmag.com.

3 Humanus (pseudonym), "A Serious Thought," *Pennsylvania Journal,* October 18, 1775, bartleby.com.

4 Foner, *Tom Paine and Revolutionary America*, xxxi–ii.

5 參見ibid., xxvii. This is relative to population.

6 Amicus letter, June 1775, thomaspaine.org.

7 Thomas Paine, *Agrarian Justice*, 1999 digital ed., grundskyld.dk, 8.

8 Monahan, "Reading Paine from the Left."

9 Thomas Paine, *Rights of Man, Part II*, thomaspaine.org.

10 Foner, *Tom Paine and Revolutionary America*, 251.

11 Paine, *Agrarian Justice*, 15.

12 參見C. L. R. James, *The Black Jacobins*, Vintage Books, 1963.

13 此平台先前稱為Facebook Zero與 internet.org。關於其先前的型態，可參見MacKinnon, *Consent of the Networked*, 123–4.

14 世界銀行員工根據聯合國人口部門的《世界都市化前景》（World Urbanization Prospects）所做的估計，見data.worldbank.org.
15 Mark Zuckerberg, "Free Basics Protects Net Neutrality," *Times of India*, December 28, 2015.
16 "Facebook Founder Mark Zuckerberg at IIT Delhi‥As It Happened," *Wall Street Journal*, October 27, 2015, blogs.wsj.com.
17 Zuckerberg, "Free Basics Protects Net Neutrality."
18 Caroline O'Donovan and Sheera Frenkel, "Here's How Free Basics Is Actually Being Sold around the World," *BuzzFeed*, January 27, 2016, buzzfeed.com.
19 Ibid.
20 Martínez, *Chaos Monkeys*, "Monetizing the Tumor."
21 Rahul Bhatia, "The Inside Story of Facebook's Biggest Setback," *Guardian*, May 12, 2016, guardian.com.
22 Telecom Regulatory Authority of India, *The Indian Telecom Services Performance Indicators October–December, 2017*, March 26, 2018, ii, trai.gov.in.
23 確實這是當前印度政府的看法，參見ET Bureau, "First Base Is to Create a Digital Infrastructure‥Ravi Shankar Prasad," *Economic Times*, February 1, 2016, economictimes.indiatimes.com.
24 Abhimanyu Ghoshal, "Marc Andreesson Just Offended 1 Billion Indians with a Single Tweet," *Next Web*, February 2016, thenextweb.com.
25 Adi Narayan, "Andreessen Regrets India Tweets; Zuckerberg Laments Comments," *Bloomberg*, February 10, 2016, bloomberg.com.
26 Rajat Agrawal, "Why India rejected Facebook's 'Free' Version of the Internet," *Mashable*, February 9, 2016,mashable.com.
27 Sundar Pichai, "Bringing the Internet to More Indians—Starting with 10 Million Rail Passengers a Day," *Google Blog*, September 27, 2015, googleblog.blogspot.in.
28 Sreejith Panickar, "Why Facebook and Google Are in Digital India," *DailyO*, September 29, 2015, dailyo.in.
29 Nick Pinto, "Google Is Transforming NYC's Payphones into a 'Personalized Propaganda Engine'," *Village Voice*, July 6, 2016, villagevoice.com.
30 參見"What Is Net Neutrality?" ACLU, December 2017, aclu.org.
31 Tim Wu, "Network Neutrality, Broadband Discrimination," *Journal on Telecommunications and High Tech Law*, 2 (2003), 145.
32 Ibid., 146.
33 Thomas Paine, "Dissertation on the First Principles of Government," 1795, press-pubs.uchicago.edu.
34 Hannah Arendt, *The Origins of Totalitarianism*, Harcourt, 1967, 297–8.

35 "Bonding in Difference, Interview with Alfred Arteaga," in Donna Landry and Gerald MacLean, eds., *The Spivak Reader: Selected Works of Gayatri Chakravorty Spivak*, Routledge, 1996, 28.

36 Tim Wu on *Fresh Air*, WHYY, National Public Radio, October 17, 2016.

37 Glenn Greenwald, "Facebook Says It Is Deleting Accounts at the Direction of the US and Israeli Governments," *Intercept*, December 20, 2017, theintercept.com; 亦可見Nadim Nashif, "Facebook vs Palestine··Implicit Support for Oppression," Al Jazeera, April 10, 2017, aljazeera.com.

38 Kenneth Vogel, "Google Critic Ousted from Think Tank Funded by the Tech Giant," *New York Times*, August 20, 2017, nytimes.com.

39 Paul Mozur, "LinkedIn Said It Would Censor in China. Now That It Is, Some Users Are Unhappy," *Wall Street Journal*, June 4, 2014, blogs.wsj.com.

40 Greenwald, "Facebook Says It Is Deleting Accounts."

41 Sarah Peres, "Rigged," *TechCrunch*, November 9, 2016, techcrunch.com;亦可參見Roger McNamee, "How to Fix Facebook—Before It Fixes Us," *Washington Monthly*, January–March 2018, washingtonmonthly.com.

42 John Keegan, "Blue Feed, Red Feed," *Wall Street Journal*, May 18, 2016, graphics.wsj.com.

43 Adam D. I. Kramera, Jamie E. Guillory and Jeffrey T. Hancock, "Experimental Evidence of Massive-Scale Emotional Contagion through Social Networks," *PNAS* 11··24 (March 25, 2014), pnas.org.

44 Robert Booth, "Facebook Reveals News Feed Experiment to Control Emotions," *Guardian*, June 29, 2014, theguardian.com.

45 Ibid.

46 Mike Schroepfer, "Research at Facebook," October 2, 2014, newsroom.fb.com.

47 Nicholas Thompson and Fred Vogelstein, "Inside the Two Years That Shook Facebook—and the World," *Wired*, February 12, 2018, wired.com.

48 Carole Cadwalladr and Emma Graham-Harrison, "Revealed··50 million Facebook Profiles Harvested for Cambridge Analytica in Major Data Breach," *Guardian*, March 18, 2018, theguardian.com.

49 Bridle, *New Dark Age*, 234.

50 Maciej Cegłowski, "Build a Better Monster··Morality, Machine Learning, and Mass Surveillance," April 18, 2017, Emerging Technologies for the Enterprise, Philadelphia, idlewords.com.

51 Craig Silverman, Ellie Hall et al., "Hyperpartisan Facebook Pages Are Publishing False and Misleading Information at an Alarming Rate," *BuzzFeed*, October 20, 2016, buzzfeed.com.

52 “Alphabet Inc. Today Announced Financial Results for the Quarter Ended September 30, 2018,” Alphabet Investor Relations, October 25, 2018, abc.xyz/investor.

53 “Facebook, Inc. Today Reported Financial Results for the Quarter Ended September 30, 2018,” Facebook Investor Relations, October 30, 2018, investor.fb.com.

54 Matthew Garrahan：“Google and Facebook Dominance Forecast to Rise,” *Financial Times*, December 4, 2017, ft.com.

55 Todd Spangler：“Amazon on Track to Be No. 3 in U.S. Digital Ad Revenue but Still Way Behind Google, Facebook,” *Variety*, September 19, 2018, variety.com.

56 例子可參見Mark Zuckerberg’s post, January 12, 2018, facebook.com/zuck/posts/10104413015393571.

57 McNamee, “How to Fix Facebook.”

58 Julia Carrie Wong, “Former Facebook Executive：Social Media Is Ripping Society Apart,” *Guardian*, December 12, 2017, theguardian.com; Olivia Solon, “Ex-Facebook President Sean Parker：Site Made to Exploit Human ‘Vulnerability’,” *Guardian*, November 9, 2017, theguardian.com.

59 參見Kristin Ross on the Communards’ vision of the “universal republic,” *Communal Luxury*, 23, 28.

60 Jeffery Gottfried and Elisa Shearer, “News Use across Social Media Platforms 2016,” Pew Research Center, May 26, 2016, journalism.org.

61 舉例可參見 John Marshall, “A Serf on Google’s Farm,” *Talking Points’ Memo*, September 1, 2017, talkingpointsmemo.com.

62 Polly Mosendz, “Amazon Has Basically No Competition among Online Booksellers,” *Atlantic*, May 30, 2014, theatlantic.com, Lina Ahmed, “Amazon’s Antitrust Paradox,” *Yale Law Journal* 126：710 (2017), 7[illegible]6.

63 Ahmed, “Amazon’s Antitrust Paradox.”

64 21 Cong. Rec. 2457 (1890), statement of Sen. Sherman, appliedantitrust.com.

65 Bridle, *New Dark Age*, 113.

66 Ahmed, “Amazon’s Antitrust Paradox,”797.

67 Nancy Fraser, *Fortunes of Feminism*, Verso, 2013, “Reframing Justice in a Globalizing World.”

68 Thomas Paine, *Common Sense*, 1792, 36.

69 可見techworkerscoalition.org。關於印度則可見Communist New Democratic Labor Front (NDLF)及其分支IT Employees (ITE)：Michelle Chen, “Programmers in India Have Created the Country’s First Tech-Sector Union,” *Nation*, June 29, 2017, thenation.com; 至於 Forum for IT Employees、可見facebook. com/ForumForITEmployees、以及PTI, “IT Employees Set to Form Union as Layoffs Loom Large,” *Economic Times*, May 23, 2017, economictimes. indiatimes.com.

70 Lizzie O'Shea, "Tech Capitalists Won't Fix the World's Problems—Their Unionised Workforce Might," *Guardian*, November 24, 2017, theguardian.com.

71 Robert G. Ingersoll, "Thomas Paine," *North American Review* 155‧‧429 (1892), 195.

72 Foner, *Tom Paine and Revolutionary America*, 261, 264.

1 University of Melbourne, Historic Campus Tour, unimelb.edu.au.

2 Peter Love, "Melbourne Celebrates the 150th Anniversary of Its Eight Hour Day," *Labour History*, vol. 91, November 2006, 193.

3 Rosa Luxemburg, "What Are the Origins of May Day?" 1894, marxists.org.

4 Early Factory Legislation, Parliament of the United Kingdom, parliament.uk.

5 Philip S. Foner, *May Day: A Short History of the International Workers' Holiday 1886–1986*, International Publishers, 1986, 8.

6 Eric Hobsbawm, *Worlds of Labour: Further Studies in the History of Labour*, Weidenfeld and Nicolson, 1984, 76–7.

7 Frank L. McVey, "The Social Effects of the Eight-Hour Day," *American Journal of Sociology* 8‧‧4 (January 1903), 521.

8 Friedrich Engels, *The Conditions of the Working Class in England*, Panther Edition, 2010, 107, marxists.org.

9 David Frayne, *The Refusal of Work: The Theory and Practice of Resistance to Work*, Zero Books, 2015, 72.

10 Organisation for Economic Cooperation and Development, *In It Together: Why Less Inequality Benefits All*, 2015, 15.

11 收入不均問題也可能透過廣爲人接受的重新分配政策加以處置，例如收稅。

12 Christopher Ingraham, "If You Thought Income Inequality Was Bad, Get a Load of Wealth Inequality," *Washington Post*, May 21, 2015, Washington post.com.

13 Elizabeth Arias, "Changes in Life Expectancy by Race and Hispanic Origin in the United States 2013–2014," *NCHS Data Brief*, no. 244 (April 2016). 亦可參見Danny Dorling and Stuart Gietel-Basten, "Life Expectancy in Britain Has Fallen So Much that a Million Years of Life Could Disappear by 2058," *Conversation*, November 29, 2017, theconversation.com.

14 Gina Kolata, "Death Rates Rising for Middle-Aged White Americans, Study Finds," *New York Times*, November 2, 2015, nytimes.com.

15 例證可見Charles Duhigg and David Barboza, "In China, Human Costs Are Built into an iPad," *New York Times*, January 25, 2012, nytimes.com.

16 Jay Greene, "Riots, Suicides, and Other Issues in Foxconn's iPhone Factories," *CNet*, September 25, 2012, cnet.com.

17 Jack Qiu, *iSlavery*, University of Illinois Press, 2016, 61, 64–5.
18 Ibid., 56–7.
19 例子可見於Enough, enoughproject.org. 亦可見Lee Simmons, "Rare-Earth Market," *Foreign Policy*, July 12, 2016, foreignpolicy.com.
20 Qiu, *iSlavery*, 22.
21 Jamie Campbell, "Company Breaks Open Apple Watch to Discover What It Says Is 'Planned Obsolescence'," *Independent*, April 25, 2015, independent.co.uk.
22 James Besson, *Learning by Doing*, Yale University Press, 2015, 21.
23 Ibid., 21.
24 Natalie Kitroeff, "Robots Could Replace 1.7 Million American Truckers in the Next Decade," *LA Times*, September 25, 2016, latimes.com.
25 Andreesson, "This Is Probably a Good Time to Say That I Don't Believe Robots Will Eat All the Jobs."
26 舉例可參見Tom Slee, *What's Yours Is Mine*, OR Books, 2015, 445–7，作者在此討論商業平台是如何衡量社群價值系統，然後損害此平台原先構築所奠基的共享文化，例如Airbnb。
27 參見"Characteristics of Minimum Wage Workers, 2015," BLS Reports, Report 1061, April 2016, bls.gov; 以及Susan J. Lambert, Peter J. Fugiel and Julia R. Henly, "Precarious Work Schedules among Early-Career Employees in the US：A National Snapshot," in *Employment Instability, Family Well-being, and Social Policy Network*, August 27, 2014, ssascholars.uchicago.edu, 6.
28 Carrie Gleason and Susan J. Lambert, "Uncertainty by the Hour," static.opensocietyfoundations.org, 2.
29 Stephen Levy, "Google Glass 2.0 Is a Startling Second Act," *Wired*, August 18, 2017, wired.com.
30 Olivia Solon, "Amazon Patents Wristband That Tracks Warehouse Workers' Movements," *Guardian*, February 1, 2018, theguardian.com.
31 James Besson, "How Computer Automation Affects Occupations：Technology, Jobs, and Skills," Boston University School of Law, *Law and Economics Working Paper*, nos. 15–49, revised October 2016, 2.
32 Natalie Kitroeff, "Robots Could Replace 1.7 Million American Truckers in the Next Decade," *LA Times*, September 25, 2016, latimes.com;亦可參見Besson, "How Computer Automation Affects Occupations." As Besson concludes："Automation tends to replace low-wage jobs with high-wage jobs."
33 參見Srnicek and Williams, *Inventing the Future*, "Post-Work Imaginaries"："Across both North America and Western Europe,

the labour market is now characterised by a predominance of workers in low-skilled, low-wage manual and service jobs (for example, fast-food, retail, transport, hospitality and warehouse workers), along with a smaller number of workers in high-skilled, high-wage, non-routine cognitive jobs."

34 McKinsey Global Institute, *A Future That Works: Automation, Employment and Productivity*, 2017, mckinsey.com;亦可見Joe McKendrick, "Half of All U.S. Jobs Will Be Automated, but What Opportunities Will Be Created?" *ZDNet*, September 3, 2013, zdnet.com; 尚可參見Carl Benedikt Frey and Michael A. Osborne, "The Future of Employment··How Susceptible Are Jobs to Computerization?" September 17, 2013, 2, 44, oxfordmartin.ox.ac.uk.

35 McKinsey Global Institute, *A Future That Works*, 4.

36 Carsey Institute, "Underemployment in Urban and Rural America, 2005–2012," Issue Brief no. 55, Fall 2012, scholars.unh.edu. "Underemployment (or involuntary part-time work) rates doubled during the second year of the recession, reaching roughly 6.5 percent in 2009." 數據顯示從當時至今，比率僅有些微下降。

37 參見Srnicek and Williams, *Inventing the Future,* "The Future Isn't Working."

38 Derek Thompson, "When Will Robots Take All the Jobs?" *Atlantic*, October 31, 2016, theatlantic.com.

39 參見Srnicek and Williams, *Inventing the Future*, "The Future Isn't Working."

40 Frayne, *The Refusal of Work*, 46.

41 Srnicek and Willams, *Inventing the Future*, "Post-Work Imaginaries."

42 Besson, *Learning by Doing*, 25.

43 John Maynard Keynes, "Economic Possibilities for Our Grandchildren," *Essays in Persuasion*, Norton, 1963.

44 Karl Marx, *Grundrisse: Notebook VII—The Chapter on Capital*, marxists.org.

45 Karl Marx, *The German Ideology*, marxists.org.

46 Lydia Saad, "The '40-Hour' Workweek Is Actually Longer—by Seven Hours," August 29, 2014, *Gallup*, gallup.com. 有三分之一的美國人會在週末工作，若將範圍設定在有多份工作的美國人，其比例會增加至一半。Bureau of Labour Statistics, American Time Use Survey, Chart 11, bls.gov/tus.

47 Eric W. Dolan, "Chicago Traders Taunt 'Occupy Chicago' Protesters with 'We Are Wall Street' Leaflets," *Raw Story*, October 27, 2011, rawstory.com.

48 Analee Newitz, "Soylent 2.0··Rob Rhinehart's Cult of Foodlessness Kicks into High Gear," *Gizmodo*, August 4, 2015, gizmodo.com.

49 Keynes, "Economic Possibilities for Our Grandchildren."

50 Frayne, *The Refusal of Work*, 220.

51 McVey, "The Social Effects of the Eight-Hour Day," 523.

52 "Eight Hours Memorial‥The Monument Unveiled," *Melbourne Leader*, April 25, 1903, 23.

53 Frayne, *The Refusal of Work*, 38.

54 State Library of Victoria, "The Eight Hour Day," Ergo, ergo.slv.vic.gov.au, quoting *Report of the committee appointed by the Victorian Operative Masons' Society to enquire into the origin of the eight-hours' movement in Victoria, adopted by annual meeting, June 11, 1884*, Labor Call Print, 1912.

55 McVey, "The Social Effects of the Eight-Hour Day," 526.

56 Lauren Collins, "The French Counterstrike against Work Email," *New Yorker*, May 24, 2016, newyorker.com.

57 私人公司雇員在非工作時間不必連線至電子通訊，Int 0726-2018, March 22, 2018, legistar.council.nyc.gov; Clayton Guse, "A New Bill Would Make It Illegal for NYC Bosses to Contact Employees after Work Hours," *Time Out*, March 22, 2018, timeout.com.

58 參見Srnicek and Williams, *Inventing the Future*, "Post-Work Imaginaries." 亦可見Netherland Enterprise Agency, *Working Hours and Rest Times*, business.gov.nl.

59 參見Alex Williams, "How Three-Day Weekends Can Help Save the World (and Us Too)," *Conversation*, April 26, 2016, theconversation.com.

60 David Rosnick and Mark Weisbrot, "Are Shorter Work Hours Good for the Environment? A Comparison of U.S. and European Energy Consumption," Center for Economic and Policy Research, December 2006, cepr.net.

61 Dave Graeber, "On the Phenomenon of Bullshit Jobs‥A Work Rant," *Strike Magazine*, no. 3 (August 2013), strikemag.org.

62 Besson, *Learning by Doing*, 60.

63 參見Andrew Russell, "Hail the Maintainers," *Aeon Magazine*, April 7, 2016, aeon.co.

64 廣泛而言，同樣的定義可見於Gorm Winther and Richard Marens, "Participatory Democracy May Go a Long Way‥Comparative Growth Performance of Employee Ownership Firms in New York and Washington States," in *Economic and Industrial Democracy* (18), 1997. 亦可參見Elizabeth A. Hoffman, *Co-operative Workplace Dispute Resolution*, Gower Publishing, 2012, 9. Hoffman爲「工人合作社」所下的定義有其特別的政治成分，其爲「工人所有權均等與平等意識型態之組織」。

65 New Era Windows Cooperative, "Our Story," newerawindows.com.

66 參見John Pencavel, *Worker Participation*, Russell Sage Foundation, 2001, 14–16.整體可見Winther and Mares, "Participatory

Democracy May Go a Long Way." 亦可參見Henry Hansmann, *Ownership of Enterprise*, Harvard University Press, 1996, 77–8.
67 Winther and Mares, "Participatory Democracy May Go a Long Way," 399.
68 Sarah van Gelder, "Three Years Ago, These Chicago Workers Took Over a Window Factory. Today, They're Thriving," *Yes Magazine*, October 9, 2015, yesmagazine.org.
69 Alex Rosenblat, "The Network Uber Drivers Built," *Fast Company*, January 9, 2018, fastcompany.com.
70 Michelle Chen, "Can Worker Co-ops Make the Tech Sector More Equitable?" *Nation*, December 21, 2017, nation.com.
71 Slee, *What's Yours Is Mine*, 2015, chapter 9.
72 Ibid.
73 Greenfield, *Radical Technologies*, 205.
74 Dennis Milner, *Higher Production by a Bonus on National Output*, George Allen and Unwin, 1920, basicincome.qut.edu.au.
75 Jon Stone, "British Parliament to Consider Motion on Universal Basic Income," *Independent*, January 20, 2016, independent.co.uk;亦可參見Heather Stewart, "John McDonnell··Labour Taking a Close Look at Universal Basic Income," *Guardian*, June 6, 2016, theguardian.co.uk.
76 Harriet Agerholm, "Universal Basic Income··Half of Britons Back Plan to Pay All UK Citizens Regardless of Employment," *Independent*, September 10, 2017, independent.co.uk.
77 Daniel Tencer, "Hugh Segal, Champion of Basic Income, to Design Ontario's Pilot Project, *Huffington Post Canada*, June 24, 2016, huffingtonpost.ca;亦可參見Hugh Segal, "A Universal Basic Income in Canada Is More Realistic than You Think," *Macleans*, April 20, 2018, macleans.ca.
78 Debate with Swiss senator Andrea Caroni, "Is It Time for Universal Basic Income?" Al Jazeera, June 18, 2016, aljazeera.com.
79 Jon Henley, "Finland to End Basic Income Trial after Two Years," *Guardian*, April 24, 2018, theguardian.com.
80 Ibid., 丨可參見Antti Jauhiainen and Joona-Hermanni Mäkinen, "Why Finland's Basic Income Experiment Isn't Working," *New York Times*, July 20, 2017, nytimes.com.
81 Kate McFarland, "Brazil··Basic Income Startup Gives 'Lifetime Basic Incomes' to Villagers," *Basic Income Earth Network*, December 23, 2016, basicincome.org.
82 Nancy Scola, "Facebook's Next Project··American Inequality," *Politico*, February 19, 2018, politico.com.
83 Nathan Schneider, "Why the Tech Elite Is Getting behind Universal Basic Income," *Vice*, January 6, 2015, vice.com.
84 Albert Wenger, "More on Basic Income and Robots," *Continuations*, July 7, 2014, continuations.com.
85 Ben Tarnoff, "Tech Billionaires Got Rich off Us. Now They Want to Feed Us the Crumbs," *Guardian*, May 16, 2016,

theguardian.com. 且可參見Greenfield, *Radical Technologies*, 204. 亞當・格林菲爾德主張，在現實上，人類基本收入造就的「不是完全的休閒與無限的自我實現，而是更嚴重的絕望與不安」。

86 Peter Frase, *Four Futures: Life After Capitalism*, Verso, 2016, "Communism：Equality and Abundance," "Socialism：Equality and Scarcity." 亦可參見Greenfield, *Radical Technologies*, 288 and 292. 在此他持論道，在稱為「綠色富足」（Green Plenty）的可能未來之下，人類基本收入並非必要，因為貨品是免費的（某種共同奢侈品），然而在另一種被他稱作「疊加」（Stacks Plus）的可能未來之中，會是另一種替代性的社會，此中市場與國家是無法區分的。

87 Patrick Butler, "Benefit Sanctions：They're Absurd and Don't Work Very Well, Experts Tell MPs," *Guardian*, January 8, 2015, theguardian.com.

88 Charles Kenny, "Give Poor People Cash," *Atlantic*, September 25, 2015, theatlantic.com.

89 參見 Mark Paul, William Darity Jr. and Darrick Hamilton, "Why We Need a Federal Job Guarantee," *Jacobin*, April 2, 2017, jacobinmag.com.

90 Pavlina R. Tcherneva and L. Randall Wray, "Common Goals—Different Solutions：Can Basic Income and Job Guarantees Deliver Their Own Promises?" *Rutgers Journal of Law and Urban Policy* 2：1 (2005).

91 Frayne, *The Refusal of Work*, 222.

92 Russell, "In Praise of Idleness."

93 例子可見UCL Institute for Global Prosperity, *Social Prosperity for the Future: A Proposal for Universal Basic Services* 2017.

94 Ibid., 10.

95 參見Tcherneva and Wray, "Common Goals—Different Solutions."

1 Frantz Fanon, *Black Skin, White Masks*, Pluto, 1986, 232.

2 Fanon, *Black Skin, White Masks*, 16; Immanuel Wallerstein, "Reading Fanon in the 21st Century," *New Left Review*, 57 (May–June 2009), 117.

3 Wallerstein, "Reading Fanon in the 21st Century," 117; Louis Ricardo Gordon, *What Fanon Said: A Philosophical Introduction to His Life and Thought*, Fordham University Press, 2015, 91–2.

4 Gordon, *What Fanon Said*, 2.

5 Ibid., 98.

6 Wallerstein, "Reading Fanon in the 21st Century," 118.
7 Gordon, *What Fanon Said*, 2.
8 Ibid., 17. 路易斯・李嘉圖・戈登表示，文學和文化評論家要對待白人哲學家比較簡單，但對待法農就沒那麼容易。
9 Ibid., 140.
10 Fanon, *Black Skin, White Masks*, 112.
11 參見Gordon, *What Fanon Said*, 48.
12 Fanon, *Black Skin, White Masks*, 116.
13 Gürses, Kundani and van Hoboken, "Crypto and Empire," 484.
14 Frantz Fanon, *Toward the African Revolution*, Grove Press, 1927, 102–3.
15 Frantz Fanon, *A Dying Colonialism*, Grove Press, 1965, 73.
16 Ibid., 83.
17 Ibid., 95.
18 Harcourt, *Exposed*.
19 參見Daniel Thürer and Thomas Burri, *Max Planck Encyclopedia of Public International Law*, Oxford University Press, 2008, "Self-Determination."
20 Jack M. Balkin, "Information Fiduciaries and the First Amendment," *UC Davis Law Review* 49‥1183, (2016), 1205.
21 Ibid., 1207–8.
22 Fanon, *Toward the African Revolution*, 102–3.
23 見solid.mit.edu.
24 Daniel Weinberger, "Ways to Decentralize the Web," *Digital Trends*, December 27, 2016, digitaltrends.com.
25 Chelsea Barabas, Neha Narula and Ethan Zuckerman, *Defending Internet Freedom through Decentralization: Back to the Future?* Center for Civic Media and the Digital Currency Initiative, MIT Media Lab, 2017, 35–6.
26 Liat Clark, "Tim Berners-Lee‥We Need to Re-Decentralize the Web," *Wired*, February 6, 2014, wired.co.uk.
27 Barabas, Narula and Zuckerman, *Defending Internet Freedom through Decentralization*, 4.
28 整體可參見Greenfield, *Radical Technologies*, 145ff; Robert Plant, "Can Blockchain Fix What Ails Electronic Medical Records?," *Wall Street Journal*, April 27, 2017, blogs.wsj.com.
29 Gordon, *What Fanon Said*, 91. 法農本人以諸多方式表達此事，包括在*The Wretched of the Earth*, page 2‥「去殖民化

是兩種本質對立的力量之交會，實際上這兩股力量的奇特性是在殖民背景所下所分泌且孕育的。」

30 Fanon, *The Wretched of the Earth*, 3.

31 Fanon, *Toward the African Revolution*, 105.

32 Ibid., 41. 我使用的譯文來自Gordon, *What Fanon Said*, 91.

33 Jasper Hamill, "Could Google Maps Help End Poverty?" *Forbes*, January 28, 2014, forbes.com. Admittedly the software was provided through a private company, Google.

34 見wiki.osmfoundation.org.

35 Riva Richmond, "Digital Help for Haiti," *New York Times*, January 27, 2010, gadgetwise.blogs.nytimes.com.

36 參見Kathy L. Hudson and Karen Pollitz, "Undermining Genetic Privacy? Employee Wellness Programs and the Law," *New England Journal of Medicine*, May 24, 2017, nejm.org.

37 見ibid.

38 Fanon, *A Dying Colonialism*, 84.

39 Fanon, *Black Skin, White Masks*, 10. 可注意者，此處的翻譯是「黑（男）人（Black men）想要什麼？」然而，戈登提出有力的論點，法文原文所指更具普遍性，不僅限於「男人」，參見Gordon, *What Fanon Said*, 21.

40 Cegłowski, "Build a Better Monster."

41 Richard Seymour, "On Forgetting Yourself," *Lenin's Tomb*, February 11, 2017, leninology.co.uk.

42 Martínez, *Chaos Monkeys*, 276.

43 Schüll, *Addiction by Design*, 20.

44 Fanon, *Black Skin, White Masks*, 231.

45 Gordon, *What Fanon Said*, 71–2.

46 Charlie Warzel, "'A Honeypot for Assholes'：Inside Twitter's 10-Year Failure to Stop Harassment," *BuzzFeed* , August 11, 2016, buzzfeed.com.

47 Nick Hopkins and Olivia Solon, "Facebook Flooded with 'Sextortion' and Revenge Porn, Files Reveal," *Guardian*, May 22, 2017, theguardian.com.

48 參見Jenny Kutner, "Twitter CEO：'We Suck at Dealing with Abuse and Trolls'," *Salon*, February 5, 2015, salon. com;亦可見"Why Twitter's 'Troll' Trouble Could Hurt Its IPO Prospects," CNBC, August 1, 2013, cnbc.com.

49 Alex Hern, "Did Trolls Cost Twitter $3.5bn and Its Sale?" *Guardian*, October 18, 2016, theguardian.com.

50 Fanon, *The Wretched of the Earth*, 181.

51 Fanon, *The Wretched of the Earth*, 181ff.
52 Ibid., 221.
53 Cade Diehm, "On Weaponised Design," Our Data Our Selves, ourdataourselves.tacticaltech.org.
54 Randi Lee Harper, "Putting Out the Twitter Trashfire," *ART+marketing*, February 13, 2016, artplusmarketing.com.
55 Fanon, *The Wretched of the Earth*, 238.
56 原文是「在其宏偉的素質下，法律一律禁止富人與窮人睡在橋下，一律禁止他們在街上乞討或偷竊麵包。」Anatole France, *Le Lys Rouge* (The Red Lily) [1894].
57 Irene Watson, "Settled and Unsettled Spaces··Are We Free to Roam?," in Aileen Morton-Robinson, ed., *Sovereign Subjects*, Allen and Unwin, 2007, 17.
58 Fanon, *A Dying Colonialism*, 3.
59 Ibid., 179.

第十章

1 Isaac Davison, "Whanganui River Given Legal Status of a Person under Unique Treaty of Waitangi Settlement," *New Zealand Herald*, March 15, 2017, nzherald.co.nz.
2 Eleanor Ainge Roy, "New Zealand River Granted Same Legal Rights as Human Being," *Guardian*, March 16, 2017, theguardian.com.
3 Kennedy Warne, "Who Are the Tuhoe?" *New Zealand Geographic* 119 (January–February 2013), nzgeo.com.
4 Community Environmental Legal Defense Fund, "Colombia Supreme Court Rules that Amazon Region Is 'Subject of Rights,'" April 6, 2018, intercontinentalcry.org.
5 Roy, "New Zealand River Granted Same Legal Rights."
6 Warne, "Who Are the Tuhoe?"
7 Ibid.
8 Jonathan Pearlman, "New Zealand River to Be Recognized as Living Entity after 170-year Legal Battle," *Telegraph*, March 15, 2017, telegraph.co.uk.
9 Davison, "Whanganui River Given Legal Status."
10 居住在土地上的初民們屈服於紐西蘭、澳大利亞與加拿大的殖民。原住民後裔的自稱方式各自有別，爲了閱讀方便，我會通用「原住民」一詞。

11 參見Irene Watson, *Aboriginal Peoples, Colonialism and International Law: Raw Law*, Routledge, 2015, 5–6.

12 Bruce Pasco, *Dark Emu*, Magabala Books, 2018, 185, 184.

13 Melissa Lucashenko, “The First Australian Democracy,” *Meanjin Quarterly* 74‥3 (2015), meanjin.com.au.

14 參見Watson, *Aboriginal Peoples, Colonialism and International Law*.

15 Warne, “Who are the Tuhoe?”

16 Taiaiake Alfred, “The Great Unlearning,” February 28, 2017, taiaiake.net.

17 Watson, *Aboriginal Peoples, Colonialism and International Law*, 15.

18 Irene Watson, “First Nations and the Colonial Project,” *Inter Gentes* 1‥1 (2016), 34, 39.

19 Taiaiake Alfred, “Sovereignty,” in Joanne Barker, ed., *Sovereignty Matters: Locations of Contestation and Possibility in Indigenous Struggles for Self-Determination*, University of Nebraska Press, 2005, 46. 阿弗雷德持論，「由人類所設計或頒布的社會及政治體制，意味著人們擁有加以改變的力量與責任。」我記錄此點，因為網際網路乃是社會創造物、也是集體資源，這意味著在某些方面此比喻有其可靠性，即便精神因素有所缺乏。

20 Ibid., 47.

21 Frase, *Four Futures*, Introduction‥“Technology and Ecology as Apocalypse and Utopia.”

22 Warne, “Who Are the Tuhoe?”

23 Alfred, “Sovereignty,” in Barker, ed., *Sovereignty Matters*, 38.

24 Taiaiake Alfred, *Peace, Power, Righteousness: An Indigenous Manifesto*, Oxford University Press, 1999, 21.

25 Trevor Paglen, “Smithsonian’s Clarice Smith Distinguished Lecture,” 2015, paglen.com.

26 參見Zach Sokol, “Photographs of the Underwater Telecommunication Cables Tapped by the NSA,” *Vice*, September 2015, vice.com.

27 Andrew Blum, *Tubes*, Harper Collins, 2012, 5.

28 Ibid., 9.

29 Philip N. Howard, *Pax Technica*, Yale University Press, 2015, “The Empire of Connected Things.”

30 National Science Foundation, “About the National Science Foundation” nsf.gov;亦可參見Merit, “A History of Excellence and Innovation,” merit.edu; Eric M. Aupperle, “Merit—Who, What, and Why, Part One‥The Early Years, 1964–1983,” *Library Hi Tech* 16‥1 (1998), eecs.umich.edu.

31 Rajiv C. Shah and Jay P. Kesan, “The Privatization of the Internet’s Backbone Network,” *Journal of Broadcasting and Electronic*

Media 51‧‧1 (2007). 視覺化景象可見nsf.gov/news/special_reports.

32 Aupperle, "Merit—Who, What, and Why."

33 Shah and Kesan, "The Privatization of the Internet's Backbone Network."

34 Watson, *Aboriginal Peoples, Colonialism and International Law*, 13–14.

35 參見*Akamai State of the Internet Report 2017*, 2017, akamai.com, 12.

36 Brian Whitacre, "Technology Is Improving— Why Is Rural Broadband Access Still a Problem?," *Conversation*, June 9, 2016 theconversation.com.

37 *2016 Broadband Progress Report*, Federal Communication Commission, 2016, 2, fcc.gov.

38 Ben Tarnoff, "The Internet Should Be a Public Good," *Jacobin*, April 19, 2017, jacobinmag.com.

39 Ramakrishnan Durairajan, Paul Barford, Joel Sommers and Walter Willinger, "InterTubes‧‧A Study of the US Long-haul Fiber-optic Infrastructure," pages.cs.wisc.edu (published in SIGCOMM, "15 Proceedings of the 2015 ACM Conference on Special Interest Group on Data Communication, 565–78);亦可參見Tom Simonite, "First Detailed Public Map of U.S. Internet Backbone Could Make It Stronger," *MIT Technology Review*, September 15, 2015, technology review.com.

40 Suarez-Villa, *Technocapitalism*, 23.

41 Jonathan Zittrain, *The Future of the Internet and How to Stop It*, Caravan Books, 2008, 27–8.

42 Tarnoff, "The Internet Should Be a Public Good."

43 Philip N. Howard, "Why the Internet Should Be a Public Resource," January 15, 2015, blog.yalebooks. com.

44 Watson, *Aboriginal Peoples, Colonialism and International Law*, 16.

45 Community Network Map, muninetworks.org.

46 Jason Koebler, "The City that Was Saved by the Internet," *Motherboard Vice*, October 27, 2016, motherboard. vice.com.

47 James O'Toole, "Chattanooga's Super-Fast Publicly Owned Internet," *CNN Tech*, May 20, 2014, money.cnn.com.

48 Tarnoff, "The Internet Should Be a Public Good."

49 Alfred, "Sovereignty," in Barker, ed., *Sovereignty Matters*, 46.

50 Ibid., 45.

51 Ibid., 46.

52 Ibid., 47–8.

53 Ben Schmidt, "Vector Space Models for the Digital Humanities," October 25, 2015, bookworm.benschmidt.org.

54 Tolga Bolukbasi, Kai-Wei Chang, James Zou, Venkatesh Saligrama and Adam Kalai, "Man Is to Computer Programmer as

Woman Is to Homemaker? Debiasing Word Embeddings," July 21, 2016, arxiv.org.

55 "How Vector Space Mathematics Reveals the Hidden Sexism in Language," *MIT Technology Review*, July 27, 2016, technologyreview.com.

56 Ibid.

57 Tom Simonite, "Machines Taught by Photos Learn a Sexist View of Women," *Wired*, August 21, 2017, wired.com.

58 Miriam Posner, "What's Next··The Radical, Unrealized Potential of Digital Humanities," 於Keystone Digital Humanities Conference的主要演講，University of Pennsylvania, July 22, 2015, miriamposner.com.

59 Greenfield, *Radical Technologies*, 23.

60 Jack Nicas, "As Google Maps Renames Neighborhoods, Residents Fume," *New York Times*, August 2, 2018, nytimes.com.

61 Ben Schmidt, "Rejecting the Gender Binary··A Vector-Space Operation," October 30, 2015, bookworm.benschmidt.org; 亦可參見Claire Cain Miller, "Is the Professor Bossy or Brilliant? Much Depends on Gender," *New York Times*, February 6, 2016, nytimes.com; and "Gendered Language in Teaching Reviews—Interactive Chart," benschmidt.org.

62 Greg Milner, *Pinpoint*, Granta, 2016, 7; Dan O'Sullivan, *In Search of Captain Cook*, I.B. Tauris, 2008, 147.

63 Milner, *Pinpoint*, 5.

64 O'Sullivan, *In Search of Captain Cook*, 148.

65 Ibid., 150.

66 Ibid.

67 Posner, "What's Next."

68 Alfred, *Peace, Power, Righteousness*, 91.

第十一章

1 David Hackett Fischer, "Boston Common," in William E. Leuchtenburg, ed., *American Places: Encounters with History*, Oxford University Press, 2000, 128.

2 Samuel Barber, *Boston Common—A Diary of Notable Events, Incidences, and Neighboring Occurrences*, 2nd ed., Christopher Publishing House, 1914.

3 Elinor Ostrom, *Governing the Commons: The Evolution of Institutions for Collective Action*, Cambridge, 1990, 2–3.

4 James Boyle, "The Second Enclosure Movement and the Construction of the Public Domain," *Law and Contemporary*

Problems 16‧‧33 (2003), 34.
5 Barber, *Boston Common*, 22.
6 Fischer, "Boston Common," in Leuchtenburg, ed., *American Places*, 128.
7 Derek Wall, *Elinor Ostrom's Rules for Radicals*, Pluto Press, 2017, 34.
8 David Harvey, "The Future of the Commons," *Radical History Review* 109 (Winter 2011), 101.
9 Karl Polanyi, *The Great Transformation: The Political and Economic Origins of Our Time*, Beacon Press, 2001, 35.
10 Peter Linebaugh and Marcus Rediker, *The Many-Headed Hydra*, Verso, 2012, 17.
11 Ibid.
12 Roger B. Manning, "Patterns of Violence in Early Tudor Enclosure Riots," *Albion: A Quarterly Journal Concerned with British Studies* 6‧‧2 (Summer 1974), 120–33.
13 Paul A. Gilje, *Rioting in America*, Indiana University Press, 1996, 12–13.
14 Barber, *Boston Common*, 66, 76–8.
15 請見the Statute of Monopolies, 1623, legislation.gov.uk.
16 Paul Mason, "The End of Capitalism Has Begun," *Guardian*, July 17, 2015, guardian.co.uk.
17 參見Joel Hruska, "General Motors, John Deere Want to Make Tinkering, Self-Repair Illegal," *Extreme Tech*, April 22, 2015, extremetech.com.
18 Tom Jackman, "E-waste Recycler Eric Lundgren Loses Appeal on Computer Restore Disks, Must Serve 15-Month Prison Term," *Washington Post*, April 29, 2018, washingtonpost.com.
19 Boyle, "The Second Enclosure Movement," 40.
20 Ibid.
21 Fischer, "Boston Common," in Leuchtenburg, ed., *American Places,* 127.
22 John Winthrop, "City Upon a Hill," Sermon Aboard the Arbella, Heading en Route to Colonial America, 1630, worldhistoryproject.org.
23 Thomas Margoni, "Why the Incoming EU Copyright Law Will Undermine the Free Internet," *Conversation*, July 3, 2018, theconversation.com.
24 Boyle, "The Second Enclosure Movement," 42.
25 Richard Anderson, "Pharmaceutical Industry Gets High on Fat Profits," BBC News, November 6, 2014, bbc.com.
26 Roger Collier, "Drug Patents‧‧The Evergreening Problem," *CMAJ* 185‧‧9 (June 11, 2013), E385, ncbi.nlm.nih.gov.

27 John Kell, "The 10 Most Profitable Companies of the Fortune 500," *Fortune*, June 11, 2015.

28 Anderson, "Pharmaceutical Industry Gets High on Fat Profits."

29 MacKinnon, *Consent of the Networked*, 18.

30 舉例可見Eben Moglen, "Anarchism Triumphant··Free Software and the Death of Copyright," *First Monday* 4··8 (August 2, 1999), firstmonday.org.

31 Yochai Benkler, *The Penguin and the Leviathan*, Random House, 2011, 182.

32 George Johnson, "Once Again, a Man with a Mission," *New York Times Magazine*, November 25, 1990, nytimes.com.

33 Benkler, *The Penguin and the Leviathan*, 13.

34 Ibid., 14.

35 此事有些著名的例外，例如亞洲背景的開發者，但這些人還是將重心放在西方。整體可參見Moody, *Rebel Code*.

36 Söderberg, *Hacking Capitalism*, 28–9.

37 Benkler, *The Penguin and the Leviathan*, 153–8.

38 Mark Graham, Ralph Straumann and Bernie Hogan, "Digital Divisions of Labor and Informational Magnetism··Mapping Participation in Wikipedia," *Annals of the Association of American Geographers* 105··6 (2015).

39 Ibid.

40 Ostrom, *Governing the Commons*; Elinor Ostrom, "Collective Action and the Evolution of Social Norms," *Journal of Economic Perspectives* 14··3 (2000), 137–58. 亦可見Greenfield, *Radical Technologies*, 172–4.

41 Ostrom, *Governing the Commons*. 亦可參見Fernanda B. Viégas, Martin Wattenberg, and Matthew M. McKeon, "The Hidden Order of Wikipedia," hint.fm/papers.

42 Yochai Benkler, "Coase's Penguin, or, Linux and *The Nature of the Firm*," *Yale Law Review* 112 (2002), 369.

43 Greenfield, *Radical Technologies*, 173–4.

44 Tom Warren, "Microsoft Confirms It's Acquiring GitHub for $7.5 Billion," *Verge*, June 4, 2018, theverge.com.

45 Robert A. Burton, "How I Learned to Stop Worrying and Love AI," *New York Times*, September 21, 2015, opinionator. blogs. nytimes.com.

46 Rudy Chelminksi, "This Time It's Personal," *Wired*, October 1, 2001, wired.com.

47 Moglen, "Anarchism Triumphant··Free Software and the Death of Copyright."

48 Srnicek and Williams, *Inventing the Future*, "Conclusion."

49 Bridle, *New Dark Age*, 169.

國家圖書館出版品預行編目 (CIP) 資料

數位時代的人權思辨：回溯歷史關鍵，探尋人類與未來科技發展之道／莉姿・歐樹(Lizzie O'Shea)著；韓翔中譯
-- 初版 -- 新北市：臺灣商務，2020.08
面；　公分 -- (人文)
譯自：Future histories: what Ada Lovelace, Tom Paine, and the Paris Commune can teach us about digital technology

ISBN 978-957-05-3278-4 (平裝)

1. 科學技術　2. 技術發展　3. 歷史

409　　　　109009711

人文

數位時代的人權思辨

回溯歷史關鍵，探尋人類與未來科技發展之道

作　　者　莉姿・歐樹（Lizzie O'Shea）
譯　　者　韓翔中
發 行 人　王春申
總 編 輯　張曉蕊
責任編輯　洪偉傑
封面設計　康學恩
內文排版　菩薩蠻電腦科技有限公司
業務組長　何思頓
行銷組長　張家舜
出版發行　臺灣商務印書館股份有限公司
23141 新北市新店區民權路 108-3 號 5 樓（同門市地址）
電話：（02）8667-3712　傳真：（02）8667-3709
讀者服務專線：0800-056193
郵撥：0000165-1
E-mail：ecptw@cptw.com.tw
網路書店網址：www.cptw.com.tw
Facebook：facebook.com.tw/ecptw

局版北市業字第 993 號
2020 年 8 月初版 1 刷
印刷　沈氏藝術印刷股份有限公司
定價　新台幣 490 元

法律顧問　何一芃律師事務所